797,885 Books
are available to read at

www.ForgottenBooks.com

Forgotten Books' App
Available for mobile, tablet & eReader

ISBN 978-1-332-53710-5
PIBN 10403647

This book is a reproduction of an important historical work. Forgotten Books uses state-of-the-art technology to digitally reconstruct the work, preserving the original format whilst repairing imperfections present in the aged copy. In rare cases, an imperfection in the original, such as a blemish or missing page, may be replicated in our edition. We do, however, repair the vast majority of imperfections successfully; any imperfections that remain are intentionally left to preserve the state of such historical works.

Forgotten Books is a registered trademark of FB &c Ltd.
Copyright © 2017 FB &c Ltd.
FB &c Ltd, Dalton House, 60 Windsor Avenue, London, SW19 2RR.
Company number 08720141. Registered in England and Wales.

For support please visit www.forgottenbooks.com

1 MONTH OF FREE READING

at

www.ForgottenBooks.com

By purchasing this book you are eligible for one month membership to ForgottenBooks.com, giving you unlimited access to our entire collection of over 700,000 titles via our web site and mobile apps.

To claim your free month visit:

www.forgottenbooks.com/free403647

* Offer is valid for 45 days from date of purchase. Terms and conditions apply.

English
Français
Deutsche
Italiano
Español
Português

www.forgottenbooks.com

Mythology Photography **Fiction**
Fishing Christianity **Art** Cooking
Essays Buddhism Freemasonry
Medicine **Biology** Music **Ancient Egypt** Evolution Carpentry Physics
Dance Geology **Mathematics** Fitness
Shakespeare **Folklore** Yoga Marketing
Confidence Immortality Biographies
Poetry **Psychology** Witchcraft
Electronics Chemistry History **Law**
Accounting **Philosophy** Anthropology
Alchemy Drama Quantum Mechanics
Atheism Sexual Health **Ancient History**
Entrepreneurship Languages Sport
Paleontology Needlework Islam
Metaphysics Investment Archaeology
Parenting Statistics Criminology
Motivational

ANTON GIULIO BARRILI

SEMIRAMIDE

RACCONTO BABILONESE

QUARTA EDIZIONE

MILANO
FRATELLI TREVES, EDITORI
1883.

PROPRIETÀ LETTERARIA.

Tip. Fratelli Treves.

A GEROLAMO BOCCARDO

Non perchè vai meritamente famoso tra i migliori ingegni d'Italia, non perchè egli c'è conforto di vanità a mostrarsi in dimestichezza coi sommi, ma perchè nella tua grandezza sei buono, ma perchè io t'amo come un fratello, intitolo a te questo frutto delle mie più liete fatiche.

Uomini giunti in alto, che sappiano e vogliano esser liberali d'aiuto ai minori, ce n'ha pochi, pur troppo. Io, per me, non ne conosco che uno, il quale, già illustre per virtù sua e per consenso universale, s'è pigliato un giorno spontaneamente la molestia di volgersi indietro, farsi patrono, anzi guida amorevole, ad un suo giovane concittadino, e bandirne il nome fuor della cerchia ristretta, quantunque cara, della sua terra natale.

A te son debitore di tanto. Quel po' di benevolenza che il mio nome ha raccolto, mi deriva dal tuo patrocinio. Auguro a più degni di me, valentuomini che seguano il tuo nobile esempio. E a costoro, gratitudine pari a quella che nutre per il tuo

Di Genova, 1.º settembre 1873.

ANTON GIULIO BARRILI.

AVVERTIMENTO

In cambio di note, le quali, inutili ai dotti e insufficienti agli studiosi, potrebbero tornar moleste alla comune dei lettori, si citano qui brevemente le fonti a cui ha dovuto attingere l'Autore nella composizione di questo racconto.

Per la storia: MOSÈ DI CORESE, ERODOTO, DIODORO SICULO, BEROSO, tra gli antichi; VOLNEY, *Recherches nouvelles sur l'Histoire ancienne;* SMITH, *Storia antica dell'Oriente;* RAWLINSON, *Five great Monarchies;* OPPERT, *Histoire de Chaldée et d'Assyrie,* tra i moderni.

Per l'archeologia: LAYARD, *Nineveh and its remains, Nineveh and Babylon;* OPPERT, *Interpretazioni delle iscrizioni cuneiformi* (sul *Journal Asiatique* dal 1850 al 1870); RAWLINSON, scritti varii sull'*Asiatic Journal;* FINZI, *Ricerche per lo studio dell'Antichità Assira.*

Per le foggie, usi e costumi: LAYARD, *Op. cit.;* CAVANIOL, *Nidintabel, ou la Perse ancienne;* ENGEL, *The Music of the most ancient nations.* Tra gli antichi, e segnatamente per le cose militari: SENOFONTE, QUINTO CURZIO, AMMIANO MARCELLINO, ecc. ecc.

Per le tradizioni religiose: ANTICO TESTAMENTO, *Genesi, Ester, Daniele;* PAUTHIER, *Les livres sacrés de l'Orient;* ANQUETIL DUPERRON, *Zend-Avesta;* JACOLLIOT, *La Bible dans l'Inde;* CREUZIER, *Réligions de l'antiquité.*

Per la geografia, corografia, storia naturale, ecc.: MENKE, *Atlante del mondo antico;* FINZI, *Op. cit.;* MOYNET, *Viaggio al litorale del Caspio;* VAMBÉRY, *Viaggio di un falso Dervis nell'Asia centrale;* FLANDIN, *Viaggio in Mesopotamia;* LEJEAN, *Idem,* ecc. ecc.

SEMIRAMIDE

CAPITOLO I.

Alle porte di Babilu.

Sulle rive dell'Eufrate si stende un'ampia, lieta e ubertosa contrada, il cui nome è Sennaar tra i figli di Cus, pingue d'armenti, di biade e d'ogni maniera dovizie, versate a piene mani sovr'essa dal possente Iddio delle acque, poi ch'ebbe mutate in doni di fecondità le sue ire devastatrici.

Quivi, a mezzo il corso del gran fiume, sorge una città, la più vasta che il mondo abbia veduta mai, edificata da Nemrod, figlio di Cus, potente cacciatore al cospetto di Nebo, insieme con le genti scampate dall'acque, prima che, a guisa di rena travolta dal turbine, si sperdessero sulla faccia della terra. Però il nome suo fu Babilu, che significa la porta di Ilu, il dio del diluvio, e la sacra città si ristrinse da principio sulla sponda destra del fiume, intorno a Barsìpa, la gran torre delle lingue, che gli edificatori suoi aveano lasciata a mezzo, confusamente favellando, sbigottiti dal tremuoto e dalla folgore. Così Nebo, il Dio che genera sè stesso, il dominatore che comanda alle legioni del cielo e della terra, avea custodita l'azzurra sua sede contro le audaci imprese dei figli dell'uomo (1).

Quindici età sono di poco trascorse sotto la grand'ala di Nisroc, e già l'ampliata Babilonia, tempio e dimora de' sommi Dei, si estende sui due lati del fiume, cui sembra ella stringere tra le braccia amorose, come giovine donna lo sposo che la ricolma d'ebbrezza. A lei non ardisce paragonarsi Ninive pur dianzi edificata da Assur, la quale attenderà lungamente ancora il suo Tiglat Pileser, il fortunato monarca che la porrà a capo del grande impero d'Assiria. Sippara, l'antidiluviana, Ur de' Caldei, Larsa, Calneh ed Erech, dense di popolo, felici di arti e di traffichi, non risplendono intorno a lei che come i pianeti intorno al sommo datore di vita e di luce, il cui tempio e il simulacro ella accoglie nel suo venerato recinto.

E qui, sotto lo scettro poderoso dei discendenti di Nemrod, si raccolgono quattro schiatte, i Sumir aspro favellanti, gli Accad gelosi custodi della scienza arcana de' cieli, i Turani discesi al piano per mezzo alle tribù fraterne dei Medi, gli avanzi della stirpe di Sem, cacciata più su, dal conquistatore cussita, a metter dimora sulla terra di Nahraim. Nè solo la vasta pianura ob-

---

(1) Il caso della torre di Babele è fissato dalla iscrizione di Nabucodonosor a quarantadue età, o vite d'uomini (2940 anni) prima di quel re, il che condurrebbe a 3540 anni avanti l'Era volgare.

L'iscrizione cuneiforme, trovata a Barsipa, e interpretata dal dottissimo Oppert, ha il seguente paragrafo:

« Il tempio delle sette luci della terra, a cui si collega il più antico
« ricordo di Barsipa, fu edificato da un re antico (si noverano già da
« quel tempo quarantadue età); ma egli non ne innalzò il vertice. Gli
« uomini lo avevano abbandonato dopo i giorni del diluvio, confusa-
« mente favellando. Il tremuoto e la folgore aveano dispersa la sua
« argilla disseccata al sole; i mattoni cotti che la rivestivano si erano
« screpolati; l'argilla dell'interno s'era sfasciata in colline. Il gran dio
« Merodac ha inspirato il mio cuore a riedificarlo; io non ho mutato
« il sito, non ho intaccate le fondamenta.... »

bedisce al glorioso popolo di Kiprat Arbat, o delle quattro favelle; anche sulle alture, e per le chine di là dai monti, il valore di Nino estese l'imperio di Bahilu; e pur dianzi, la fortuna di Semiramide spaziò dal lido di Tiro alle convalli della Bakdiana, dalla terra degli aromi cui bagna l'Eritreo, fin oltre alle sorgenti dell'Eufrate e del Tigri. Curvarono il capo le vinte nazioni; i principi lontani furono astretti a tributo.

I più tra costoro lo pagavano di buon grado. Scendevano essi riverenti e stupiti a Babilonia, come alla città sacra, domatrice del mondo. Era così maestosa la dimora de' sommi Dei! Ed era così splendida la reggia della gran vedova di Nino! Omaggio prestato a donna non umilia i nati di donna, e Semiramide, per la sovrumana venustà delle forme, piuttosto accresciuta che scemata dal corso degli anni, appariva cosa di cielo, anzi che frutto di mortale connubio. E invero, non tanto per cingere d'una poetica nube un oscuro natale, quanto per aggiunger luce ad una bellezza che facilmente si potea creder divina, i sacerdoti di Barsìpa avean letto negli astri esser costei la figliuola di Derceto, della gran dea d'Ascalona, fin da quel giorno che Nino, perdutamente invaghito di lei, la tolse al primo marito, per farla regina del suo cuore, arbitra e donna del più gran trono della terra.

Ed ella oramai, estinto il consorte, regnava sola, temuta e felice. A' suoi cenni la città s'era ampliata, cinta di mura, ornata di sontuosi edifizi. Due milioni d'uomini avevano lavorato per lei; gli uni a scavare il suolo, gli altri a foggiare in mattoni l'argilla smossa, altri ancora a trarre il bitume dalla vicina terra di Is. Anzitutto s'innalzan le mura, ampie, valide alla difesa e maravigliose alla vista. Nivitti Bel, il recinto interno, è lungo trecento sessanta stadii, alto cinquanta cubiti' largo diciotto; Imgur Bel, il baluardo esterno, gira quattrocento ottanta stadii, si leva novanta cubiti sull'ampia fossa che lo circonda, e, sullo spalto di cinquanta che lo incorona, sorge una doppia fila di torri, per mezzo alle quali è libera la via ad una quadriga scorrente. Queste mura, ne' cui fianchi si aprono cento porte di bronzo, son di mattoni, una parte acconciamente disseccati, l'altra cotti in fornace; e ad ogni trenta strati di mattoni s'alterna uno spesso graticciato di canne, intrise nel bitume, sporgenti oltre la superficie del muro, di guisa che la rossiccia mole appare da lunge vagamente listata di nero.

Il biondo Eufrate scorre nel mezzo; epperò le mura, giunte al confine dell'acque, si volgono ad angolo, si rimpicciolisconо e s'assottigliano in forma di parapetti, lunghesso i margini bastionati del fiume, su cui vengono a mettere, per altrettanti sbocchi, le vie della città, ampie e diritte, tutte a riscontro delle cento porte di bronzo. Sui lati di queste vie, frequenti di popolo, si alzano le case a tre o quattro piani, spaziose, non contigue tra loro, ma frammezzate da giardini e da piazze. Sulla riva destra è la città sacerdotale, col suo tempio di Belo, alta piramide di sette piani, dipinti dei sacri colori delle sette luci della terra, dalla cui cima Belo, il gran dio di Babilonia, contempla la sua diletta città. Sulla riva sinistra è la reggia, chiusa da un muro ornato di stupende pitture, sormontata da terrazzi e pensili giardini. Congiunge le due rive un ponte, lungo cinque stadii, sorretto da pile profondamente piantate nell'alveo dell'Eufrate. Son esse di pietre strettamente congiunte da ramponi di ferro, saldati col piombo, e le facce esposte alla corrent*i*a del fiume appaiono stagliate ad angolo acuto. Il ponte, venti cubiti largo, è un tavolato di cedri e cipressi, sostenuti da enormi tronchi di palma.

Tanto ha potuto far Semiramide, ed altro ancora, chè braccia di manovali non poteano mancare alla conquistatrice della Fenicia e della Bakdiana, donde eran venute dietro al suo cocchio di guerra così lunghe file d'incatenati prigioni. In quella guisa che le mura della città, i templi, i giardini, narrano la sua magnificenza ai venturi, l'Eufrate, rattenuto da argini poderosi pel corso di molte giornate, a giuste distanze sviato in ampii canali navigabili, partito in migliaia di rivi a benefizio dei campi, addimostra le cure sapienti della regina per la felicità del suo popolo. Epperò ella potrà, senza menzogna, scrivere lungo le mura della sua reggia questi nobili vanti:

« La natura mi diè forme di donna, ma le mie geste m'hanno agguagliata al più forte tra gli uomini. Io tenni sotto la mia legge l'impero di Nino, il quale non è conterminato ad oriente che dal fiume Indo, a mezzogiorno dalle regioni dell'incenso e della mirra, a settentrione dai Sogdiani e dai Saci. Prima che io fossi, niuno dei Babilonesi avea visto il mare; io quattro ne vidi, e così lontani, che il giungervi non era dato ad alcuno. Costrinsi i fiumi a correre dov'io volli, nè il volli, se non dove tornasse utile alle mie genti. Fecondai le sterili pianure; murai cittadelle inespugnabili; tra roccie impraticabili, apersi sentieri col ferro; ampie strade si schiusero ovunque io passai, e i miei carri sonanti trascorsero dove pur dianzi duravan fatica le fiere. E tra queste opere, rinvenni ancora il tempo da consacrare ai sollazzi, agli amici. »

Così posava la regina dalle aspre fatiche di guerra, tra le splendidezze della sua città e le dovizie che versavano ogni giorno a' suoi piedi la natura e l'industria delle soggette nazioni. Per lei l'Arabia felice stillava gli aromi; per lei Tiro intesseva i candidi lini e li tingeva nei più vividi colori della porpora; per lei la Media educava i cavalli veloci come il vento, e l'India i poderosi elefanti. Era il secol d'oro per la stirpe degli Accad, innanzi che scendessero alle prime vendette i figli di Javan, prodi in armi e numerosi nei troppo ristretti confini, che per poco ancora dovean mordere il freno della servitù, mentre il loro Zerduste, il principe dalla mente profonda e dallo sguardo acuto, ospite tributario della fortunata regina, indarno tentava di piacere alla donna.

Ma la nube precorritrice delle tempeste non era anche apparsa sul limpido cielo di Babilonia; vigilavano ancora a sua custodia i sommi Dei; Ilu, il gran nume senza tempio, nè altari, poichè la città stessa era l'altare, e tempio tutta la grande pianura fecondata da lui; Nebo, il signore della vòlta azzurra; Belo, il dator della luce; Ao, il pesce dio, che recò la prima civiltà dai flutti del mare; Sin, il rischiaratore delle notti; Militta, o Derceto, o Rea, secondo i luoghi, la Venere genitrice, la gran madre dalle cento mammelle, il cui sacro bosco e i riti notturni chiamavano a Babilonia adoratori in gran numero.

E la terra di Sennaar tutti liberalmente nutriva, non meno ferace di quella che il gran Nilo inonda delle sue piene; imperocchè vi cresceano spontanei la palma, il melagrano, l'orzo ed il sesamo; il grano rendeva duecento volte la semente, talfiata anche trecento, e la messe ogni anno era doppia, come sulla terra di Mesraim. Lunghesso l'Eufrate vorticoso, i cui margini erano continuamente solcati da carri pesanti, spaziava una pianura così vasta, che l'occhio non potea misurarne i confini, tutta biondeggiante di biade alla vampa del sole. Di tratto in tratto, come isole sorgenti dall'aureo mare delle mobili spiche, s'innalzavano con agili tronchi le palme, si piegavano ad ombrello su popolosi villaggi, composti di case tonde, dalle pareti di legno, dai tetti conici e dalle porte alte, intonacate di bitume. Erano esse le dimore dei coloni e dei manovali. Quelle dei capi loro, i pubblici edifizi, i templi degli Dei, si ravvisavano agevolmente alla forma quadrangolare, alla costruzione in mattoni, ora soltanto disseccati, ora cotti al fuoco e smaglianti per una densa vernice d'un verde carico. Le città, disseminate sul piano, si scorgevano in lontananza, coi loro alti terrazzi biancheggianti e le loro torri massiccie a vasti ripiani. Il verde vivo dei colti e dei pascoli appariva rotto qua e là da innumerevoli linee biancastre, argini dei cento canali derivati dall'Eufrate e condotti a metter foce nel Tigri; liquidi sentieri su cui viaggiavano, rapide siccome la corrente voleva, portando carichi di grano e di frutte, quelle barche a foggia di scudo, intessute di vimini, coperte di cuoio e spalmate di asfalto, che poi, giunte alla meta, erano disfatte, e, venduta l'armatura di legno, il nocchiero se ne tornava pedestre, con le sue pelli sul capo, o sulla groppa d'un somiero, portato seco nella barca, fino al villaggio lontano. I viandanti, ond'erano popolate le strade e i villaggi lunghesso il fiume, indossavano una lunga tunica di tela, su cui una più corta di lana colorata e un bianco mantello svolazzante dagli omeri. Una corta mitra, ravvolta di bianca fascia, ratteneva le lunghe capigliature intrecciate; i piedi avean chiusi in sandali di cuoio, e tra mani portavano lunghi bastoni ornati di leggiadre sculture, quali raffiguranti un giglio, o una rosa, quali un leone, un'aquila, od altra foggia d'animali. Dappertutto l'abbondanza, la ricchezza e la vita; dappertutto le liete sembianze della fortuna d'un popolo, le cui mura, i baluardi, le piramidi e le torri, grandeggiavano sull'orizzonte, tinte di porpora e d'oro dai raggi d'un sole maestoso, che avea varcato di parecchie ore il meriggio.

Questa scena mirabile venia contemplando, con occhio tra curioso e triste, un giovine cavaliero, che scendeva lentamente, seguìto da numerosa schiera e da salmerie ragguardevoli, lungo la riva destra del fiume. Già il convoglio aveva oltrepassato Is, il villaggio posto alla foce della fiumana d'asfalto; già aveva lasciato sulla sua sinistra le antiche torri di Sippara e la vasta apertura del Nahr Malka, canal regio, da poco tempo scavato tra l'Eufrate ed il Tigri; e Babilonia, mostrandosi in tutta la sua pompa colossale al forastiero (chè tale lo chiarivano i biondi capegli e le azzurre pupille, più assai che la strana foggia del vestimento e dell'armi), gli chiamava sul volto quell'aria di ammirazione ad un tempo e di tristezza, che abbiamo notata pur dianzi.

Fin dai primi albori del giorno, la gran città gli era apparsa alla vista, sull'estremo confine dell'orizzonte. E da quell'ora una strana impazienza signoreggiava l'animo del giovane condottiero; però la cavalcata volgea più spedita, e più brevi erano state le soste, quantunque già gli ardori del sole si facessero sentire più molesti, consigliando le carovane a batter le polverose strade di nottetempo, pe' silenzi dell'amica luna, che giungeva allora al suo colmo. Egli era in sul finire del mese di Sirvan, che è il terzo dell'anno dei Babilonesi, computandone essi il principio dal giunger di primavera, allorquando lo sciogliersi delle nevi sui monti di Armenia fa crescere a dismisura l'Eufrate. Ora nel mese di Sirvan s'è già scemata la piena, e la vampa del sole, che matura le spiche sui gambi frondosi, consente di foggiare a mattoni l'argilla per la costruzione delle case; donde esso è chiamato eziandio il mese del mattone dalle genti di Sennaar.

Era egli così desideroso di giungere in Babilonia, il giovane cavaliero? E gli sguardi, or curiosi, or mesti, ch'egli volgeva d'intorno, che significavano essi? Una strana mistura di contrarie sensazioni gli traspariva dal volto. Talfiata, sviando gli occhi dalla meta del suo viaggio, si faceva a contemplare l'Eufrate, seguendo con fanciullesca curiosità le zattere galleggianti, coperte d'un bianco tendale, cariche di ànfore, in cui si chiudeva l'inebbriante liquor della palma, lentamente condotte da uomini armati di lunghe pertiche, le quali scendevano con metro alterno a pigliare la spinta dal letto del fiume. Più oltre erano viaggiatori di povero stato, i quali, per cansare la fatica pedestre e il polverìo delle strade battute, con la lor tunica e il cappello piegato a mo' di turbante sul capo, scendevano la corrente, aggrappando le braccia intorno a un otre gonfiato. Altrove erano donne, facilmente riconoscibili al bianco drappo che copria loro la testa e il collo, agili e destre nuotatrici, che con una mano si reggeano a fior d'acqua, e sull'altra, obliquamente protesa in alto, e sulla eretta cervice, recavano canestri di frutte, o scodelle di latte, a refrigerio dei viandanti.

Lieto spettacolo, che pure non rallegrava a lungo l'aspetto del giovine. Ad ogni tanto gli si offuscavano gli occhi, sotto l'arco delle sopracciglia aggrondate, come se un doloroso ricordo venisse improvvisamente a trafiggerlo. E lo assaliva un brivido, come fosse il terrore delle cose ignote; le sue labbra mormoravano un nome amico, e il cavallo nitriva, s'impennava, fremeva, sotto le repentine scosse del suo mutevol signore.

Teneva a lui dietro il corteo, grave, misurato, e, a dimostrazione d'ossequio, non ricambiando che sommesse parole. Perfino Bared, il suo fidato Bared, che di pochi passi precedea l'ordinanza, càvalcando quasi a paro di lui, da lunga pezza non aveva aperto bocca, per tema d'interrompere il corso de' suoi arcani pensieri.

Alla svolta d'una macchia di lentischi, che copriva largo tratto di terreno sopra una delle frequenti insenature del fiume, si parò dinanzi ai loro occhi un colmo di case, tutte di più cittadinesca apparenza, con mur merlate e siepi fiorite di giardini, che fiancheggiavano la strada maestra.

Era quello uno dei sobborghi di Babilu, braccia poderose che la città regina stendeva all'intorno, rivi capaci in cui traboccava il soverchio della sua vita gagliarda. Sulla vasta piazza, donde aveva principio il sobborgo, sostava una grossa mano di cavalieri babilonesi, belli a vedersi per le loriche e gli schinieri di cuoio, su cui svolazzavano i lembi dei candidi mantelli; colle lancie ritte sulla staffa, gli elmi a cono aguzzo rilucenti sul capo, le mazze ferrate pendenti all'arcione. Intorno ad essi, uomini e donne della terra, con idrie e guastade tra mani, mescevano agli assetati i succhi del melagrano stemperati nell'acqua, in ciotole di argilla.

Il giovine capo si fermò nel mezzo della via; a rispettosa distanza i seguaci; le salmerie del pari, in lungo ordine dietro a costoro. I cavalli delle due schiere si salutarono con sbuffi e nitriti.

Alla vista dei sopravvegnenti, i babilonesi si erano tosto rimessi in ordinanza. Uno di costoro, il comandante, notevole al balteo frangiato d'oro, si fece innanzi a galoppo. Bared, pigliati i comandi del suo signore, s'inoltrò alla sua volta.

— Chi è lo straniero, — dimandò il babilonese a Bared, — che cavalca innanzi alla vostra schiera, come principe a capo delle sue genti?

— Non conosci tu il re d'Armenia, — disse Bared a lui di rimando, — Ara, il figlio di Aràmo, della stirpe d'Aìco?

A queste parole il babilonese inchinò la fronte sulla criniera del suo cavallo, nell'atto che volgeva a terra la punta della sua spada ricurva.

— Bene dovevo io argomentarlo, — rispose egli, — poichè il suo volto è pari a quello d'un Dio, e nelle sue pupille Nebo ha diffuso, come a prediletto figliuolo, il sacro colore della vòlta celeste. —

E sceso prontamente d'arcione, si fece incontro al cavallo del re, per tenerne, in segno di onoranza, le redini; indi soggiunse:

— Ben venga Ara il bello, il figliuolo di Aram, nel mese fortunato, nel giorno avventuroso, alle porte di Babilu. La gran Semiramide, cui Belo ha concessa la vittoria della spada e l'impero dello scettro sui potenti della terra, attendeva impaziente il grazioso principe ed il suo nobil tributo.

— Non tributo, ma dono; — rispose prontamente il re d'Armenia, aggrottando le ciglia. — Babilonia è possente, ma la stirpe d'Aìco, più che dalla amicizia di Nino, dalle opere sue ripete il diritto di portar la benda di perle. Nemici da prima, e più e più volte alle prese, furono i padri nostri coi re della vasta pianura; amici ossequenti noi, non vassalli.

— E sia; — soggiunse l'altro arrendevole; — meglio amici ossequenti, che sudditi impazienti di freno. Ora ti piaccia, generoso signore, di venire alla stanza che la regina ti ha assegnata, a ristoro dalle fatiche del viaggio, innanzi di accoglierti in Babilonia, colla pompa che ad amico re si conviene. —

Il re d'Armenia non proferì verbo, in risposta all'ossequioso invito; ma con un lieve cenno del capo e con un gesto cortese, diè libertà al babilonese di risalire in arcione. Egli quindi già stava per toccare di sprone e ripigliare il cammino; ma non gliel consentivano le dimostrazioni cortesi degli abitanti del borgo, che s'erano accalcati sul suo passaggio, profferendo il vin della staffa ai nuovi venuti.

Fatta audace dalle esortazioni dei più vicini, ma accesa di rossore e tremante, una fanciulla s'era inoltrata al cospetto del giovane, per offrirgli la tazza ospitale. Ed egli volonteroso la raccolse dalle sue mani, vi intinse il labbro, indi la restituì, accompagnando l'atto d'un leggiadro sorriso, mentre ella era rimasta come estatica a contemplarlo, e la moltitudine intorno a lei andava ripetendo: Ara il bello! invero, egli è simile a un Dio.

Per fermo, nessun nome era più meritato di quello che al giovane re d'Armenia avea dato il suo popolo e che la fama viatrice aveva consacrato, per tutta la gran valle dell'Eufrate e del Tigri. Giusto di membra, agile insieme e gagliardo, appariva egli nel suo modesto arnese di viaggiatore, sotto le pieghe del suo breve mantello svolazzante, chiuso il petto in una tunica grigia, listata di rosso, cinto i lombi di una fascia di lana, sotto cui si annodavano i sostegni della spada, fedele amica al suo fianco. Biondi e riccioluti capegli uscivano in ciocche abbondanti dagli orli di una mitra di pelliccia nera, ornata al sommo d'una borchia di gemme e da un mobil ciuffo di penne, bellamente incoronando un viso bianco di neve, specchio vero dell'anima, tanto, ad ogni interno sussulto, rapidamente si tingea di vermiglio. Ampio e prominente l'arco delle sopracciglia, dava risalto al limpido lume degli occhi azzurri; le guancie ignude, il mento e il collo di contorni soavi, delicati, quasi femminei, il naso profilato e diritto ad una con la scesa del fronte, il labbro superiore adombrato di lunghe, sottili e morbide basette, formavano su quel nobile sembiante un misto indicibile di dolcezza e di forza.

In lui si diceva che rivivessero le meravigliose sembianze d'Aìco, il fortissimo progenitore della sua stirpe. E le ballate degli armeni rapsòdi, lui già celebravano destro arciero, valoroso domatore di cavalli, guerriero animoso ed invitto, siccome il suo grande antenato. Che più? Lui seguivano gli sguardi del popolo obbediente, lui le acclamazioni delle pugnaci tribù, lui i sospiri delle vezzose donne d'Armavir e delle sponde di Van. Ara il bello, Ara il prode, Ara il prediletto, dicean le canzoni.

Dato il tempo necessario, non già all'ammirazione del popolo suburbano, bensì alle cortesie del beveraggio, il re d'Armenia si mosse, e dopo lui la numerosa sua cavalcata, con alto strepito di bardature, fragor di spade nelle terse guaine, tintinnìo di frecce nei capaci turcassi, pendenti dall'òmero, insieme coi grand'archi aicani. I cavalieri babilonesi precedevano, in segno di onoranza, il corteo.

Già il sole era da lunga pezza calato dietro i confini del deserto lontano, allorquando la schiera giunse finalmente alla vista d'Imgur Bel, il vasto cerchio di mura, la cui cresta di torri nereggiava nello spazio, poc'anzi rossastro ancora degli ultimi riflessi del giorno, ed ora tinto in azzurro, al tacito lume degli astri. Era una veduta fantastica, meravigliosa, solenne. Là in fondo, all'occaso, Barsìpa, la città sacerdotale, santuario dell'arcana scienza degli Accad, levava al cielo le smisurate sue moli. La torre delle sette luci, i cui alti ripiani colorati avevano riflesso alla vampa del sole il nero smagliante, il bianco, il ranciato, l'azzurro, lo scarlatto, l'argento e l'oro, sacri alle sette sfere luminose, non offriva più allo sguardo che un bruno ammasso foggiato a scaglioni, vera scala murata da un popolo di giganti per dare l'assalto al cielo.

Più verso il mezzo, torreggiava la piramide a tre piani, consacrata alle fondamenta della terra; e a' suoi piedi si stendeva la immane città, partita in due dall'Eufrate, il cui vano trapelava da un lungo strato di vapori diffusi. Più oltre, a manca dei riguardanti, una maggior distesa di moltiformi edifizii, di terrazzi sovrapposti e di torri, su cui grandeggiava un'altra gran mole, la reggia di Semiramide, cittadella ampiamente bastionata sulla riva sinistra del fiume, incoronata di templi, loggiati e giardini, dal cui sommo una lieta famiglia di piante, tributo di stranie contrade, protendevano in alto le larghe braccia frondose. La luna, apparsa in quel punto, vestiva d'una vaporosa luce quella magica scena, che si venìa lentamente ascondendo alla vista dei cavalieri, dietro la fosca merlatura di Imgur Bel, a mano a mano che questi s'avvicinavano al fosso.

Giunsero alla perfine in capo del ponte e videro la porta di bronzo, spalancata per dar adito ai nuovi ospiti di Babilonia. Squillarono le trombe di rame; scalpitarono le zampe ferrate dei cavalli sull'ampio tavolato di cipresso; rimbombò il profondo androne, custodito da denso stuolo d'arcieri, e il re d'Armenia entrò sotto la maestosa vôlta, al fumoso chiarore delle faci intrise di nafta, in mezzo ai tori alati dal sembiante umano, colossali chimere, che pareano guardarlo sospettose e superbe, attraverso le loro pupille di smalto.

Oltrepassato l'androne, e con esso la prima cinta di mura, si offerse alla vista dei cavalieri una larga spianata, chiusa intorno da colti e da pascoli; indi una strada, corrente tra due filari di piante, qua e là tagliata da vie minori, fiancheggiata da rigagnoli, acconci ad inaffiarle nelle arsure del giorno. Folta l'alberatura ne' dintorni; rade per contro le case; quasi tutti edifizii pubblici e alloggiamenti di soldati, naturalmente posti tra la cinta esterna e Nivitti Bel, che è il secondo e più ristretto baluardo della città. Di qui, per altro, s'incominciavano a udire i soffi della poderosa vita babilonese, suoni e rumori confusi come il ronzìo d'un immenso alveare.

Al giovine principe accadeva ciò che a tutti suole in mezzo al frastuono d'una città non mai veduta, nel brulichìo d'una gente ignota, che va, viene, attende a tutte le cure, a tutti i sollazzi della vita, senza badar punto a noi, granellini di sabbia travolti dal caso nel turbinoso suo giro. Ei si sentiva come a disagio, sopraffatto, confuso, pieno di quella mestizia che non muove da vere cagioni, ma che è piuttosto il frutto del turbamento e dell'incertezza. Così il giovane arbusto, condotto a vivere in estranio terreno, rimane alcun tempo perplesso, ad occhi veggenti intristisce, prima che le sue radici si facciano a bere con la usata vigorìa i succhi vitali della nuova dimora.

E s'inoltrava frattanto, mentre d'intorno a lui il frastuono cresceva, e liete torme di popolo sbucavano dal fondo, biancheggiavano nella vasta ombra de' platani, si lumeggiavano alla spera dell'astro notturno, e, a mala pena guardando la tacita cavalcata, voltavano per certi sentieri a manca dei sopravvegnenti, sparivano e riapparivano tra il folto d'una selva vicina, donde, insieme con le fragranze dei cedri e dei gelsomini, venìano sprazzi di luce e buffi di festose armonie.

Bared, che, dopo l'entrata d'Imgur Bel, aveva affrettato il passo del suo destriero e cavalcava a paro col re, per esser più pronto a' suoi cenni, ruppe timidamente il silenzio.

— Non pare a te, mio signore, il grato suono del cembalo?

— Sì; — rispose il principe, crollando mestamente il capo; — Sandi era valente per cavarne i suoni più dolci, e la sua voce più soave ancora, quando egli cantava le sue belle canzoni. —

Bared, fatto peritoso, non soggiunse più motto. Ma il principe, quasi volesse discacciare il triste ricordo, si volse al condottiero babilonese, che gli venìa da diritta, e gli chiese nella lingua di Sennaar:

— Amico, che suoni son questi?

— Siamo oggi al plenilunio, — rispose l'altro sollecito, — e si festeggia Militta Zarpanit, la dea della gioventù, della bellezza e dell'amore, la consolatrice dei cuori, anima e vita della feconda natura.

— Lieta è Babilonia! — esclamò Ara pensoso.

— Sì, lieta; — ripigliò l'uffiziale, — e tu giungi in buon punto, o possente signore. Il tuo volto, splendido come quello di Nergal, l'astro della luce rossiccia, farà palpitare il cuore delle vezzose figlie di Babilu. —

Un placido sorriso sfiorò le labbra del principe. La bellezza, virtù del corpo, come la virtù, bellezza dell'anima, non è mai insensibile alla lode.

— Labbro incantatore! — diss'egli.

— Ed è pubblico il rito? — entrò a chiedere Bared.

— Il sacro bosco è aperto ad ogni maniera di visitatori. Qui convengono le genti di Sennaar e gli stranieri delle più lontane contrade. Se ti piace, — proseguiva il babilonese, volgendo il discorso al principe, — appena smontato alla dimora che la possente regina per questa notte ti assegna, potrai mescerti liberamente alla folla e non conosciuto vedere quanti più nobili giovani e più leggiadre donne Babilonia racchiude. Ma eccoci; questo è l'alloggiamento per te, e pe' tuoi cavalieri, a cui Nebo conservi il loro glorioso signore. —

La cavalcata diffatti era giunta dinanzi ad un vasto edifizio di due piani, le cui mura salde e profonde si vedevano rinfiancate da contrafforti di mattoni, fino ad una dicevole altezza, dove incominciava un fregio di lucide squamme, corrente per lungo sotto una fila di spaziose finestre. Il grand' arco della porta metteva ad un ampio cortile, ne' cui fianchi si aprivano le stalle capaci, e gli alloggi de' soldati e dei servi. Al piano di sopra erano gli appartamenti del re e de' suoi uffiziali.

Discesi d'arcione, i seguaci del re d'Armenia si diedero con alacrità ai loro apprestamenti di riposo, ognuno secondo l'ufficio suo; i cavalieri a dissellare, stregghiare e rinfrescare gli affaticati destrieri; i custodi de' cammelli, i bagaglioni e i serventi, a riporre gli arnesi, le provvigioni e i preziosi fardelli; tutti, da ultimo, veduto come più nulla bisognasse ai fedeli compagni del loro viaggio, pensarono a ristorarsi di cibo, di bevanda e di sonno.

Seguìto di Bared, il giovine Ara s'avviò alle sue stanze. Due eunuchi della reggia erano ad aspettarlo colà, per additargli la camera adorna di sontuosi tappeti e morbide pelli di fiere, col suo letto di soffici piume steso nel fondo, sotto un padiglione di porpora. Lo guidarono essi allo spogliatoio, tutto fragrante di preziosi stillati, e al tiepido bagno, dove l'acqua spicciava dalle fauci d'un leone di bronzo nell'ampia vasca di pietra.

Ed essi, mentre il giovane signore attendeva a quelle cure, così geniali dopo le fatiche d'un lungo viaggio, apprestavano sulla mensa i cibi eletti, il vasellame lucente, l'acqua fresca come neve e l'inebbriante liquor della palma.

Ara uscì poco stante dal suo spogliatoio, fiorente di bellezza e di gioventù, raggiante al pari d'un dio. Lasciate le vesti polverose e le fogge natali, aveva indossata la doppia tunica babilonese, bianca di sopra con fregi d'oro sui lembi, e azzurra di sotto, siccome era azzurra la clamide, che portava ravvolta con bel garbo sugli òmeri. Azzurri i calzari, che gli saliano allacciati alquanto più su della noce del piede; bianca, con fregi d'oro, la mitra sul capo.

Quelle ed altre vesti in buon dato l'ospitalità regale di Semiramide apprestava al pronipote d'Aìco. Egli avea scelte le manco sontuoso; ma come avrebbe potuto farle parere più umili? Bellezza e gioventù dànno luce più viva ed allegra che non gli ori e le gemme; aggiungono leggiadria, freschezza e splendore ad ogni cosa che le circonda.

— Invero, — disse Bared a lui, come lo ebbe veduto, — il babilonese ha ragione; chi non ti amerebbe, o signore?

— Ah! — rispose il principe con accento malinconico, rimirando le sue vesti mutate. — Così Sandi vestiva! Povero Sandi! —

E così dicendo si lasciava cadere su di uno sgabello, di rincontro alla mensa. Ma Bared non gli consentì questo ritorno alle tristi ricordanze. Erano soli e le ragioni dell'amicizia ripigliavano il sopravvento su quelle dell'ossequio.

— Suvvia, mio dolce signore, — gridò egli con voce affettuosa; — non lasciarti soverchiare dalla mestizia dei lontani ricordi. La vita è tale per tutti: luce e tenebre, sorrisi e lagrime, pur troppo! Schiavi al voler degli Dei, tutti ci attende la morte; mostriamoci dunque uomini forti davanti al destino!

— Oh, Bared, mio ottimo Bared, lo so; tutti morremo, un giorno! Ma poss'io dimenticare l'amico della mia giovinezza? Questa città è una tomba, dove Semiramide impera.

— Tu la vedrai domani; il babilonese te lo ha detto, nel prender commiato da te; a domani, dunque, i molesti pensieri. Vieni, mio dolce signore! Fino a domani ignoto in Babilonia, qual migliore occasione per veder la città? Vieni; ci aspetta il tempio di Militta Zarpanit; ci aspettano questi riti notturni, così famosi nel mondo. —

CAPITOLO II.

Militta Zarpanit.

Tra Nivitti Bel ed Imgur Bel, nel tratto settentrionale di quella lunghissima zona di lieta verdura che corre tra i due baluardi, come diadema intorno alla fronte d'una regina, è il sacro bosco e il tempio di Militta Zarpanit, la gran madre, la provvida fecondatrice del germe, colei che esalta la potenza dei figli di Belo.

Folte macchie di lentischi e di mortelle, di cedri e di salici, fiancheggiano le vie tortuose e i sentieri dove luce non giunge. Tutto intorno cespugli di gelsomini e di rose, liberali de' sottili effluvî che inspirano l'amore, siccome all'amore dispongono i leni susurri dell'aura vespertina e i gemiti delle colombe, libere abitatrici del luogo, venerate messaggiere della Dea. Il sacro amòmo dal ceppo sarmentoso si leva coi tralci, si avvinghia alle piante maggiori, spandendo ombra di molteplici foglie e fragranza di rosei grappoli sui misteriosi recessi. Da un lato la via maestra, o regale; dall'altro l'Eufrate; in mezzo alla selva, murato su d'un poggio, è il tempio della Dea, con la sua cupola gialla, lungi splendente dal colmo dei rami intrecciati.

Militta Zarpanit! Donde il tuo culto, che le tarde generazioni vedranno fiorente presso tutti i popoli antichi, all'alba della lor vita affannosa? Gli Dei, che simboleggiano la forza degli elementi, ma più assai la paura degli uomini, spariranno dagli altari; i possenti della terra, i fondatori di città e di regni, santificati dall'ossequio del volgo, saranno dimenticati o confusi; ma il culto della bella natura, il culto della gran madre feconda, il tuo culto, o Militta, non perirà. Belti, Militta, Zarpanit, Thaaut, Rea, Istar, comunque ti piaccia esser nomata dalle genti di Sennaar; Astarte a Tiro, Derceto in Ascalona, Afrodite fra gli Elleni, Venere tra gli ultimi Esperii del mondo antico, i tuoi riti saranno uguali dovunque, comechè sformati dall'indole varia dei popoli, dalla naturale trasfigurazione del simbolo, dal riuscir del mito in leggenda. A te sacro dovunque il mirto, a te le colombe, a te non mai sacrifizio di vittime fumanti, ma offerte di odorate ghirlande e incruento olocausto di cuori.

In te si venera la diva natura, che rinacque sorridente e gloriosa dall'onde. Te, sorgente dalle spume, vide la memore sapienza ellena; preceduta dalla colomba, lieta apportatrice del ramoscello verdeggiante, ti celebrarono le prime istorie della figliuolanza di Sem. L'apparir tuo fu mostra di possanza, non doma dal flutto devastatore; il ramoscello dell'alato messaggiero recò il tuo primo saluto ai superstiti, ricondusse la speranza nei cuori. E rinata alla luce, investita dalle vampe maritali del fuoco interno, vigilata dall'insaziabile sguardo dei corpi celesti, amata amante di avventurosi mortali, fosti feconda di nuovi frutti alle genti; le quali ti riconobbero madre, dalle tue cento mammelle succhiarono la vita, e il tuo culto leggiadro recarono divotamente con sè, allorquando, rifatte dai primi terrori, si sparpagliarono allegre e fidenti sulla faccia del mondo.

Imperocchè (chi nol sa?) da mezzogiorno e da occidente vennero i primi apportatori di civiltà alla terra di Sennaar, a mano a mano che su per l'erta delle convalli mediterranee li sospinse la piena crescente dell'acque, dopo che cadde inabissata nei gorghi marini la prisca terra d'Atlante e il tremuoto spezzò le immani serraglie di Abila e di Calpe. E dal mare ebbe Babilu i suoi fondatori, i suoi demiurghi. Ilu, il suo primo Iddio, il suo primo terrore, è librato sulla distesa dell'acque, o posa sulla vetta dei monti, negro come la nube che lo circonda, pregno di nembi e di folgori. Dal suo grembo squarciato escono le tre forze arcane, quasi le tre forme della sua medesima essenza: Anu, il caos primordiale, Bel, la potenza ordinatrice, Hoa, lo spirito intelligente dell'universo. L'ultimo tra questi è il dio più sensibile, il più noto, il più dimestico ai volgari intelletti; egli è il pesce dio, che reca i primi comandamenti all'umano consorzio. Daokina è la sua forma femminea, venuta anch'essa dal mare, emersa dai flutti dell'Eritreo. Lasciate che il mito si svolga; egli assumerà nuove parvenze, altri significati, altri nomi.

Difatti, agli Dei cosmogonici succedono a breve andare gli Dei siderali. Abbia la divinità un aspetto visibile; se il cielo è sua dimora, il cielo donde si sprigionano i nembi, il cielo donde ci piove la luce, vediamola nello spazio azzurro, vediamola in quelle grandi pupille di fiamma che assidue dardeggiano il mondo. Così i prischi ed oscuri elementi si rinnovano, ricompaiono in luce di stelle, ed alla vecchia triade cosmica, ecco tener dietro la triade celeste, Sin, Samas, Iva, anch'essi rinfiancati di lor forme femminine. Sin, l'astro della notte, risponde al dio delle tenebre, al caos; Samas, l'astro del giorno, risponde alla potenza ordinatrice del creato; Iva, lo spirito dell'etere, l'atmosfera trasparente, risponde allo spirito penetratore dell'universo, al pesce dio venuto dai gorghi del mare.

E adorati questi fulgentissimi numi, perchè non si adoreranno gli astri minori? Ecco, la triade si scempia ancora in tutti quei luminosi pianeti che scintillano la notte nel firmamento azzurro. I nuovi regnatori delle are son questi: Ninip, o Adar, il lontano astro che si circonda d'un candido anello, e i cui satelliti, nascondendosi tratto tratto dietro al suo disco, lo faranno apparire divorator de' suoi figli; Merodach, il più appariscente, il più splendido, epperò dal popolo babilonese chiamato figlio di Bel, e adorato più tardi siccome il vero monarca de' cieli; Nergal, il corrusco di luce rossiccia, fatto signore dell'armi; Nebo, il sapiente, protettore della eloquenza e della autorità regale, non ancora sformato dalle volgari leggende, che tra gli Elleni lo diranno rapitore di mandrie; Istar, finalmente, la stella dei soavi splendori, che la venerazione delle genti confonderà coll'antica Beltis o Bilit, forma femminea di Bel, e con Daokina, la compagna di Hoa. Astro in cielo, anima della natura in terra, diviene la consolatrice dei cuori, la increata bellezza, la fonte dell'amore; celeste, è Taauth; terrestre, è Zarpanit. Eccola adunque, sempre una in tutte le sue svariate sembianze, nata dalle onde, splendente nei cieli, vivente nel creato, cara ai mortali, madre, signora ed amante.

A lei sacro tutto ciò che risplende per grazia e leggiadria; a lei sacra la lieta fecondità; a lei sacro l'amore che ingentilisce i costumi. A lei dedicate le prime pietre che il volgo agreste ammirerà, sporgenti, solitarie, scalzate dalle acque, lunghesso il dorso dei monti; a lei i primi simulacri che il fantastico genio dell'India ornerà di cento mammelle, a significarne la materna abbondanza, laddove il genio più corretto degli Elleni la ritrarrà nelle sembianze della donna amata, e vedrà il sommo della sua divina beltà nel complesso di tutte le bellezze di Grecia. A lei consacrate le isole e i boschi odorosi, dove gemono le colombe e sguardo profano non penetra i dolci segreti. Ogni umana cosa si corrompe pur troppo, e la casta adorazione cederà il luogo a mostruosi misteri; dei quali, al postutto, è agevole il sentenziare, col sangue e il giudizio assottigliati da migliaia d'anni trascorsi.

E Militta Zarpanit chiamava ai suoi amabili riti la gente di Sennaar. Era essa la divinità più grata al popolo babilonese. Belo, insieme con le sette sfere lucenti, aveva la sua torre dai sette piani e dai sette colori nel borgo sacerdotale di Barsìpa. La triade antica delle fondamenta della terra aveva la piramide di tre piani, innalzata in quella parte occidentale della città che è più vicina all'Eufrate. Ilu, il temuto iddio delle acque, avea la città tutta quanta e la soggetta pianura; Nisroc, o Salman, núme dalle ali e dal rostro aquilino, Assur, il protettore, nella cui faccia umana e nelle membra di toro alato raffiguravasi la forza e l'intelligenza divina, custodivano, paurosi simulacri, le cento porte di Babilu· Militta, più soave e più cara, aveva sulla riva destra del gran fiume il suo tempio, i penetrali, la selva e i riti notturni. Non risplendeva essa, amica stella nei cieli, la prima ad apparire dietro al sole cadente, l'ultima a dileguarsi ai primi chiarori dell'alba?

Il suo bell'astro scintillava nell'azzurro sereno, accanto alla colma luna, rallegrando il creato di miti splendori, allorquando il giovine Ara, vestito delle nuove fogge babilonesi, si inoltrò, in compagnia del suo Bared, sotto i platani che faceano confine alla selva. Quel lieto viavai di gente sconosciuta, que' volti sfavillanti di gioia, quelle donne a mezzo velate che si appoggiavano fidenti al braccio degli amati, quel luccichìo di fiaccole, quell'effluvio di fragranze, quell'onda di musicali concenti tra i rami, rapivano il suo cuore, facendolo immemore d'ogni cosa, susurrandogli arcane parole, che avevano un'eco nel profondo dell'anima. Giovinezza beata! come le arride il futuro! e come i suoi dolci incantesimi possono far tacere in lei le mestizie d'un passato, che ancora non ha avuto agio di mutarsi in assenzio! A lui l'ignoto, con le sue lusinghe, le promesse, le speranze dolcissime, sorrideva sotto quei rami in quella moltitudine appariscente e festosa, immagine del mondo in cui egli era entrato per la porta d'avorio. Ed ammirato, estatico, fuori di sè, saliva lentamente, rasentando le belle coppie innamorate, pei meandri del bosco.

Com'egli fu giunto al sommo del poggio (chè tale era la forma del sacro recinto), gli si parò davanti agli occhi la maestosa mole del tempio, torreggiante su d'una piattaforma che gli facea terrazzo in giro, e a cui si saliva dai quattro lati, la mercè di ampie gradinate. Le mura di sostegno si vedeano fregiate di bassorilievi e dipinti, in onore della Dea, e di iscrizioni, scolpite nei venerati caratteri della stirpe degli Accad, somiglianti a chiovi impressi per lungo ed in mille guise intrecciati. A' piedi delle gradinate vegliavano leoni di granito; certamente posti colà, sotto gli occhi della Dea, come emblemi della forza, cui la bellezza soggioga. E il tempio difatti innalzavasi poco più in alto, cinto da doppio giro di colonne, coronato di capricciosi fregi e di eleganti merlature, sormontato da una svelta cupola, rilucente nello spazio azzurro ai raggi della luna.

Il suono dell'arpe e dei cantici era da pochi istanti cessato innanzi all'ara della gran madre Militta, e già la moltitudine devota scendeva a torme dal limitare, spandendosi lungo i terrazzi e per le scalinate, a guisa di fiume che rompa fuori dagli argini. Il vano della gran porta appariva vestito dell'aurea luce, ond'era sfolgoreggiante l'interno, e di là venian profumi d'incenso, di gálbano, di cinnamomo e di mirra.

Dopo essere rimasto un tratto immobile a contemplare da lunge quella scena incantevole, il re d'Armenia si avviò verso la gradinata, in mezzo alla moltitudine, che scendeva dal tempio, o saliva.

I raggi della luna rischiarando il suo volto e la leggiadra persona, si fece a breve andare dintorno a lui quella ressa curiosa, quel bisbiglio, quell'avvicendarsi di domande e di ammirazioni, che furono mai sempre, e saranno, il più naturale omaggio reso alla bellezza dal volgo dei riguardanti. Ora, presso i babilonesi, come presso tutti i popoli antichi, più schietti adoratori della forma, quell'omaggio era più facile a rendersi, nè solamente riservato alla donna, come accade tra noi, non so se più austeri, o più invidi.

Turbato un tal poco da quegli atti curiosi e da quelle voci di meraviglia, il giovine affrettò il passo fin sopra la spianata; s'inoltrò sotto il pronao del tempio, che era sorretto da enormi tronchi di palma foggiati a colonne, ed oltrepassò il sacro limitare, fiancheggiato dai simbolici leoni di pietra.

Colà, un più meraviglioso spettacolo si parò davanti agli occhi del giovine. Sulle prime, tra per la luce riflessa dalle lamine d'oro e d'argento, che correano alternate sull'alto delle pareti, e per la nube d'incenso che si diffondeva nell'ampio recinto, parve a lui d'essere, anzi che tra' mortali, nella regione dei sogni, in cui si pregustano le delizie celesti. Ma, a poco a poco, avvezzando lo sguardo a quella vaporosa veduta, egli potè discernere partitamente ogni cosa.

La cella sacra, dov'egli avea posto piede, era un'ampia sala quadrilunga; conterminata da un'abside, su cui si levava la cupola, già veduta di fuori. Le mura tutto intorno apparivano ornate di stucchi, con iscrizioni e bassorilievi colorati, fino all'altezza degli stipiti di un gran numero di porte, le quali mettevano alle camere dei sacerdoti. Ai lati di queste grandeggiavano leoni e tori alati, dal volto umano, o dalla testa d'aquila, che parevano vegliare riverenti, a custodia delle mezze figure chiuse nel circolo eterno, con lunghe ali distese, emblemi della divinità suprema, i quali si vedeano scolpiti più in alto. E dove finivano le sculture e i dipinti, incominciavano i fregi di lamine d'oro, intelaiati a guisa d'arazzi nel vano di un finto colonnato d'argento, che saliva a sostenere un sopraccielo di legno prezioso, partito a cassettoni, con entro rosoni ed altre foggie di fantastici fiori, messi ad argento ed oro, siccome le colonne già dette. Nell'abside, sotto la cupola, sorgeva l'altare di Militta, masso di diaspro riquadrato e lucente, su cui s'innalzava il bianco simulacro della Dea, che poggia il piede sul domato leone, e reca tra mani il fiore della vita. Ai quattro angoli dell'altare, fumavano, entro bracieri sostenuti da tripodi di bronzo, i quattro aromi più grati agli abitatori del cielo; e d'ogni parte pendevano, in lungo ordine disposte, le lampade d'argento, donde i lucignoli di bisso attingevano l'olio fragrante, per dar luce e profumi all'intorno.

E per mezzo a quella nube d'incenso che si diffondeva dall'abside, il principe vide uno stuolo di sacerdoti, i quali posavano dalle cerimonie e dai cantici, seduti su sgabelli d'ebano, il cui nero lucente faceva vieppiù risaltare la candidezza delle lunghe stole (il bianco era il color sacro a Militta) e degli ampii mantelli in cui ravvolgevano la persona. Il gran sacerdote si discerneva, tra gli altri, per la tunica sfoggiatamente trapunta e frangiata d'oro sui lembi, per l'aurea cintura tempestata di gemme e per l'aurea mitria foggiata a testa di pesce, la cui infula scendeva ad accappatoio sulle spalle, simulando le squamme dell'animale e la coda a due punte. Militta, non lo si dimentichi, era altresì Daokina, e la mitria del pesce dio, portata dai sacerdoti di Babilu, doveva coprire il capo ai ministri di ben altre divinità, posteriori nel tempo.

Una mensa di lucido argento, sorretta da figure simboliche, era collocata davanti all'altare e sovr'essa splendevano le liberali offerte dei più ricchi adoratori. Capaci coppe di bronzo si scorgeano dai lati, nelle quali ogni donna che uscisse dal tempio gittava la sua moneta, d'argento, o di rame. E tratto tratto si vedeva alcuna di esse, muoversi dal fondo, inoltrarsi fino all'altare, e deporre il suo tributo, levar le mani in atto di adorazione ed uscire.

Ciò ricondusse più indietro gli sguardi del giovine. Il sacro recinto non era anche spopolato del tutto; imperocchè, sedute in lungo ordine su panche di legno, attorniate da curiosi che le veniano squadrando degli occhi, stavano molte donne in attesa, con funicelle ravvolte intorno al capo, e, ognuna di esse giusta la sua condizione, nobilmente vestite ed adorne. Quella era per fermo la celebrazione d'un rito; nè il re d'Armenia lo ignorava, essendo allora i misteri di Militta Zarpanit famosi per tutte le circonvicine regioni.

Così voleva il costume, che ogni donna babilonese dovesse, una volta in sua vita, rimanersi nel tempio aspettando, fino a tanto non avesse pagato il suo tributo alla Dea. Ciò ch'ella riceveva dall'ignoto, il quale accostavasi a lei, rivolgendole la frase « invoco per te la dea Militta, » dovevasi gittare in offerta nella coppa di bronzo. Nè ella, poichè s'era così seduta in attesa, con la funicella intorno alle tempie, potea più respinger l'omaggio dello straniero, chiunque egli fosse. Mostruoso rito; ma non è in balìa del narratore il mutarlo. Forse era naturale corrompimento d'un alto concetto; forse reliquia di più rozzi costumi, non potuta cancellare del tutto, epperò saviamente dissimulata dalla santità della cerimonia; fors'anco, nell'uso, era temperato da acconci convegni, da gentili artifizi, che la storia non ha tramandati alle tarde generazioni, e che il senno di queste può argomentar verosimili. Ma di ciò pensi ognuno a sua posta.

Ben ci raccontano gli antichi, ed è anche agevole il credere, che le più nobili e ricche sdegnassero di mescolarsi cosiffattamente alla comune delle donne babilonesi, nella celebrazione dei sacri misteri. Elleno per fermo non si ristavano dallo accorrere al tempio; ma in lettighe coperte e accompagnate da uno stuolo di servi, che recavano i loro donativi e le debite offerte all'altare.

Una di queste felici era appunto allora nel tempio, prostrata dinanzi ai gradini dell'abside, su d'un morbido cuscino che sotto i ginocchi le avea posto un'ancella, mentre un'altra deponeva sulla mensa il presente della signora, aromi e polvere d'oro in vasi d'alabastro.

Quella donna, veduta appena, trattenne lo sguardo del giovine. O fosse la singolar leggiadria delle forme, non potuta nascondere dalle pieghe del velo che tutta le involgea la persona, o il suo rimanersi in disparte e la compagnia delle ancelle, che la dicevano donna di ragguardevole stato, od altra più riposta cagione (che molte ve n'ha, sottili, inavvertite ed arcane, per disporre in varie guise la trama degli eventi), fatto sta che quella donna velata, lontana, ignara di lui, gli occupò la mente, lo disviò da tutta quella moltitudine di aperte e sorridenti bellezze, che in lui figgevano i grandi occhi neri, pieni di schietta ammirazione a di dolci lusinghe.

Tanto può l'ignoto sull'animo nostro! Così tenui sono le fila in cui ci avvolge il destino!

Ella era inginocchiata dinanzi all'altare, in atto di preghiera, mentre alcuni adolescenti ministri del tempio venian raccogliendo di mano alle ancelle i preziosi donativi della sconosciuta supplichevole.

— Militta ti vede e ti ascolta! — le avea detto il gran sacerdote; — ti conceda ella ciò che le tue preghiere dimandano. —

Ara non poteva distogliere lo sguardo da lei. E più la rimirava, e più si riempiva il suo cuore di dolcezza ineffabile; come se da quelle forme mal note emanasse un tiepido effluvio che, tutto investendolo, gli s'infiltrasse per ogni meato nel sangue. E una speranza, un desiderio, uno struggimento gli cresceva grado grado nell'anima, di vederla in volto, d'essere veduto, di non essere un ignoto per lei.

Donde nascono essi, questi moti repentini del cuore, soventi volte datori d'un nuovo indirizzo alla nostra esistenza, che ci fanno di punto in bianco, quasi per virtù d'incantesimo, consapevoli di noi, cosicchè ci sembri, o di vivere per la prima volta, o di non aver vissuto mai di vera vita da prima? Bagliori improvvisi nelle tenebre dell'intelletto, voci arcane all'orecchio, tumulti nel cuore, inni prorompenti dai penetrali dell'anima, donde traggono essi l'origine? Dal nulla, chi guardi all'apparenza, come dal nulla hanno vita i fantasmi del sogno; ma il savio, che scruta i segreti della natura e argomenta le cause non viste, si raccoglie umilmente nella sua pochezza, e ciò che ancora è sfuggito al suo spirito indagatore, non deride egli, per fermo, e non nega.

Così ammaliato, ignaro di sè, il giovane s'era fatto più innanzi e più presso alla sconosciuta, quasi volesse inebbriarsi dell'arcano effluvio ond'era soggiogato, o raffigurarsi, comechè imperfettamente, il profilo di quella testa, sotto le pieghe del velo che l'ascondeva, o cogliere a volo, respirare un alito di quelle preghiere che ella rivolgeva all'altare.

— Che chiede ella a Militta? Forse il suo cuore arde, si strugge d'un amore disperato', e prega la Dea che versi sovr'esso i balsami dell'oblio? O le voci dell'affetto non hanno ancora parlato all'animo suo, e implora il conforto, fors'anche lo strazio, d'un amor vero e profondo? Ed io ti chiedo, o Militta, che quella donna mi ami. —

Fu un impeto subitaneo, irresistibile, e decisivo del pari. Ascese incontanente il primo gradino del santuario e recò la mano alla sua cintura tutta adorna di gemme. L'aveva egli portata seco d'Armenia, e per vezzo giovanile, rigirata al fianco, sulla tunica babilonese pur dianzi indossata. Un grosso e trasparente smeraldo ne fregiava il nodo, ed egli fu pronto a strapparnelo.

— È questa la mia offerta, — diss'egli avvicinandosi alla mensa, per deporvi la gemma, — se Militta non isdegna il presente d'uno straniero.

— Bellezza e gioventù spirano dal tuo volto, come una dolce fragranza, — gli rispose il gran sacerdote, accompagnando le parole con un paterno sorriso. — Il tuo aspetto è d'uom caro a Nebo, al veggente Iddio, che dà lo scettro ai reggitori di popoli. Qual cosa dimandi tu, che Nisroc, il signor delle sorti, non t'abbia concesso il dì che nascevi? Pure, è bello il non fidarsi nei doni della natura, e tutto in quella vece aspettar dagli Dei. Essi non deludono la speranza di chi li invoca con animo riverente. E Militta, invocata, conceda a te, o giovine straniero, il compimento de' tuoi voti, conservi a te il regno de' cuori.

— D'un solo, e sarò il più avventuroso tra gli uomini! — esclamò il re d'Armenia nel ritirarsi dal santuario.

Agli atti improvvisi, alle parole del giovine, la donna velata avea rivolto il capo da quella banda; di certo essa lo aveva veduto per mezzo alla trama sottile del bisso che le copriva il sembiante. A lui parve che più d'una volta, e lungamente, gli occhi della sconosciuta si fossero soffermati a guardarlo; invero, ei non li aveva veduti, ma sentiti, e il benefico raggio gli era penetrato al cuore, che aveva dato un sobbalzo.

Bared, in quel mentre, gli si era accostato da tergo.

— Va; — disse egli concitato al suo fedele servitore; — va a riposarti, mio povero Bared!

— E tu, mio signore?

— Io? Non dormirò più questa notte.... nè poi; la mia pace è perduta. —

Bared, senz'altro aggiungere, si allontanò. E il re d'Armenia, tiratosi alquanto in disparte, per non dar più oltre nell'occhio ai curiosi, stette immobile, estatico, a contemplare la donna velata.

Poco stante, ella si alzò, e, seguita dalle ancelle, si mosse per uscire dal tempio.

Al giovine parve allora di veder cosa non mortale, una dea, la stessa Militta Zarpanit, discesa dal suo altare di diaspro, per farglisi incontro; tanta era la maestà del portamento, tanta la leggiadria delle forme. Ed egli credette di non potersi reggere in piedi, e istintivamente si appoggiò ad uno di quei colossali leoni di pietra, che sporgevano dalla parete, allorquando la vide avvicinarsi, e argomentò che gli occhi della nobil donna fossero volti su lui.

Ma si riebbe ad un tratto, volle esser forte, per cogliere al varco la fuggente occasione. Infine, che dirà ella, se parlo? E che penserà ella, se taccio?

Commosso, palpitante, combattuto da desiderio e da tema, fu per accostarsi a lei; e fatto il primo passo, si rattenne ancora. Ella si accorse dell'atto, in quella che stava per passargli dinanzi, e balenò irresoluta a sua volta.

Non era più da rimanersi perplesso. Ara si mosse verso di lei e con accento soave le disse:

— Perdonami!

— Che cosa? — dimandò ella, arrestandosi.

Il principe non rispose parola, tanto era turbato. Nè forse ella pose mente a cotesto, o se vi pose mente, non le parve irriverenza. Il rossore del giovine non era egli la più eloquente risposta e la più schietta confessione dell'animo suo?

Ella stessa, o compassionevole, o gratà, ruppe l'uggioso silenzio.

— Tu se' straniero? — gli chiese.

— Sì, sono, — rispose il giovine, pigliando animo dalle cortesi parole e più ancora del soavissimo accento; — e se non t'incresce.... se nulla ti chiama così presto lontano da me.... amerei dirti, o signora, una preghiera insensata, che io feci poc'anzi alla Dea.

— Ti ascolto; — disse a lui di rimando l'incognita.

— Di vederti, — proseguì Ara sommesso, — di poter dirti che t'amo, di essere amato da te. —

Ella rimase un tratto in silenzio, forse turbata dalle inattese parole. Il giovane, temendo di averle recato offesa, già era per chieder venia del soverchio ardimento, quand'ella si fece, senz'ombra di sdegno, a domandargli:

— Mi conosci tu forse?

— No; e tu ben lo vedi, — rispose Ara, con voce carezzevole, — questa è follia. Ma son io forse più signore di me? La Dea mi ha condotto a forza quassù, perchè io smarrissi la pace dell'anima. E là, presso l'altare, ho detto a me stesso che tu eri la più leggiadra donna di Babilu. Per Militta, che tu invocavi poc'anzi, io ti chiedo in cortesia di sollevare un lembo di quel tuo velo geloso. —

CAPITOLO III.

La rosa di Sennaar.

Le dolci parole, e più l'accento d'onesta preghiera, toccarono il cuore della donna velata.

— E se tu ti fossi ingannato? — diss'ella, dopo esser rimasta alcuni istanti raccolta in sè medesima, quasi volesse aspirare gl'incensi di quel lusinghiero discorso. — Se a me non arridessero i pregi che fanno cara la donna al tuo sesso?

— Oh, gli è impossibile! — sclamò il re d'Armenia, stringendosi al suo fianco, mentr'ella lentamente, ma senz'aria di voler dargli commiato, volgeva il passo al limitare del tempio. — Me lo ha detto il cuore, che non inganna mai. Nè basta; la tua presenza, ciò ch'io vedo e sento di te, non ti palesano forse? Tu ben lo sai, mia dolce signora; leggiadri son sempre i fiori odorosi, e il gelsomino, celato nel verde cupo del bosco, non tramanda più soavi fragranze di quelle che spirano dal tuo velo, o bellissimo tra i fiori di Babilu.

— Nebo t'ha ornata la mente di grate fantasie, — soggiunse l'incognita, — e il miele della poesia scorre dalle tue labbra. Così tu dicessi il vero, come parli cortese!

— Or dunque, — ripigliò Ara umilmente; — non darai tu l'aspettato guiderdone al poeta?

— Non qui; la luce del tempio non dee rischiararmi la tua confusione. Son donna, — aggiunse ella con un fil d'ironia, — e il vero mi potrebbe apparir troppo grave dal tuo aspetto mutato. Non dirmi nulla; so già la risposta. —

Così la sconosciuta, per troncar le parole al giovine, che già stava per richiamarsi a lei dell'ingiusto sospetto. Indi, come parlando a sè stessa, mormorò, per modo che egli potesse udirla:

— Infine, mi veda egli; è la Dea che lo vuole. —

E dato un cenno alle ancelle, che tosto riverenti si allontanarono, uscì con passo rapido e lieve sulla gradinata, quasi sfiorando il suolo, mentre Ara le venìa tutto sollecito al fianco.

Discesi sulla spianata, e usciti fuor della calca, ma non così prontamente come il re d'Armenia avrebbe voluto, piegarono a destra, dove per tortuosi sentieri si scendeva all'Eufrate. Egli ebbro di gioia; ella taciturna, lievemente reggendosi sul braccio che il principe le aveva profferto, e tratto tratto volgendosi a guardarlo in viso, per mezzo alla trama sottile del velo che ancora la diniegava agli occhi innamorati del giovine.

— Ah! — sclamò ella, premendogli il braccio, al primo svoltar della strada, che le consentiva di dare una fuggevole occhiata dietro di sè.

— Che è ciò, mia divina? — le chiese Ara turbato.

— Alcuno ci segue.

— Chi lo ardirebbe, dov'io sono? —

E così dicendo, il re d'Armenia si volse e si piantò fieramente in mezzo al sentiero.

Un uomo, ravvolto nel suo mantello, scendeva per quella medesima via. Ma egli non parve darsi pensiero dell'atto, e, giunto all'incontro d'una viottola poco lunge da essi, vi s'inoltrò con passo sicuro, come chi non avesse a fare altro cammino fuor quello.

— Tu lo vedi; egli non teneva dietro a noi; — disse il principe alla sua compagna, ripigliando la via verso il fiume.

Indi a poco, giungevano in vista dell'Eufrate, ampia zona d'argento, scintillante sotto i loro occhi, ai raggi del grand'astro notturno. Una barca era legata alla riva e due donne, in cui Ara fu pronto a raffigurare le ancelle della sua sconosciuta, andavano a quella volta.

— Tu dunque mi lasci? — gridò egli sgomentito; — ed io non avrò ottenuta la grazia tua!

— Perchè dubiti? — chiese ella, arrestandosi.

E mandando gli atti compagni alle parole, sollevò il velo importuno, lo arrovesciò sulla testa, lasciando così il viso scoperto al chiaror della luna.

Il re d'Armenia mise un grido d'ammirazione. Giammai egli aveva veduto cosa più bella.

Aperto e sereno il volto, delicatissimi e in un severi apparivano i lineamenti, a cui cresceva incantesimo il morbido tondeggiar delle carni, splendenti dell'aureo colore di frutto maturo. Ampia la fronte e nitida come l'avorio, incoronata di chiome nere, ondate e lucenti, tra le cui copiose anella si nascondevano i capi d'una trecciera di perle, che ne faceano vieppiù risaltare la lucentezza corvina. Neri gli occhi del pari, sfavillanti a guisa di granati siriani, profondi come il mare, e com'esso trasparenti, facili ad esprimere le interne commozioni, o languidamente si celassero a mezzo, sotto il velo delle lunghe ciglia, o aperti scintillassero d'amore, o raccolti lampeggiassero di corruccio. Tra due grandi e sottili archi d'ebano si veniva leggiadramente incurvando la radice del naso, snello e ben profilato infino alle nari, rosee ne' delicati contorni, come il grembo delle conchiglie eritree. Le labbra di corallo acceso, tumidette e madide di voluttà, pareano invitare ai baci, siccome le dischiuse corolle dei fiori, imperlate di notturna rugiada, cercano desiose i primi raggi del sole; ma il taglio austero di quelle labbra dinotava un'alterezza acconcia a temperar gli ardori del sangue, a dissimulare, se non a padroneggiare, la impetuosità degli affetti. Il superiore, un tal po' rilevato, così che breve spazio intercedesse dalla bocca alle nari, giusta il tipo della gente semitica, lasciava scorgere, ad ogni moto di quella vaghissima bocca, due file di candidi denti, che faceano più grato il sorriso; il sorriso, che è il suggello della bellezza, come lo sguardo è il raggio dell'anima. Tre cose belle al mondo: il sorriso sul volto d'una donna; il sole nel cielo; l'amor nella vita.

Nè era manco leggiadra la persona, che già di per sè sola avea potuto cotanto sull'animo del re d'Armenia. Invano il candido pallio di bisso le si ravvolgeva dintorno, sopra la lunga stola violacea, frangiata di argento. Da que' veli trasparivano le elette forme d'una Dea, che solo tra' Greci aveva a rinvenire uno scalpello degno d'effigiarla nel marmo; e que' veli, lasciando indovinare i maestosi contorni di quella sfolgorata bellezza, le conferivano quel non so che d'arcano, donde lo spirito nostro attinge le sue voluttà più profonde. Il collo, che si mostrava ignudo, dintornato da una filza d'amuleti, le braccia del pari scoverte, intorno a cui si allacciavano i simbolici serpenti, disviatori dello influsso maligno, erano miracoli di grazia, che avrebbero ingelosito Militta ne' cieli, e trattenuto sulla terra, immemore dei gaudii superni, uno spirito immortale.

Così splendida di vezzi, cinta del suo candido pallio, di cui la lieve brezza notturna agitava mollemente le pieghe e i lembi disciolti, lumeggiata da quel mite chiaror di luna, che la faceva parere quasi uno vaporosa visione del sogno, eretta della persona, atteggiata ad un placido riso che diceva tutto l'intimo compiacimento della conscia bellezza, ella si stava immobile al cospetto di Ara.

Commosso da quella vista, che di tanto superava la sua medesima aspettazione, il re d'Armenia rimase alcuni istanti muto, estatico, a contemplarla. E bevve in quegli istanti per gli occhi, fino all'ultima goccia, l'amoroso veleno, che aveva a conquiderlo, a farlo altro uomo da quello di prima.

Si sentì perduto, allora, tratto fuori di sè, in balìa di quella donna, per lei forse felice come un dio, o disperato come l'ultimo dei viventi; nè gli dolse di ciò. L'amore è un abisso, di cui non si misura la profondità, se non quando s'è affacciati in sull'orlo periglioso. L'ignoto tira a sè; voci lusinghiere chiamano dal profondo, e in così alto mare è dolce il naufragio.

— Lascia che io t'adori! — le disse, cadendo a'suoi piedi.

Ella gli sporse con grazioso atto la mano, per rialzarlo da quella umil postura.

— No! — soggiunse egli. — Adorarti! adorarti! Concedimi di rimanere a' tuoi piedi, siccome al cospetto d'un nume. Non sei tu stessa una dea? Militta ha assunte le tue forme, io lo vedo, io lo sento, per farmi il più lieto, o il più triste degli uomini. —

Arcana virtù delle parole che sgorgano dal cuore! Colpita da quell'accento di preghiera, soggiogata da quell'aura misteriosa che sempre accompagna un amor vero e profondo, ella si lasciò cadere, senza far motto, su d'un sedile di sasso, nè ritrasse altrimenti la morbida mano, che egli avea stretta fra le sue, in quell'impeto di amorosa follia.

Ella seduta, in atteggiamento pensoso, turbata nell'intimo del cuore da un misto di nuove sensazioni; egli inginocchiato a' suoi piedi, palpitante, cogli occhi fisi ne' suoi; rimasero a lungo muti. Ma quante cose non disse quel loro silenzio!

Gli astri del firmamento piovevano una tacita luce su quelle fronti leggiadre; la brezza notturna recava loro le inebrianti fragranze del bosco, insieme col dolce mormorio dell'Eufrate vicino; da un'agil barca, che venìa rasentando la sponda, giungevano al loro orecchio i grati accordi d'un'arpa e i suoni indistinti d'una cantilena, lenta e malinconica come tutte le melodie della vecchia stirpe cussita. Il cielo, la terra e l'onda, tutto era, intorno ad essi, un soave inno d'amore.

Ad ambedue grato il silenzio; e la novità del caso loro lo facea necessario del pari. L'uno all'altro stranieri fino a quel giorno e a quell'ora, senza pure avvedersene, o presentirlo, senza esservi tratti da quella ordinata progressione di piccoli eventi che dissimula spesso, o fa parer meno singolare la prepotenza del destino, s'erano essi incontrati a mala pena, e già sostavano l'uno a fianco dell'altro. Occorreva loro anzitutto riaversi da quel subitaneo tumulto, misurare la via in così breve spazio di tempo percorsa, raccapezzarsi infine, leggersi scambievolmente nell'anima.

L'amore è cosa di tutti i tempi, naturale portato di tutti i cuori; ciononondimeno, chi ben guardi, è sempre maraviglioso il suo nascere, siccome è miracolo la cosa più comune del mondo, il nascere del fiore sul ramo, il suo svolgersi rapidamente in tenere foglioline, il colorarsi dei petali, il vaporare ai primi raggi del sole in soavi fragranze. Così il maraviglioso fior dell'amore era nato ad un tempo in quei due cuori, improvviso, spontaneo, alla prima veduta; ed essi, respirandone i primi effluvii, a vicenda confusi e rapiti, dimenticarono l'universo in quell'ora.

Il re d'Armenia (meglio sarebbe il dire lo schiavo di quella ignota bellezza) fu il primo a rompere l'amoroso silenzio.

— Parlami, te ne prego! — esclamò; — fammi udire il dolcissimo suono della tua voce.

— Che dirti! — chiese la sconosciuta. — So io forse ciò che tu pensi ora di me?

— Ah sì! — ripigliò Ara sollecito. — Perdonami! Io mi stavo qui muto, ad assaporar la dolcezza della tua vista, non d'altro curante che della mia felicità senza pari. Ma potrei io operare diverso? Che dire, quando si contempla e si adora? Ho io mai provato ciò che oggi provo? Ho io mai veduto figlia di donna, la cui beltà reggesse al paragone della tua? Mai, lo giuro pei sacri platani di Van, donde a noi si rivela il consiglio dei Numi, mai ho sentito così fiero, e in un così dolce tormento; nè tra' miei monti natali, o nella istessa Armavir, famosa per le sue donne leggiadre, ve n'ha una che ti somigli da lunge.

— Sei tu d'Armenia? — chiese ella con piglio curioso. — E il tuo nome....

— Ara; — rispose brevemente il giovane; — e il tuo, mia divina? Non mi sarà egli dato di udirlo, soave al certo come il suono della tua voce? —

Ma la sconosciuta non pose mente alla dimanda, o non la udì; tutta la sua attenzione essendo rivolta a quel nome.

— Ara! hai detto? Ara, figlio d'Aràmo? Esso è nome di re; — soggiunse ella, veduto il cenno affermativo di lui.

— Son io quel desso; — rispose egli umilmente; — re del popolo aicàno, e tuo schiavo. Ma dimmi, o bellissima; come ti è egli noto l'oscuro nome del figlio d'Aràmo?

— E a chi, lungo le rive dell'Eufrate e del Tigri, non è noto il nome del giovine re d'Armenia, del vincitore di Masciag, dov'egli ottenne ad un punto la palma della vittoria e la benda di perle? Non è ella forse una benda di perle che voi cingete in capo, o figli di Aìco, quasi a testimonianza del vostro corso vittorioso dalle cime dell'Ararat fino ai lidi eritrei?

— Tempi di gloria! — esclamò il principe, con malinconico accento. — Ora i leoni di Cus regnano sulla vasta pianura; le aquile aicàne si raccolsero crucciose sui greppi.

— Donde volarono spesso a settentrione, per piombare sui mobili campi dei predatori Turani, o ad occidente, per annientare la potenza dei figli di Canaan. —

Così parlava la sconosciuta, e le sue parole eran balsamo al cuore del pronipote d'Aìco.

— Grande è Babilonia, — proseguì ella nobilmente, — e non invidia la gloria ai suoi amici della montagna. Aìco e Nemrod si guerreggiarono aspramente; ma vivono in pace ed amistà i loro discendenti. E tu, glorioso tra tutti i forti della tua stirpe, da quando giungesti alle nostre mura ospitali? Ancora non hai veduta la regina? —

La fronte del giovine si rannuvolò a quelle parole.

— Son giunto poc'anzi, — rispose, — e la mia gente è qui presso, negli alloggiamenti a noi assegnati dalla possente regina. Soltanto domani oltrepasserò il baluardo di Nivitti Bel, con la pompa che s'addice ad un re... ad un re tributario! — aggiunse egli, mal reprimendo un sospiro. — Tu sei cortese, o mia divina; ma che giova il nasconderlo? la gloria dei figli d'Aìco s'è grandemente offuscata, ed io, l'ultimo tra essi, reco a Babilonia il tributo dell'amicizia, come il minore al maggiore. Felice, invero, dacchè ti ho veduta e t'amo; più felice, se mi saprò riamato da te; ma domani, pur troppo, io vedrò Semiramide!

— Pur troppo! e perchè?

— Perchè.... deggio dirtelo? Infine, sì; non sei tu la signora del cuor mio, e non debbo io aprirtelo intiero? Perchè il mio pensiero rifugge da costei; perchè, al solo profferire il suo nome, sento nell'anima come un misto di terrore e di odio.

— Tu la conosci già?

— Non lei, la sua fama. Ella è possente, ma crudele; grande il regno, ma feroci gli amori. —

Si riscosse a quelle parole la sconosciuta, e un lampo di sdegno le balenò dagli occhi, promettitore di più fiera risposta. Senonchè, nell'atto di guardare il compagno, così bello, così candido nel sembiante, le venne meno il proposto; l'ira si spense e il pietoso affetto prevalse. E allora, non senza un tal po' d'amarezza, ella prese in tal guisa a rispondergli:

— La fama? E tu credi a questa vile menzogna? Anzitutto, sai tu donde nasca? Non già dalla lode, così scarsa pei vivi e restìa; bensì dalla invidia, dal maltalento, a cui giova il perfidiare, e dalla stoltezza, cui torna agevole il credere. Semiramide ha i suoi nemici e non li cura; ma per fermo le dorrà di vederti fra costoro. In che t'ha ella offeso, perchè tu creda così ciecamente il peggio di lei?

— Tu l'ami, lo vedo; — le disse il re d'Armenia, con malinconico accento; — ma io pure ho amato, e l'amico del mio cuore non è più tra i viventi. Povero Sandi! Era egli il compagno della mia fanciullezza, egli il mio fratello d'armi, di caccie e di giuochi, egli il gentile poeta che mi allegrava lo spirito con le sue leggiadre canzoni. Vaghezza di gloria lo trasse pellegrino alle mura di Babilu. Chi non lo avrebbe amato, vedendolo? E lo vide costei, il biondo garzone d'Armenia, che avea cantata nei suoi versi innamorati la bellissima rosa di Sennaar; lo vide e lo amò, per ucciderlo. Così fu narrato in Armavir; una sera egli salìa chetamente ai pensili orti della regina; all'alba vegnente, l'Eufrate accoglieva nei suoi gorghi un cadavere.

— Ah, menzogna! — gridò ella balzando in piedi, con piglio iracondo. — E chi ha osato calunniarla in tal guisa? Ella non vide il tuo Sandi, io te lo giuro pe' sommi Dei, che ci stanno sul capo. Non dar vanto di regali amori, siano essi pure feroci, come tu pensi, o re d'Armenia, a chi forse lasciò la vita in un laccio volgare.

— Perchè ti sdegni? — le chiese Ara turbato. — Amica della regina, troppo poco lo sei di chi t'ama. E sia pure! L'oracolo di Peznuni me lo aveva pur detto, innanzi ch'io lasciassi Armavir! « La terra di Sennaar ti sarà fatale! » Accusami alla regina; domani non andrò al suo palazzo, sibbene alla morte. Non mi dorrà il morire, se dalle tue labbra mi verrà la sentenza. —

L'accento appassionato commosse la sconosciuta.

— T'inganni; — soggiunse ella, ad un tratto mutata. — Troppo facile trascorsi allo sdegno; ma non temere! Chi t'ha veduto una volta non può tradirti, per fermo. A te l'amicizia offuscò la ragione; a me l'amicizia dettò e irose parole. Se tu conoscessi Semiramide, — e qui a voce di lei assunse un tono d'infinita mestizia, — sventurata la diresti, non rea. Nessuno amò la povera regina, nessuno! Ella è sola, si sente sola nel suo vasto impero, come un'isola deserta sul mare. Chiede affetto (e chi, tra i nati all'amore nol chiede?) ma invano, gagliardo e sincero come il suo. Ognuno in lei vede e desidera la regina; nessuno ha amata la donna.

Tu la vedrai, re d'Armenia, e se non somigli a quanti le stanno tementi dintorno, se hai virtù di penetrare con lo sguardo oltre il fasto regale che la circonda, vedrai dolore che non ha uguale in terra, e che mal si tenta di nascondere nel profondo dell'anima; vedrai fastidio d'ogni grandezza, d'ogni vanità, d'ogni ossequio bugiardo; vedrai desiderio infinito di verità, di schiettezza e di fede. E allora... allora non crederai alla fama, allora, forse, tu amerai quella donna. —

Il giovane crollò mestamente il capo, come chi, non potendo assentire, non ardisce pure far contro.

— Perchè, — entrò egli a dire, — ci diam noi pensiero di ciò? Tristi ricordi hanno fatto forza all'animo mio; lasciamo ora in disparte ogni cosa che non sia l'amor nostro; te ne prego. Parliamo di noi; parliamo di te, — aggiunse con voce carezzevole, — di te, che sei tanto leggiadra, anco negl'impeti dello sdegno. Celebrata è Semiramide nel mondo per maravigliosa bellezza; ma ella, mentre tu l'ami e la difendi, per fermo invidia la tua. —

E rimase ad attendere una sua parola, curvo in atto amoroso di fianco a lei, che s'era di bel nuovo seduta, modesto e ardente ad un tempo, lo sguardo fiso in quei grand'occhi neri, che lo guatavano tra curiosi ed incerti.

— M'ami tu molto? — gli chiese ella cedendo ad un moto repentino dell'animo.

— Lo chiedi? — gridò egli, nell'atto di afferrarle la destra e di stringerla al petto, come se volesse farla consapevole degli ardori ond'era tutto compreso. — Odimi, o figlia di Babilu, odimi, ignoto astro di luce! Nei miei monti natali, sono i costumi più semplici e rozzi, ma forti. Si ama una volta sola, ma per tutta la vita. Veloce, prepotente a guisa di fulmine, scende l'amore nel cuor nostro e lo strugge; però sono una cosa sola il vedere e l'amare. Io ti ho veduta e ti amo; non ti amavo io già, prima di vederti in viso, di udire il suono della tua voce? E tu, dimmi, nel nostro incontro non vedi, non senti, alcun che di fatale?

— Fatale, sì, tu l'hai detto, fatale! — ripetè con vibrato accento la sconosciuta. — Così è bello, non altramente, l'amore; così s'avrebbe mai sempre a volerlo: o incendio o nulla. Amare è darsi intieramente, è confondersi, vivere in una due vite, se felici o sventurate, non monta, ma gloriose, ma ardenti, fino al punto di consumarsi a vicenda e morire, a guisa degli astri, in uno sprazzo di fuoco.

— Così t'amerò, — disse Ara; — fosse anco la morte nei tuoi baci. Chi ama, ha vissuto.

— E dimmi... — soggiunse ella peritosa, fissando i suoi grandi occhi neri in quelli del giovine, — per questo tuo medesimo affetto, non potrai tu farti più umano nel giudicar la regina?

— Che chiedi tu ora? — esclamò egli turbato.

— Gli è un mio capriccio, — rispose ella prontamente. — Donna amante non si reputi amata, se prima non abbia messo il cuore dell'uomo alla prova.

— Ah! — proruppe Ara. — Dubiteresti ancora di me?

— Non dubiti tu ancora delle mie parole? — diss'ella di rimando. — Non dài tu orecchio, anzi che alla mia voce, alle perfidie del volgo?

— No, t'inganni; io non dubito, ma il mio cuore sanguina tuttavia; concedi al tempo di rammarginare la piaga. Tu taci? Deh, mia diletta, non t'offenda il diniego! Più tiepido amico, ti parrei forse più fervido amante?

— Amore, dolore! — mormorò ella tra sè, quasi rispondesse ad una voce segreta dell'anima. — E sia così, come vuole la Dea!

— Rispondimi, te ne supplico! - incalzò il re d'Armenia, cadendo in ginocchio e tendendo le palme verso di lei. — Non mi lasciare in questa tormentosa incertezza, peggior d'ogni morte! Vedi, non sempre si è padroni di sè: v'hanno cose da cui l'animo rifugge. Comanda che io m'allontani; comanda che io ti dimentichi; potrà forse il mio cuore obbedirti?

— Giuralo, dunque; — diss'ella con piglio risoluto; — giura che mi ami, e che, qualunque cosa avvenga... Bada bene; qualunque cosa avvenga, — ripetè solennemente, — tu sarai mio, sempre mio!

— Che vuoi nascondermi? — chiese il giovine attonito. — Che vedi tu nel mio futuro?

— Tremi già? — soggiunse la sconosciuta.

— Oh, se tu credi che io m'arresti per tema... — rispose egli sollecito; — ecco, io lo giuro; qualunque cosa avvenga, sarò tuo, sempre tuo! —

Un divino sorriso irradiò il volto della bellissima donna, che si fece allora a chiarirgli il suo pensiero con più dolci parole.

— Tu domani vedrai la regina, e chi sa? forse in vederla, ti fuggirebbe dal cuore ogni affetto per me.

— Di ciò temevi! — gridò Ara, con accento d'amoroso rimprovero.

— Di ciò, d'altro ancora, di tutto! — rispose ella trepidante.

— Oh, crudele! — ripigliò il garzone innamorato. — Io giuro nel santo nome di Militta, che ti ha fatta pietosa alle mie preghiere, giuro per la mia fede di re, che non s'è macchiata di tradimento mai, giuro per la sacra memoria di Sandi, che fu sino ad oggi l'unico affetto vero della mia vita, giuro di non amar che te sola, te sola e sempre, checchè mi serbi il dio delle sorti! Sei paga? Non accoglierai tu il mio giuramento? —

E stette anelante, lo sguardo fiso, in atto supplichevole, ad aspettar la sentenza dalle labbra di lei, che rimase un tratto immobile e muta a contemplarlo.

— Acerba pena ti preparo forse, o mio cuore! — mormorò ella, raccogliendosi sgomentita in sè stessa.

— Ma sia! non l'ho io chiesto poc'anzi a Zarpanit, d'essere amata per me, per me sola, checchè potesse accadermi? —

Il giovine era tuttavia ai suoi piedi, spiando ogni suo moto, chiedendole mercè con la muta eloquenza degli occhi. La luna, librata a mezzo il suo corso, accarezzava, coi candidi raggi, quell'amoroso sembiante. Ed ella, impietosita, chinò il viso sul viso di lui, lo trasse a sè, lo guardò ancora; un ricambio d'ansiose interrogazioni, di fervide promesse, di soavi languori, parlò in quegli sguardi confusi; indi, un'arcana virtù ravvicinò le labbra alle labbra, le strinse in un bacio, lungo, intenso, come il desiderio che ardeva nei cuori.

— Ti credo; — ella disse quindi, gettandogli al collo le braccia e nascondendo il bellissimo volto sul seno palpitante del re; — ti credo e son tua. —

Così l'uno all'altro ristretti, a guisa di due giovani fidanzati, ebbri d'amore, dimentichi d'ogni cosa creata, ripigliarono leggieri la via del tempio, guardandosi in volto, bisbigliandosi all'orecchio cento di quelle parole, soavemente vane, che l'aura stessa non può udire, nè l'eco ripetere, senza toglierne il pregio.

Si erano essi a mala pena partiti di là, che una testa curiosa sbucò fuori da un vicino cespuglio. Indi, raffidato dalla solitudine, un uomo ne uscì con tutta la persona, ravvolto in un bruno mantello; strisciando a guisa di serpente, attraversò il sentiero, e si cacciò da capo nell'ombra, in una macchia di lentischi, che risaliva lunghesso l'erta del colle.

CAPITOLO IV.

L'onniveggente.

Già impallidiva Istar, la lucida stella del mattino, e il cielo biancheggiava all'orizzonte, allorquando, sul più remoto terrazzo della reggia di Semiramide, apparve un uomo, o troppo nemico del sonno ristoratore, o desideroso di respirare le prime e le più pure aure del giorno.

Egli era alto della persona e di valide membra; indossava una gran tunica nera, frangiata d'oro sui lembi e lunghesso il giro delle ampie maniche ricadenti sui fianchi; portava, a mo' di diadema, intorno alla fronte, un cerchio d'oro, donde la folta capigliatura gli ricadeva inanellata sul collo; la barba, folta del pari, nerissima e riccioluta, gli scendeva sul petto, dando risalto al viso, notevole per le maestose fattezze e pel colore bianco smorto della carnagione, a contrasto colle labbra porporine e colle sopracciglia d'ebano, sotto cui scintillava il mobile smalto delle profonde pupille. Era una bellezza di granito, la sua; bellezza nobile, contegnosa e fredda, che comandava l'ammirazione e non ispirava l'affetto. Così apparivano terribilmente belli i colossi di pietra sul limitare dei templi; così, mirabilmente severe, lungo le pareti babilonesi, le immagini dipinte dei sacerdoti e dei re.

Immobile come un nume di pietra, egli stette a lungo lassù, colle braccia conserte, ritto sull'altana, in atto di guardare agli estremi confini del cielo, donde veniva man mano crescendo un'ampia lista di luce, zona ranciata da prima, indi accesa di porpora, che circondava la nereggiante pianura.

Egli non era lieto per fermo; ben lo dicevano le ciglia aggrottate e lo sguardo fiso, che parea cercare le invisibili regioni, dove ha la sua culla il sole, mentre forse lo spirito irrequieto si addentrava negli abissi inesplorati, donde scaturisce il pensiero. E così rimaneva, guatando e pensando, raccolto in sè medesimo, come un colosso circondato da tenebre, il quale aspetti la luce, o come un'anima smarrita, sopraffatta dai casi, la quale aspetti da lontano evento un consiglio.

Poco stante fu giorno; lo splendido sole asiatico, improvvisamente apparso all'orizzonte, levandosi maestoso in un cielo di madreperla azzurrina, investì de' suoi raggi la dormente città e sfolgorò in più punti, riflesso dal dorso lucente delle sue cupole, dalle facce delle sue piramidi, dai fianchi delle sue torri.

Quella vista lo riscosse dalla sua immobilità pensosa. Egli si volse allora ad un altare di pietra, che sorgeva nel mezzo della piattaforma; frugò tra le ceneri che ingombravano il focolare e ne scoverse i carboni ardenti tuttavia; vi accatastò la stipa in bell'ordine; poscia si fece, in atto religioso, a soffiarvi su, per destarne la fiamma. Indi a poco la vampa si accese e crepitò, cercandosi la via per mezzo agli aridi tronchi, mentre egli, inginocchiatosi, e sollevando le palme alla crescente fiammata, venìa mormorando le sue preghiere al dator della vita.

— « Io invoco te in questa purissima fiamma, io celebro te, creatore Ahuramazda, luminoso, risplendente, massimo ed ottimo, perfetto nelle opere tue, mente e bellezza suprema, possessore della vera scienza, fonte di gioia, tu che ci hai creati, formati e nudriti, tu il santo, tu l'intelligente tra gli esseri.

« Tu sei vero, tu lucido e splendente, tu causa prima di tutte le ottime cose, dello spirito che è nella natura, di ciò che nasce dal suo fianco generoso, dei corpi luminosi e di quelli che splendono di luce propria; tu il verbo creatore, esistente avanti il cielo, avanti l'acqua, avanti la terra, l'albero, il toro ed il fuoco tuo figlio, avanti l'uomo veridico, avanti i Devas e gli animali carnivori, avanti tutto l'universo, avanti tutto il bene da te creato, e avente il suo germe nella verità.

« Come il verbo dalla volontà suprema, così l'effetto non sussiste se non perchè procede dalla verità. La creazione di ciò che è buono nel pensiero e nell'azione, appartiene nel mondo a Mazda, e il regno appartiene ad Ahura, che il proprio suo Verbo costituì distruttore dei tristi. »

Dette in ginocchio queste preghiere, l'ultima delle quali ogni sacerdote di Ahuramazda dee ripetere cento volte al giorno, egli trasse di sotto all'altare una coppa di argento e vi spremè il succo dell'amòmo, dell'arbusto nodoso, che porta, per insigne privilegio celeste, il nome più antico di Dio, nella sacra lingua dell'Iran. L'*hom* (tale è il suo prisco nome) si riputava per ciò il primo degli alberi, come il toro era detto il primo tra gli animali. Consacrato davanti all'altare, esso era la medesima sostanza di Dio; bevuto dal sacerdote, esso era Dio che si trasfondeva nel petto dell'uomo.

— « Io ti volgo la mia prece, o Hom, elettissimo Hom, che dài la giustizia, la purità e la salvezza, ottimo di forma, splendido di luce, vittorioso, che hai nome di aureo! »

Spremuto il succo nella coppa, alzò questa con ambe le palme verso la fiamma, e ne sparse alcune goccie sugli ardenti carboni.

— « Per questa sola coppa che io ti presento, o dator d'ogni bene, rendimi tu quattro, sei, sette, nove, dieci per uno; ricompensami tu in questa guisa; dà la purezza al mio corpo. Veglia su me, purissimo Hom, ottima tra le sostanze, scendi tu stesso in me, sorgente di vita. Aprimi, o santissimo, allontanator della morte, aprimi le dimore celesti, sfolgoranti di luce, piene di felicità, superbe di gloria. » —

Ciò detto, accostò la coppa alle labbra e bevve il consacrato liquore dolcissimo, a mala pena spremuto, ma, che tornerebbe fatale a chi lo bevesse dopo fermentato. Tale era il sacrifizio del fuoco, tale l'offerta dell'amòmo, presso le antichissime genti dell'Iran.

Il sacrificatore proseguì, levando le palme all'altare:

— « Come tu ardi in questa fiamma, come tu regni nei cieli, così regna in terra, o possente Ahuramazda; così stendi il tuo divino impero dai culmini dell'Iran fino alla pianura del Sennaar e più oltre ancora, fin dove stridono i flutti del mare allo inabissarsi del sole. Possa Babilonia, possa il popolo delle quattro favelle, inchinarsi alla tua legge, o spirito di verità! I suoi astri venerati, che sono essi al cospetto della tua luce? Le sfere celesti, le forze arcane della natura, dovranno sempre usurpare il tuo luogo, o creatore di tutto ciò che è, nell'ordine degli spiriti eterni e delle cose mortali? » —

Così disse, con fervido accento nella sacra lingua di Javan; così diè fine alla preghiera e si alzò per chiudere il rito. Un lieve moto del capo gli consentì di vedere dietro di sè, pochi passi discosto, ov'era un altr'uomo genuflesso, e un sorriso di superba contentezza sfiorò le sue labbra. Fingendo tuttavia di non avvedersi della presenza di quell'altro, egli attese con minuta cura a rasciugare la coppa e a gittar sul fuoco gli avanzi del sacrificio; quindi finalmente si volse e andò, con piglio affettuoso, incontro al nuovo venuto.

Era questo un giovinetto, le cui strane sembianze comandavano l'attenzione. La grazia ingenua degli atti e del sorriso, la eleganza un tal po' impacciata delle forme e una certa inconsapevol ferocia dello sguardo, pareano contendersi l'impero su quell'aspetto di adolescente e lo faceano rassomigliare ad un lioncello, dai cui moti leggiadri, ma già di soverchio baliosi, trasparisce la forza e la crudeltà degli anni maturi. Sorridevano le labbra coralline, ma tumide di voluttà e d'orgoglio, lievemente ombreggiate dai peli vani della pubertà nascente; si rappicciolivano gli occhi sotto le ciglia, in atto tra ossequioso ed amorevole, ma lucidi e fissi, promettitori di lampi; soavi erano i contorni del viso, ma sotto quella bruna carnagione si vedeva correre vivace, impetuoso, il sangue della stirpe cussita. Egli appariva un misto di fierezza più che virile e di dolcezza femminea; cose del resto assai facili ad accoppiarsi nella umana natura. Per altro, la sua tenera età lo ravvicinava più ancora al femmineo; aiutando a questa apparenza la sua bianca tunica frangiata d'oro, con sopravveste violacea, la mitra aggraziata, dai capi pendenti sugli òmeri, e la collana di gemme, che dintornava un collo soavemente tondeggiante, siccome è delle donne o dei giovani.

Alzatosi in piedi sollecito, l'adolescente si mosse anch'egli, per farsi incontro al maggiore.

— Padre mio, — diss'egli inchinandosi, nell'atto di

ricever l'abbraccio di quell'altro, — sia Ahuramazda con te, e i sommi Dei di Babilonia del pari! —

Aggrottò l'altro le ciglia a quelle parole del giovone.

— E' sono inferiori suoi; t'è già noto, o Ninia; — rispose egli con aria di paterno rimprovero; — eglino, quanti sono, adorati dalla stirpe degli Accad, obbediscono a lui, come i sei santi immortali e la innumerevole schiera degli spiriti da lui creati nel tempo. Da lui viene la luce, che dà splendore agli astri del cielo e infonde virtù agli elementi; in lui solo è la verità suprema, la bellezza e la forza, l'origine e il fine di ogni cosa creata.

— E vero! — disse l'adolescente, reclinando la testa sul petto.

Piacque all'altro l'arrendevolezza giovanile, a cui del resto s'aspettava, e il suo accento si fece ad un tratto più dolce.

— Or dunque, mio Ninia, consacriamo queste ore agli utili studi. Purificato dalle mattutine abluzioni e dalla preghiera, tu leggerai le prime tavole del Vidaè Vadàta, che è la legge di Ahuramazda contro gli spiriti malvagi. Tu vedrai come egli abbia create le schiere celesti per combattere la potenza del male, i sei genii Amsciaspandi, i benefici Izèd, e da ultimo i Ferveri, custodi dell'uomo nelle pugne della vita.

— Savio Zerduste.... — entrò a dire peritoso il giovinetto.

— Orbene?

— Questa mattina non puoi tu concedermi libertà? I miei giovani compagni mi attendono per una cavalcata fuori Imgur Bel. Si va fino al villaggio di Lahiru, donde si cominciano a scorgere le alte torri di Sippar.

— E dove è così dolce il riposo sotto le palme di

Gomer; — aggiunse Zerduste, con accento da cui trapelava il sarcasmo. — Non è egli vero?

— Che vuoi tu dire? — esclamò Ninia, arrossendo.
— Si rimane per breve ora colà, a ristorarci dalla fatica e far posare i cavalli all'ombra dei tamarischi.

— Bada a te, Ninia, bada a te! — proseguì Zerduste, senza por mente alle scuse. — Ahriman ti vuol suo. Il negro spirito ti fa velo agli occhi di gioie terrestri, per disviarti dal retto sentiero. —

Il volto dell'adolescente si rannuvolò.

— Ma dimmi, sapiente maestro, — disse egli, non senza un tal po' d'amarezza, — questa diritta via sarà ella dunque e sempre, la via del dolore?

— Non già; — rispose Zerduste; — fine della vita è la gioia; ma il savio impara a vivere, innanzi di prender cammino. Due sentieri guidano alla meta; aspro e malagevole il primo, irto di rovi e povero di ombre consolatrici; facile l'altro e piano, smaltato di fiori, liberale di liete fragranze, ricco d'amabili incanti. S'attenga al primo, ne patisca animoso le angustie, chi vuol giungere speditamente al fine desiderato; guai a chi sceglie il secondo, imperocchè Ahriman s'appiatta insidioso tra i rami, persuade all'animo i fallaci consigli, e ad ogni fior che si coglie, ad ogni ora di soave riposo che si gusta, fugge la vita veloce e l'intento s'oblìa. Odimi, o dolce figliuolo, chè tale ben posso chiamarti per l'affetto del cuor mio; non cedere alle blandizie dello spirito malefico, tu che hai potuto intravvedere gli arcani splendori del vero; non ti adagiare nelle mollezze anzi tempo, tu che sei nato alle nobili cure del regno. Strana fiacchezza è la tua, o sangue di Nemrod! Dov'è la tenacità di propositi, dove l'ardire e l'ambizione, che ti facciano degno de' tuoi possenti maggiori?

— Faticose virtù! — rispose Ninia, sospirando. — Pur troppo dovrò conoscerle un giorno e saper come pesano! Babilonia ha un gran re, mia madre, e vogliano i sommi Dei.... voglia Ahuramazda, — soggiunse prontamente il garzone, — serbarla lunghi anni all'amore, alla gloria del suo popolo.

— Ti ascolti Bahman, lo spirito protettore della regia autorità; — disse asciuttamente Zerduste; — ma egli è debito tuo di prepararti ai supremi voleri; è colpa grave in te il non far degna stima dei doni celesti. Oh Ninia! — incalzò egli con accento inspirato; — che vuoi nascondermi? Il tuo Ferver, il tuo genio tutelare, ti vede; egli ti accompagna dovunque; egli ti legge nel cuore; egli non m'ha nulla celato.

— Che dici tu mai? — chiese Ninia, con aria da cui trapelava più incredulità che sgomento.

— Che tutto mi è noto; — incalzò Zerduste; — che i tuoi giovani amici ti traggono su d'una via perigliosa e che io non ho abbastanza vegliato su te.

— Ma, infine.... — balbettò l'adolescente; — di che mi riprendi? Io non so di avere in cosa alcuna fallito. Se ignoti nemici ti hanno dato a credere....

— Non ischermirti così! — interruppe quell'altro. — Zerduste non ha bisogno di gente che venga spiando i tuoi passi; egli tutto sa, tutto vede, e perfino i più riposti pensamenti dell'animo. Ne dubiti? Orbene, alla prova, ed ascoltami; narrerò a Ninia il segreto di Ninia. —

Il giovinetto, tremante, confuso, si lasciò cadere sopra un sedile, di contro al parapetto del terrazzo. Zerduste, in piedi davanti a lui, tranquillo e severo a guisa di un giudice, così prese a parlargli:

— Era il mattino del terzo giorno di Bagayadisc, che è detto a Babilonia il mese di Sivan; giorno sacro, pei seguaci della vera luce, al divino Ardibehest, pei vostri sacerdoti al sanguigno Nergal. Non sono adunque trascorsi da quel giorno molti altri, — notò Zerduste, — poichè Bagayadisc non è giunto ancora a mezzo il suo corso. Un regio adolescente, diletto ad Ahuramazda, sebbene e' non sia nato sotto la sua legge, nè ancora egli creda alla sua onnipotenza, galoppava, seguito da uno' stuolo di cavalieri, tutti coetanei suoi, scelti tra i primi di Babilonia, fuori di Imgur Bel, sulla via che risale lunghesso l'Eufrate, fino al villaggio di Lahiru. Colà giunti, fecero sosta nella macchia di tamarischi che scende con dolce pendìo fino alla riva del fiume. Il sole, alto nel firmamento, dardeggiava sulla pianura gli ardenti suoi raggi, consigliando i baldi garzoncelli a chiedere un'ora di riposo al meriggio degli alberi. Uno di essi, tratto da giovanile vaghezza, era andato più oltre a ristorar le membra nelle acque scorrenti. E là, mentr'egli, già tornato alla riva, stavasi contemplando quell'ampia striscia di liquido argento che volgeva con poderoso corso agli amplessi della sua città prediletta, gli venne veduta, nuotante a fior d'acqua, una leggiadra figura di donna...

— Padre mio! — esclamò Ninia, turbato.

— Sì, — proseguì Zerduste, senza por mente alla interruzione, — era una vezzosa fanciulla, che venìa nuotando verso di lui, là dai palmeti di Gomer, di cui si vedeano sorgere i tronchi sottili e incurvarsi i lunghi rami verdeggianti dalla riva sinistra dell'Eufrate. Un candido lino le custodiva il capo e gli òmeri dalla vampa del sole; una ciotola di terra le posava sulla manca, alzata fuor d'acqua, mentre con la destra ella venìa fendendo il flutto, per avvicinarsi alla sponda, dov'era il garzone, immobile, estatico, a contemplarla.

« Vieni a me, vezzosa fanciulla! le gridò egli, come

fu certo che ella potesse udirlo. E la fanciulla poggiando a destra sul braccio disteso, si fece più presso alla riva. Certo ella conosceva per lungo uso quel tratto dell'Eufrate; imperocchè, come fu giunta a forse cinquanta passi distante da lui, si lasciò cader ritta, per toccare il fondo col sommo dei piedi, e leggiera, saltellante, a guisa di danzatrice, si affrettò al lido, con la sua ciotola eretta sulla palma all'altezza del viso. Così man mano egli vide sorger dall'acque il suo corpo snello e flessuoso come un tronco di salice, coperto di una bianca tunica che le si aggiustava, così molle com'era, alla persona, seguendone fedelmente i graziosi contorni.

« Neri, lucenti i capegli, vivide le pupille per profondi riflessi di zaffiro, ma velate a mezzo da lunghe e morbide ciglia, colorate le guancie come il frutto del melagrano, parea la voluttà discesa sulla terra in forma di donna, per volere di Mazda, innanzi che lo spirito tentatore la volgesse a danno degli uomini. Il collo nitido a guisa di avorio, svelto ed agile come quello del cigno, sorgeva con soavissima curva dai mal celati tesori del seno palpitante. Sorrideano timidamente le labbra di corallo, lasciando scorgere due file di perle, chè non han le più candide i meravigliosi recessi del mare.

« Timido, palpitante del pari, il giovinetto si accostò a lei, che balzava sul lido, profferendogli la sua ciotola ricolma di latte. E bevve a lenti sorsi, più lenti che gli venisse fatto, il fresco umore che gli era ministrato da quelle mani leggiadre, mentre i suoi occhi, più sitibondi a gran pezza, beveano da tutta la persona di lei i primi effluvi d'un'arcana dolcezza.

« — Come ti chiami? — le disse egli amorevole.

« — Anaiti, — rispose la giovinetta.

« — Il nome di una dea! — soggiunse il garzone.
— Invero, al primo vederti, io t'avevo tolta per Daokina, la moglie di Ao, emersa dai flutti del mare; chè certo la vezzosa regnatrice delle onde non è più bella di te.

« Il volto della fanciulla si tinse del color della fiamma, e il cuore di lui ne fu colmo di ebbrezza. E così amabile sulle giuancie d'una donna il rossore che le nostre parole fan nascere! Ambedue rimasero un tratto in silenzio, commossi, anelanti, ella con gli occhi a terra, egli col guardo fisso in quel raggio di giovanile bellezza. Indi, facendosi anche più rossa, e con accento che diceva tutta la commozione dell'animo, la fanciulla chiese a lui di rimando:

« — E tu, mio signore, come ti chiami?

« — Il mio nome è assai men leggiadro del tuo; — le rispose egli; — son Ninia.

« — Ninia! — esclamò ella alzando i suoi grand'occhi verso di lui ed abbassandoli tosto; — il principe di Babilu!

« E fu per cadere al suolo, tanta era la sua confusione. Ma Ninia si affrettò a sorreggerla, e in cosiffatta guisa, Ahriman, che vigila ai danni della creatura, li ebbe gittati, senza loro saputa, l'una nelle braccia dell'altro.

« Fu questo il primo incontro, e non fu il solo. Due volte ancora la vezzosa nuotatrice varcò la corrente del fiume, recando la sua ciotola di fresco latte all'assetato garzone. Il terzo dì, fatto più ardito, egli non volse già ai tamarischi di Lahiru: bensì, uscendo da Babilonia sulla riva sinistra del fiume, e lasciatisi indietro i giovani amici, cavalcò ansioso fino ai palmeti di Gomer. Vuoi tu udire ciò che si bisbigliasse ieri, sulla quinta ora del giorno, in quel nido di verdura, celato agli sguardi profani? Pon mente, e vedi se alcuna cosa è sfuggita al vigile orecchio del tuo genio tutelare.

« — Ti son io così cara? — dicea la fanciulla. — Non mi dimenticherai tu un giorno, o mio principe?

« — Principe! — ripetè con accento di amarezza il regio garzone. — Tutti mi chiamano così e il nome mi suona sgradito. Tu chiamami Ninia, il tuo Ninia, il fratello, il giovine amico del tuo cuore. Dimentichiamo la reggia; nessuno mi ama laggiù!

« — E tua madre? — gli chiese Anaiti.

« — Mia madre, tu dici? Io l'amo, e credo che ella mi ami; ma le gravi cure del regno la distolgono sempre da me. Mi ama Zerduste, il savio principe dei Medi, che la regina mi ha dato a maestro e custode. Mi ama! — aggiunse sospirando il garzone. — Lo dice; soventi volte lo dice; ma io non ho mai visto il sorriso di quell'uomo, il sorriso, in cui si manifestano i dolci sensi dell'anima, il sorriso, che mi fa parer più leggiadro il tuo volto e m'innonda il cuore di così nuova dolcezza! Sempre grave, cupo, accigliato, è Zerduste, pauroso come il suo dio, circondato di spiriti invisibili, che riempiono le mie notti di arcani terrori. Con te son lieto, Anaiti; bella e pietosa come l'aurora, tu sperdi le tenebre addensate su me, tu mi rinfranchi lo spirito abbattuto, mi rechi la fede, la speranza e l'amore. Non son queste le tre consolazioni della vita? E non è bello che mi vengano tutte da te?

« Così ragionando egli, e la fanciulla rispondendogli con la muta eloquenza degli occhi radianti, errarono a lungo sotto i palmeti di Gomer. Colà Ninia vide per la prima volta la casa di lei, umile tugurio di pescatori, dove si nasconde quel miracolo di leggiadria, come entro vil gleba il diamante. Ma essa non vi rimarrà a lungo, se a Ninia sarà dato di colorire i suoi amorosi disegni. Nel cuore della rusticana fanciulla si agitano confusi i desiderii e le ambizioni della donna. È soltanto dell'uomo il restarsi ignaro e contento nell'umile stato a cui lo condannò la natura; la donna, in quella vece, sol che le arridano gioventù e bellezza, può levarsi in alto, fors'anco apparir degna di un trono. Non è egli vero, o Ninia? Non è ciò che tu pensi? » —

Così Zerduste, con progressione implacabile, era venuto scoprendo i più riposti segreti di quell'anima giovanile. Ninia, attonito da prima, indi sgomentito, esterrefatto, lo aveva ascoltato tacendo.

— Padre mio, — gridò egli finalmente, con voce lagrimosa, nell'atto di buttarsi ai piè di Zerduste, — se tu la vedessi! Ella è così bella, ed io l'amo tanto! Strappami il cuore, se così ti piace, ma non strappar Ninia da lei! —

Zerduste lo rialzò, senza profferir verbo.

— Non mi dirai tu nulla? Non mi perdonerai tu? — chiese il garzone con supplichevole accento. — Se io ti ho mal conosciuto finora, non vorrai tu condonarlo alla mia giovinezza inesperta? Sì, io lo vedo, lo sento; tu sei il ministro d'un Dio, tu che sai ogni cosa, tu che leggi nel profondo dei cuori, onniveggente maestro!

— Non io, — soggiunse umilmente Zerduste, — ma i santi Amsciaspandi, gli Ized, e i Ferver, invisibili spiriti che ti incutono spavento. Eglino, per altro, non fan paura ai saggi; chi segue la legge di Mazda non ha nulla a temere da essi. O Ninia, ed è il tuo labbro che ha potuto giudicarmi così malamente? Non t'amo? Non hai veduto mai Zerduste sorriderti! E che? Dovrei io allegrarti di vane lusinghe, come una vil femminetta, io che ho sacrata la mia vita agli arcani della divinità, io che consumo le notti sulle tavole sacre, io che nutro il tuo spirito dei reconditi veri?

— Padre mio! — gridò Ninia, piangente. — Sono colpevole; qual pena m'infliggi?

— La preghiera, mio figlio, la preghiera che innalzerai al trono di Mazda, nel fervore dell'anima tua. Ancor lungo cammino ti è mestieri di correre, innanzi di giungere alla vera sapienza; ma la fede e la preghiera possono farlo più breve. Tu allora accosterai sicuro le labbra al calice delle umane delizie, che non avrà più veleno per te.

— Maestro, — disse il garzone, riaprendo il cuore alla speranza, — e se io avessi questa fede... se io ti giurassi...

— Va; — interruppe Zerduste, sorridendo la prima volta al discepolo; — Ahuramazda non è un tiranno dei cuori. Va coi tuoi giovani amici; ma pensa...

— Che egli regna in cielo, — proseguì il giovinetto esultante, — e che tu sei il suo ministro sulla terra. Io lo adoro e ti amo. —

Così dicendo, Ninia era per inginocchiarsi ai suoi piedi. Zerduste lo trattenne con piglio amorevole e lo strinse al suo seno.

L'adolescente col cuore in festa, il volto sfavillante di gioia e il piè leggero, si dipartì poco stante da lui. Lieto al pari di Ninia, ma di più profonda allegrezza, Zerduste rimase solo lassù.

— Grazie, — esclamò egli, levando gli occhi e le mani al cielo, — grazie a te, Ahuramazda, lume delle anime, signore della gente di Javan! Sei tu che vinci quest'oggi, e l'abbattimento di questo lioncello del sangue di Nemrod mi è presagio felice. —

Indi misurando la piattaforma a passi concitati e sicuri, come d'uomo che ha piena balìa di sè medesimo e degli eventi, si volse a guardar la città sottoposta e le alte moli scintillanti da lunge al cospetto del sole.

— Bitzida, Niprùti, — soggiunse fissando lo sguardo sulla torre delle sette sfere e sulla piramide sacra alle fondamenta della terra, — i vostri Dei cadranno; la fiamma purissima di Mazda arderà sulle vostre cime. E tu, superba regina, disprezzami! Il mio giorno verrà; nè te salveranno i favoleggiati natali dal grembo di Derceto, o venturiera d'Ascalona! —

In quel mezzo, un uomo apparve sul terrazzo.

— Mio signore... — diss'egli.

— Che vuoi, Thuravara?

— Il re d'Armenia si è mosso, con la sua cavalcata dal baluardo di Nivitti Bel. Tra un'ora egli sarà in vista del ponte, per venire alla reggia.

— Ben venga! — esclamò Zerduste. — Tu vanne e sii pronto al comando. Io sarò tra breve nella gran sala di Nebo, ad aspettar la regina. —

Thuravara s'inchinò e disparve giù dalle scale onde era venuto.

— Ben venga, sì! — proseguiva Zerduste. — È pena acerba la mia, ma sarà acerba la vendetta del pari. Ah, tu l'hai voluta, Semiram? E sia! Militta Zarpanit, che ti ha ministrato il dolce veleno, non potrà profferirti altrimenti il rimedio. —

CAPITOLO V.

La reggia di Semiramide

Siccome il vigile Thuravara avea riferito a Zerduste, la cavalcata degli Armeni, entrando dal baluardo di Nivitti Bel, aveva già fornito buon tratto di strada per mezzo ai quartieri occidentali della città, avviandosi al ponte, che ne congiungeva le membra vastissime, attraversate dal fiume.

Ristorati da una notte di riposo, astersi dal sudore e dalla polvere del lungo viaggio, coperti dei loro arnesi più sfoggiati, i cavalieri del re d'Armenia faceano vistosa mostra di sè ai cittadini accalcati lunghesso le vie. Si notavano le sciolte criniere dei cavalli sbuffanti, le lunghe spade pendenti dal fianco, le luccicanti faretre, i lunghi archi ad armacollo e le mitrie folte di negri peli che davano ai montanari di Peznuni e di Armavir un così marziale aspetto, facendo così spiccato contrasto con le gentili e quasi muliebri fogge del popolo babilonese.

Ma gli sguardi della moltitudine erano in particolar modo attratti dalla nobil figura del re. Era costume dei monarchi lo andare in cocchio, con l'auriga dai piedi e il portatore d'ombrello da tergo. Il giovine Ara veniva in quella vece più modestamente a cavallo, ma con assai più vantaggio per la sua grande bellezza. Calze di porpora si aggiustavano alle gambe nervose ed eleganti; una tunica di bianca lana, ricamata d'oro sui lembi, gli si stringeva a' fianchi; la clamide regia, anch'essa di porpora, gli scendeva in molli pieghe dagli òmeri; la benda di perle portata da' suoi maggiori, gli girava intorno ai biondi capegli. Il piede, chiuso in un sandalo di morbido cuoio, posava su staffa d'oro; la mano leggiadra stringeva i capi delle redini gemmate, splendenti sul poderoso collo del suo bianco palafreno, a cui una pelle di leopardo servìa di gualdrappa.

« Ara il bello! Ara il bello! — gridavano i cittadini di Babilonia, come già, vedendolo passare, aveano il giorno addietro gridato i volghi suburbani. — Invero, egli non si è mai veduto un più leggiadro garzone sulla terra di Sennaar. Come la regina nostra risplende per sovrumana bellezza tra tutte le donne, così questo nobile straniero tra gli uomini. Ara il bello, sii tu il benvenuto in mezzo al popolo delle quattro favelle! » Così, per tutta la lunghezza del cammino che il re di Armenia aveva a percorrere, il mormorìo d'ammirazione destato dalla sua vista, venia man mano rompendo in esclamazioni, in grida di esultanza, in affettuosi saluti, come di popolo ossequente e devoto al suo re, anzichè di nazione avventurosa e superba al suo tributario. E tutti, come potevano, a spingersi innanzi e far ressa intorno al suo palafreno, che durava fatica ad innoltrarsi, sebbene una fitta schiera di soldati babilonesi lo precedesse, per isgomberare il passo al regale cortèo.

Nel cuore di Ara il bello tornava a regnar la mestizia. Egli già sentiva la vicinanza di Semiramide;

pochi istanti ancora e si sarebbe trovato al cospetto della grande regina d'Assiria, di colei che signoreggiava il più vasto impero del mondo. E l'immagine di Sandi, del suo povero amico galleggiante sull'acque dell'Eufrate, gli stava sempre nell'anima. Per discacciare quella crescente tristezza, egli pensava allora alla notte vegliata nel sacro bosco di Militta; pensava alla sua bellissima sconosciuta; pensava ai dolci colloqui, alle ineffabili ebbrezze che ancora gli scaldavano il sangue. E quella donna adorata non avea forse giurato esser la regina innocente della morte di Sandi? Poteva egli mentire, quel dolcissimo labbro? No certo, ed egli credeva alle parole di lei; ma, per contro, poteva amar Semiramide chi l'avea tanto odiata fino a quell'ora? Poteva andarne con allegrezza alla regina, chi ricordava d'esser sangue d'Aìco e non sapeva dissimulare a sè stesso di venire in atto di tributario alla gente di Accad? Poteva avvicinarsi desideroso alla donna, celebrata per insigne bellezza nel mondo, chi aveva pur dianzi veduta ed amata la bellissima tra tutte?

Atossa, era il suo nome, il soavissimo nome che la sconosciuta gli avea susurrato all'orecchio. Altro non aveva egli saputo dell'esser suo, ma bene aveva argomentato com'ella fosse una tra le più riguardevoli donne di Babilonia. E non avrebbe egli dovuto vederla tra breve, in mezzo alle nobili compagne della regina? A volte lo sperava, o almeno gli pareva che ciò fosse probabile: ma un dubbio acerbo gli stringeva il cuore e vi soffocava per entro quella lieta speranza. Una così meravigliosa bellezza! Mai più Semiramide avrebbe patito la vicinanza e il paragone di così splendida amica! Eppure, non gli aveva ella detto, a lui dolente di abbandonarla sui primi albòri del giorno, non dubitasse, non temesse di nulla, che presto ei l'avrebbe di bel nuovo veduta, ed ella medesima sarebbe stata la prima a farglisi incontro ? Così procedeva, tra speranza e timore; frattanto venìa rispondendo con atti cortesi alle grida e ai saluti del popolo.

Indi a non molto, la cavalcata giunse alla svolta del ponte, miracolo dell'arte babilonese, che collegava le due sponde dell'Eufrate e i due palazzi regali, l'uno a riscontro dell'altro, ambedue meravigliosi a vedersi. Il primo, che era posto sulla riva destra, girava trenta stadii, rinfiancato di alte mura merlate, su cui si vedevano impresse figure di combattenti, città assediate, e lunghe file di prigionieri supplicanti. Di là dal ponte torreggiava la gran mole dell'altro, sopra un terrapieno di sessanta stadii, a cui si giungeva per ampie salite laterali, vigilate ad ogni ripiano da colossi di pietra. Aveva un giro di quaranta stadii il secondo recinto, ornato di ogni specie animali, così diligentemente condotti e coloriti, che pareano spiranti di vita. Nel terzo recinto, che era la cittadella, si ammiravano rilievi e dipinti di più egregio lavoro; tra essi una caccia, in cui le figure apparivano alte di quattro cubiti e più. Quivi era effigiata Semiramide su d'un focoso destriero, nell'atto di scagliare il giavellotto contro una pantera. Poco lunge da lei era Nino, il suo sposo, che d'un colpo di lancia trafiggeva un leone.

Tutto ciò era stupendo a vedersi da lunge, vera montagna di edifizi sovrapposti, selva intricata di strane forme e di svariati colori. Immani architravi e fregi e merlature correnti per lunghissimo ordine su colonnati di palme; tori e leoni alati con faccia umana, qua e là fieramente piantati a custodia degl'ingressi; lunghe aste variopinte, dalle cui cime sventolavano stendardi e oriflamme di porpora; scale e balaustrate di marmo;

mura lucenti di smalto; varietà infinita di cose, che confondeva lo sguardo, senza nuocere alla grandiosa unità del complesso! E sui terrazzi più alti, l'occhio discerneva padiglioni e velarii, tesi a riparo del sole, fra mezzo ad alberi verdeggianti, òasi sospese tra cielo e terra da un capriccio di donna, da una fantasia di regina.

Come fu giunto il corteo sull'altra riva del fiume, la scorta dei babilonesi si fermò e si aperse in due ale, per cedere il passo agli Armeni. Il giovin re attraversò la spianata e andò difilato verso l'ingresso della reggia, che gli era addimostrato da due leoni colossali, l'uno a riscontro dell'altro, in atteggiamento di riposo.

Colà stavano ad attenderlo, per fargli le prime accoglienze, i grandi della corte, il gran maggiordomo, il gran coppiere, il capo degli eunuchi, il comandante delle guardie reali, con numeroso seguito di ufficiali minori e di servi. Tranne questi ultimi, tutti indossavano il candi, lunga tunica di lana scarlatta, con frangia d'oro sui lembi, la quale risaliva sul dinanzi infino alla cintura, parimente d'oro, donde pendeva la spada, con le insegne dell'ufficio di ciascheduno. Gli appartenenti alla milizia, in cambio di mitria, portavano in capo una tiara foggiata ad elmo chiuso, che copriva loro le guancie ed il mento.

Il gran maggiordomo, facendosi incontro al re d'Armenia, così parlò, levando in alto le mani:

— Ben giungi, o discendente d'Aìco, alla reggia di Semiramide, nostra gloriosa signora, cui Bolo ha concesso la vittoria della spada e l'impero dello scettro sui potenti della terra. In quella guisa che Sanì regna nel cielo e diffonde per ogni dove i benefizi della sua luce, così ella regna in Babilonia e sparge i tesori della sua amicizia sui regnatori di popoli che la circondano. —

Il re d'Armenia chinò leggiadramente il capo, ma senza risponder parola. Gli eunuchi, fattisi innanzi a lor volta, pigliarono ossequiosamente le redini del suo cavallo, per condurlo entro il primo recinto e su per l'ascesa che metteva al piano superiore. Così salendo in compagnia degli ufficiali babilonesi, il giovine Ara potè, alla prima svolta dell'ampio viale, scorgere dietro a sè la lunga fila de' suoi, e il popolo di Babilonia accalcato sul ponte e sulle rive del fiume.

A quel grandioso spettacolo, un altro ne seguì, quando egli fu giunto all'altezza del secondo ripiano, vasto piazzale, dintornato da nobili edifizi, ov'erano gli alloggiamenti di tutti i grandi della corte. Colà stavano in bell'ordinanza schierati i guerrieri della regina, splendidi a vedersi nelle loro corazze di lino, coi loro tondi scudi imbracciati e gli elmetti di rame luccicanti al sole. Alla vista del re d'Armenia squillarono le trombe, rimbombarono i timballi percossi, e il canto guerresco degli Accad si levò fino al cielo.

La cavalcata proseguì fino al secondo ingresso, vigilato da due enormi tori dall'aspetto umano. Cessarono i canti ed i suoni ad un tratto e sul limitare comparvero i sacerdoti de' sommi Iddii protettori di Babilonia. Alle vesti d'oro si conoscevano i sacerdoti di Sam, il dio sole, a quelle d'argento i ministri di Sin, che è il dio luna. Vestiano di nero i sacerdoti di Ninip, di aranciato i sacerdoti di Merodac, scarlatto i seguaci di Nergal, bianco quei di Militta, azzurro i dedicati al culto di Nebo. Di pietre preziose apparìano tempestate le tuniche e le tiare dei venerandi; frangie d'oro ne ornavano gli orli, e ghiande di smeraldo pendevano dai lembi.

— Gli Dei ti proteggano, o re d'Armenia; — gli disse il gran sacerdote, levando le mani in atto di benedirlo. — Insegni a te la prosperità di questa reggia come soltanto dal patrocinio degli Dei gli uomini derivino ogni loro fortuna. Soltanto mercè l'aiuto celeste i re salgono in fama per le loro virtù, camminano nelle vie della giustizia e si raffermano nella santità, che li fa degni, dopo morte, degli onori divini. —

Ara chinò gravemente il capo e rispose:

— Tu parli il vero, o santissimo. Un re a cui venga meno il soccorso celeste, vaga nelle tenebre a guisa di cieco. Gli abitatori del firmamento azzurro, comunque nomati tra le genti vostre e le mie, assistano sempre il popolo delle quattro favelle! —

Ciò detto, spinse il cavallo sul limitare e, seguito dal venerando stuolo, penetrò nel terzo recinto, donde si ascendeva all'ultima spianata della regia piramide, innanzi al palazzo della grande signora di Babilonia.

Lassù lo aspettava una scena più meravigliosa a gran pezza. Davanti a lui si stendeva una piattaforma, lunga cinque stadi e larga per modo che dieci cavalli vi si potevano muover di fronte, senza occuparne i margini di pietra, l'uno dei quali correva lunghesso il parapetto, ornato a giuste distanze di figure simboliche, e l'altro circondava, come una fascia di candido lino, il magnifico peristilio del palazzo, formato da colonne di palma, che sorreggeano capitelli di granito, stranamente foggiati a chimere, sirene, ed altre creazioni fantastiche. La piattaforma era vuota, in attesa degli ospiti, che dovevano schierarvisi in bella ordinanza; per contro, l'intercolonnio appariva folto di gente, tra cui erano primi i trecento portatori di scettro, ministri dei regali voleri, splendidi a vedersi per le lunghe vesti di porpora e d'oro e per le ricche tiare che stringean loro le chiome inanellate e lucenti. Infine, sul peristilio, per quanto era lungo, si scorgeva un terrazzo, chiuso da una balaustrata di mattoni dipinti a smalto, e sormontato nel mezzo da un padiglione, o velario, partito a liste di varii colori, sotto il quale, circondata dalle sue ancelle, stavasi la regina ad attender l'arrivo del suo tributario d'Armenia.

Il gran maggiordomo, che veniva innanzi, tenendo per mano le redini del palafreno di Ara, annunziò al cavaliere la presenza della regina. E il principe allora si fermò in mezzo alla piattaforma; alzò gli occhi al terrazzo, mettendosi una mano sul petto; indi si tolse la benda di perle dal capo, trasse la spada dal fodero, e depose queste insegne del suo potere tra le mani del gran maggiordomo, il quale fu sollecito a raccoglierle e sollevarle con palme tese verso la regina, che dall'alto sorrise e con lo scettro accennò cortesemente di gradire l'omaggio.

A quel cenno squillarono da capo le trombe e risuonarono i timballi percossi. Il re d'Armenia scese d'arcione, per avviarsi all'ingresso; intanto i suoi cavalieri e le salmerie sfilavano sulla piattaforma, sotto gli occhi della regina.

Portavano queste salmerie i donativi del re alla grande signora di Babilonia; massi di rame naturale cavati nelle montagne di Armenia; pezzi di lapislazzoli tratti di Atropatene, a levante del lago di Van; tappeti di finissima lana intessuti a varii colori nelle lunghe veglie invernali dalle donne di Peznuni; cavalli piccoli e forti, velocissimi al corso, cresciuti nelle mandrie regali di Armavir. E in quella che il gran tesoriere disaminava i ricchi presenti, e gli eunuchi aritmetici venivano con canne temperate annotando ogni capo su rotoli di papiro, i servi della reggia conducevano i seguaci del re d'Armenia alle stanze loro assegnate per alcune ore di riposo, innanzi che facessero ritorno ai loro alloggiamenti fuori il baluardo della città.

Guidato dal gran maggiordomo, seguito dai sacerdoti e dai portatori di scettro, il giovine Ara entrò nel vestibolo, dove gli fu data l'acqua ospitale alle mani, insieme con soavi profumi e ristoro di grate bevande, che adolescenti biancovestiti versavano dalle idrie capaci. Quindi ad un cenno recato dagli eunuchi, il re d'Armenia fu introdotto nella sala di Nemrod, a cui si ascendeva per un'ampia gradinata, in mezzo a due file di tori giganteschi, emblemi della possanza divina, le cui vaste ali erano dipinte di azzurro, la tiara di rosso, le corna e l'ugne dorate, laddove il volto, che figura l'umano, aveva il color delle carni e gli occhi appariano di persona viva, attraverso la vitrea scorza di smalto.

La sala, detta di Nemrod dalle imprese di quel re, che vi erano narrate in caratteri cuneiformi ed espresse in bassirilievi lunghesso le pareti, era di sterminata grandezza. Le mura, qua e là rinfiancate da enormi pilastri foggiati a colonne, misuravano ottanti cubiti e più, dallo zoccolo di marmo colorato insino al fregio dell'architrave, donde si partiano i correnti del sopracielo, condotto in legno di odoroso cipresso, sfarzosamente dorato e aperto nel mezzo alla luce del giorno, che scendea temperata da un velario di porpora.

Tra le colonne messe ad oro, con scanalature dipinte di rosso, erano vaste quadrature, ognuna delle quali divisa orizzontalmente in due parti; la superiore rivestita di mattoni lucenti, i cui rotti disegni concorrevano a formare in ogni intercolonnio l'imagine della divinità suprema, ch'era un cerchio con entro una figura d'uomo alato, il quale stringeva nella manca lo scettro e teneva la destra alzata nell'atto dello insegnamento; l'inferiore, poi, coperta di tavole d'alabastro, raffermate al muro da ramponi di rame, sulle quali erano scolpite scene di guerra e di caccia.

Vedevasi in una di queste il fortissimo Nemrod, potente cacciatore al cospetto di Ilu, correr sull'orma di un leone, piagato dalle sue freccie. Su d'un'altra era incisa la torre delle sette sfere celesti, lasciata a mezzo per la confusione delle lingue. Altrove il gran re presiedeva alla fondazione di Erech; più oltre si vedeva nel suo cocchio di guerra, con l'arco teso in pugno, nell'atto di scacciare Assur, figlio di Sem, dalla terra di Sennaar.

Seguivano le imprese di altri re della stirpe cussita, da Bel, figliuolo di Nemrod, infino allo sposo di Semiramide, il felicissimo Nino, che si vedeva raffigurato in più tavole, giusta il numero delle sue vittorie. In una di quelle sculture, il gran monarca era effigiato sul suo trono d'argento, con la tiara ricinta dal regio diadema, la veste bianca frangiata d'oro e due servi da tergo, l'uno de' quali in·atto di agitare il flagello, emblema del suo assoluto potere, l'altro con le armi del re tra le mani, mentre davanti al trono passavano lunghe file di vinti, coi polsi legati dietro le spalle. Più oltre si vedeva l'assedio d'una città fluviatile. Gli assedianti spingevano torri di legno, cariche d'armati, contro le mura, dall'alto delle quali il popolo assediato si difendeva gagliardamente scagliando freccie e bitume infuocato. Da un altro lato della città, le donne fuggivano su carri tirati da buoi, ed uomini paurosi si gittavano a nuoto, aggrappandosi ad otri gonfiati, giusta il costume dei luoghi.

Di contro ad uno di questi scompartimenti della sala, ergevasi il trono di Semiramide, alta e splendida mole d'argento e d'oro, sormontata da un padiglione di bisso e sorretta da figure di popoli vinti, alla quale si ascendeva per parecchi gradini, coperti da un sontuoso tappeto. Il cerchio e la immagine alata, simbolo della divinità, splendevano per aurei riflessi e per vivezza di smalto sopra lo scanno della regina, e intorno a questo, distribuiti sui gradini del trono, stavano immobili ed ossequiosi i flabelliferi, con alti ventagli di penne di pavone, i melofori, con le armi in pugno, significanti la virtù guerriera di Semiramide, e i portatori di scettro, interpreti e ministri de' suoi cenni regali. Seguivano le nobili compagne della regina, sfoggiatamente vestite: indi tutti gli altri uffiziali di corte digradanti man mano, tanto erano essi numerosi, lungo le pareti della sala. Tutt'intorno, poi, guerrieri sfavillanti nell'armi, suonatrici d'arpa e di cetra, musicisti in buon dato, ancelle e schiavi, diversi di nazione e di foggie.

Semiramide, bella come il sole nascente, sfolgorava dall'alto. La copriva dalla radice del collo insino alle piante una tunica di bisso, tinta in violetto di porpora marina e partita in mezzo da una larga striscia bianca, intessuta di ricami d'oro e di gemme. Una sopravveste, simile al peplo argivo, scendeva in molli pieghe dal colmo seno, rattenuta da un'aurea cintura e coperta a mezzo da una gorgiera a sette filze di pietre preziose, agate, onici, crisoliti, lapislazzoli, perle d'ambra, ligurini e giacinti. Le bellissime braccia apparivano ignude infino al sommo degli òmeri, e armille d'oro, e anelli gemmati, ne facevano risaltare vieppiù la marmorea bianchezza. Nella destra teneva lo scettro, insegna del comando; nella sinistra il fiore del loto, emblema delle sue conquiste fin sulle rive dell'Indo.

Una gioia profonda e calma traspariva dal volto della

regina, il cui riposato atteggiarsi, lasciando i soavi contorni in tutta la loro serena maestà, diceva l'onesto compiacimento della bellezza, che è sicura di vincere dovunque ella si mostri. I suoi grandi occhi neri, accortamente allungati, giusta il costume orientale, la mercè di sottilissime linee, impresse con polvere stemperata d'antimonio, tramandavano una luce intensa e penetrante, come di zaffiro incontro ai raggi del sole.

Per mezzo alla gran moltitudine regnava un alto silenzio, che dimostrava sol esso la regia potenza di Semiramide, più che non la raffigurassero agli occhi del re d'Armenia tutte le splendidezze di quella sala, in cui mettea piede, guidato dal gran maggiordomo.

Poco prima di introdurlo al cospetto del trono, questi avevo detto al giovine re:

— Sai tu, mio signore, qual sia il nostro costume, nell'accostarci, umili, o grandi, alla maestà regale?

— Io no; — aveva risposto Ara; — e qual è il vostro costume?

— Prostrarci a terra e adorare. Sì, — ripigliava il gran maggiordomo, notando un gesto di ripugnanza del principe, — la più bella delle nostre leggi è questa, che ci comanda di onorare i re e di onorare in essi l'immagine degli Dei conservatori d'ogni cosa creata. A te, mio signore, omaggio in Armavir, come a Semiramide nella sua reggia di Bàbilu. —

Il re d'Armenia, bene intendendo il senso risposto di quella distinzione del suo introduttore, non avea più fatto parola; e, lasciandolo inconsapevole de' suoi propositi, era entrato nella sala di Nemrod, avviandosi con passo modesto, ma sicuro, in mezzo a quelle due ale di cortigiani, che si prolungavano, lasciando vuoto un grandissimo spazio, dai lati del trono all'ingresso.

Lungo era il cammino, sterminatamente più lungo

tra quella doppia fila di sguardi, che egli ben sapeva tutti rivolti sul nuovo venuto. Ma Ara non sentiva turbamento di ciò; bensì gli cuoceva di aversi a por ginocchioni, come ogni altr'uomo, davanti alla signora di Babilonia, e veniva appunto maturando in cuor suo il proposito di ristringere l'ossequio ad un cortese inchino, che egli del resto avrebbe fatto di gran cuore alla donna. Foss'ella stata la sua divina amica! Come sarebbe caduto volontieri ai piedi di lei! Altra maestà sopra la sua non conosceva il re d'Armenia fuor quella.

Andando così verso il trono, avea intravveduto, come in barlume, uno stuolo di donne, e il cuore gli avea dato un sobbalzo. Ah, foss'ella nel numero! E ciò pensando, s'era fatto in volto del color della porpora. Intanto un mormorio di ammirazione, correndo sommessamente tra la folla, salutava l'apparire di quel leggiadro garzone, la cui bellezza accresceva decoro al grado, più assai che il grado non facesse risaltar la bellezza.

Giunto egli finalmente a' piedi del trono, si fermò, e, recatasi la destra al petto, chinò il capo davanti alla regina, di cui non aveva pur contemplato il sembiante.

— Gran Semiramide, vivi in perpetuo! — egli disse.

— E tu pure, nobil sangue d'Aìco; — rispose una voce melodiosa dall'alto.

Tremò egli in udirla, e il sangue, acceso ai memori suoni, gli scorse con impeto al cuore. Alzò gli occhi a guardare e li abbassò prontamente, come abbacinato da una gran luce; indi gli parve di aver male veduto e risollevò le pupille, ma per chinarle da capo. Fu un batter d'occhio, fu un lampo; e in quel lampo si stemprò la fierezza del giovine, che cadde allora sulle ginocchia, contro i gradini del trono.

Semiramide gli era venuta incontro amorevole e lo aveva preso per mano. Egli, a stento rimettendosi in piedi, ma non riavutosi del colpo, la guardava inebriato e confuso.

— Regina.... — balbettò egli, nel rialzarsi da terra.

— Atossa! — gli susurrò la regina all'orecchio, con carezzevole accento.

E presa la benda di perle, che un donzello recava, insieme con lo scettro, sopra un ricco cuscino, la rimetteva con le sue mani sul biondo capo di Ara.

— Sorgi, re d'Armenia! — diss'ella con piglio maestoso. — Ecco il tuo scettro; impugnalo per la felicità del tuo popolo, come hai impugnata la spada, per terrore de' tuoi nemici. Figlio d'Aràmo, tu non sei tributario di Semiramide, ma alleato ed amico. —

Indi, volgendosi ai grandi della sua corte e alla moltitudine congregata, proseguì con voce sonora:

— Il re d'Armenia è l'ospite nostro. Amicizia eterna regni tra l'aquile della montagna e i leoni della pianura. —

CAPITOLO VI.

Il Convito.

Il sole era già presso al tramonto, allorquando la regina, in compagnia di Ara e dei grandi della sua corte, si mosse dalla sala di Nemrod, per recarsi al convito, preparato in onore del suo ospite d'Armenia.

Portàva la costumanza babilonese che i re siedessero a mensa in disparte, e i loro convitati più ragguardevoli o ben voluti, a un'altra di rincontro, ma divisa della mensa regale la mercè d'una fitta cortina, per modo che il monarca vedesse a sua posta i convitati, ed eglino in quella vece non potessero bearsi nelle regie sembianze. Per altro, ne' giorni di corte bandita, la mensa era una sola e vastissima, alla quale il re famigliarmente sedeva e facea mostra di sè, non distinto dagli altri commensali, fuorchè per lo scanno d'oro, pel suo vino e per la sua acqua, di cui a nessuno era concesso bere, senza suo comando, che era grazia profumata e segno d'alta onoranza. Inoltre, nelle grandi solennità, che ricorreano di rado, si facevano pubbliche feste; e allora le mense regali si teneano all'aperto, sedendo il re alla più elevata di tutte, insieme coi grandi del suo regno.

Un pasto solo si faceva, e lunghissimo, protratto fino a tarda ora, dopo fornite le molteplici cure del giorno. Gran copia di vivande si consumava per l'uso della corte, squartandosi fino a mille capi per dì, tra buoi, cavalli, onagri, camelli, montoni e capretti. La selvaggina e il pesce erano pure in buon dato; e tutto ciò s'imbandiva da prima alle tavole dei grandi; indi passava a quelle dei minori ufficiali, tornando i copiosi rilievi alle cucine, dove si satollavano i servi e i soldati di palazzo.

Davasi nelle mense il vino spremuto dalla palma e dal melagrano, non essendo a quei tempi nella terra di Sennaar coltivata a tal uso la vite, che prosperava più presso al mare nella ragione di Canaan. Il pane faceasi allora comunemente con la farina di dura, che è il sorgo; quella di frumento traendosi, con grave dispendio e a mostra di regio fasto, dalle lontane pianure di Mesraim, fecondate dal Nilo. I pubblici banchetti erano rischiarati con luce di nafta ardente in acconci vasi, collocati a giuste distanze su tripodi e candelabri di bronzo. A più ristrette brigate dava luce gratissima l'olio di sesamo, di cui erano imbevuti lucignoli di bisso, sporgenti da lampade di rame, o d'argilla rossa, leggiadramente fregiate di nero, a meandri, ghirlande, disegni capricciosi e figure fantastiche.

Quel giorno, essendo il convito in onore del re d'Armenia, le mense erano poste nel cortile degli orti pensili, vastissima sala, aperta su tre lati e sorretta da colonne addoppiate di marmo. Veli bianchi e violetti, appesi con anelli d'argento a funi di bisso e di scarlatto, si stendeano tra le colonne, dolcemente gonfiandosi alla brezza leggiera e profumata, che veniva attraverso una siepe di gelsomini e di cedri.

Tutto intorno erano disposte le tavole di legno odoroso, coperte di candide mappe listate di porpora. In fondo alla sala vedevasi la mensa più elevata e più adorna, con l'aureo scanno della regina a capo, e letti d'argento in giro sopra un pavimento foggiato a disegno con tesselli di porfido e di marmo bianco, di granito e di mischio. Splendeva sul bianco drappo il vasellame d'oro, gloria del paese d'Ofir, donde allora traevasi il prezioso metallo, e da alti vasi di porcellana, smaltata a vivi colori, si levavano a mazzo, s'inchinavano ad ombrello, i fiori più svariati e più rari: la ninfea dai bianchi petali schiusi; il nepento, da cui si stilla il farmaco per cacciar la tristezza; il giglio, onore delle convalli; la rosa, il gelsomino e la mandragola, che spandono le più soavi fragranze.

Coppe d'argento, egregio lavoro dell'arte babilonese, guastade di vetro, che mandava ai regnatori di Sennaar la pur mo' nata industria di Tiro, stavano davanti ai convitati, insieme con piattellini d'argilla colorata e lucente, con spatole d'avorio, dal manico di metallo, che serviano per accostare i cibi alla bocca, e coltelli di selce, sottilmente scheggiati, per tagliar le vivande. E mentre i coppieri dalle idrie capaci mesceano il vino dolcissimo della palma, e l'acqua fresca dalle anfore di creta, internamente strofinate con mandorle amare, a fine di renderne più grato il sapore, gli eunuchi venivano in lunga fila dalle cucine, recando su piatti di bronzo grossi quarti di bue, di onagro e di capretto, che poscia gli scalchi faceano destramente a spicchi, per imbandirli alla nobile comitiva.

Erano inoltre portati sul desco, fagiani piumati, pernici, ova di struzzo, pesci, nottole di Barsìpa, conservate nel sale, olive, porri e cipolle di Mesraim. Andavano da ultimo in giro i bossoli di cedro, leggiadramente intagliati, che serbavano i condimenti e le salse; grani d'amòmo, che dànno odor così vivo; di aneto, che stimola le forze inerti o languenti; di comino etiopico, che rende più facile il bere; di silfio cirenaico, il cui succo spremuto è la più gradevole, ma altresì la più dispendiosa lautezza del mondo.

Ad ogni nuova imbandigione si udivano concerti di arpe, di cetre e di flauti, che accarezzavano mollemente l'orecchio. I musicisti non erano già nella sala del convito, bensì tra le piante dell'attiguo giardino; donde avveniva che i suoni, più rimessi e più blandi, come di musica lontana, non soverchiassero i lieti ragionari, che fanno più grato il piacer della mensa. Luce, abbondanza di cibi eletti, splendori dell'arte, fragranze ed armonie, formavano un misto di gaudii ineffabili, una vera festa, un tripudio dei sensi.

Il re d'Armenia, attonito, quasi smemorato per maraviglia di tante grandezze che lo attorniavano, confuso da tanta novità di casi che lo avean sopraffatto in un giorno, più ancora inebbriato dalle acri sensazioni d'un amore che così apertamente dimostrava la irresistibile potenza dei fati, sedeva alla destra di Semiramide. Di rincontro a lui il saccanàco, o gran sacerdote, vicario degli Dei di Babilonia; più lunge il principe dei Medi, l'onniveggente Zerduste; indi, seduti in ordine, secondo l'altezza del grado, i primarii uffiziali del regno.

Lontano era Ninia; ma il regio adolescente non era uso assidersi alla mensa materna, nè partecipare alle solennità della corte. La maestà del dispotismo orientale non consentiva divisioni d'impero, o di gloria: soltanto il re, il malca divino, dovea stare al cospetto de' suoi grandi, servitori tutti, ossequienti e paurosi, nè altrimenti sceverati dal volgo, se non pel regio

Semiramide. 6

favore, mutevole a guisa di vento; nè altri del suo sangue poteva, lui vivo e regnante, emergere dall'ombra discreta del ginecèo, per offrirsi alla vista e all'adorazione de' sudditi.

Oltre di che, il giovinetto non era egli felice in quell'ora, fuori le porte di Babilonia, al fianco della sua diletta Anàiti? I due colombi gemeano sommessamente il loro cantico de' cantici, in riva all'Eufrate, sotto i palmeti di Gomer. Così avea consentito Zerduste, l'affettuoso maestro.

Il principe dalla mente profonda e dallo sguardo acuto, sedeva calmo, tranquillo, impassibile, alla mensa di Semiramide. Avea egli amata mai la regina? Ciò, pel volgo dei riguardanti, era chiuso nel più alto segreto. L'amava egli ancora? Non ne traspariva nulla da quell'aspetto marmoreo. Semiramide istessa, così avvezza a scernere l'amore negli ossequii ond'era attorniata, Semiramide istessa, se avesse potuto in quell'ora rammentarsi d'alcuna cosa che non fosse il suo ospite, e volgersi a scrutare quel muto sembiante, a interrogare il lume di quegli occhi raccolti, non avrebbe potuto per fermo ravvisarvi i segni dell'antica fiamma. Amore che non si gradisce, poco si vede e facilmente s'obblia; inoltre il sentir di Zerduste era d'uomo altero, misurato negli atti, geloso custode di sè; non altro poteva egli vedersi del cuor suo, se non ciò che a lui medesimo talentasse mostrarne.

Covava egli vendetta? O rodeva, impaziente e crucioso, il freno della servitù del suo popolo? Mare profondo cela nel grembo oscuro il segreto delle sue collere e limpido azzurreggia il suo dorso, poco prima di sollevarsi in legioni di flutti e di scagliarsi impetuoso alla riva. Tale era Zerduste, riverito abitatore della reggia di Babilonia, maestro di saviezza al futuro erede dello scettro di Nemrod, ammesso ai consigli della gran vedova di Nino. E Ilu, e Nebo, e tutta la schiera de' sommi Dei, comportavano ciò? Ahimè, forse neppure vi ponevano mente; quelle vivide luci fiammeggianti dalla vòlta celeste, vigili in apparenza, non si prendevano cura delle cose mortali. E i Casdim, sapienti indagatori del corso degli astri, niente leggevano per entro agli arcani dell'anime. Eglino, o forse non ancora ordinati a sospettoso collegio d'ambizione sacerdotale, o forse più intenti a temperare l'onnipotenza dei re, che non a sgominarne i nemici, non pigliavano ombra di quel taciturno, entrato così innanzi nella confidenza della reggia.

E sedeva egli a mensa, sorridendo e favellando dimesticamente coi vicini, a cui il bere snodava la lingua e annebbiava l'intelletto. Ma, così ascoso in quella confusione di allegrezze, in quel deliziarsi dei sensi, lo spirito suo aleggiava non visto, invigilava le parole, gli atti e gli sguardi. E certo in cuor suo non doveva esser lieto; imperocchè l'amore è possente come la morte e la gelosia aspra più dello inferno.

Frattanto, il re d'Armenia era parco di parole oltre l'usato, chè l'interno tumulto degli affetti non gli consentiva d'esser loquace. Molto, per contro dicevano gli occhi, donde traluceva la profonda voluttà, bevuta a lunghi sorsi dal viso dell'amata. E gli occhi di Semiramide erano spesso rivolti su lui, in ciò accordandosi alla prepotenza del desiderio, al debito delle cortesie ospitali. In quegli sguardi erano lampi, raggi di vivissima luce, che lui felice investivano e gl'infiammavano il sangue. Dov'eri tu, in quell'ora, o Sandi, o rimpianto amico della sua giovinezza? Dove eravate voi, severi ammonimenti dell'oracolo, parlante dai sacri platani di Peznuni?

Così è l'amore, inebbriante più del vino generoso, datore d'obblio più che non fossero le favoleggiate acque di Lete. E infine, non è egli ragionevole che ciò sia? Non viviamo noi forse per l'amore, per questo soave portato del nostro essere, per questa parte più eletta delle nostre affezioni? Ciò che siamo e ciò che vorremmo essere, non si riferiscono forse a questo argomento della nostra operosità, a questa cagione dei nostri errori, a questa meta fatale del nostro viaggio? Come l'ape lavora istintivamente a riempire il suo favo di miele, non ci affatichiamo noi con assidua cura a comporre questo splendido inno, unica glorificazione che ci sia consentita, alla virtù ignota e possente che compenetra il mondo? Gli è un sorriso di donna (adorabile sorriso, sebben misto di lagrime) che ci saluta in sul nascere, ed è un sorriso di donna che può farci men triste il morire. Guai a chi è solo! ha detto il savio; ed egli per fermo accennava alla donna; imperocchè l'uomo è nulla, senza l'amore; son tenebre ed ombra di morte, ove raggio d'amore non splende. L'inferno, spaventosa visione dell'uomo, che primo tremò, al prolungarsi soverchio d'una notte jemale, non avesse a ricomparir più il sole nel firmamento, l'inferno è luogo muto d'ogni luce e d'ogni calore ai viventi; ora, calore è affetto e luce è bellezza. Date all'uomo la sua dolce compagna, ed egli n'avrà lume d'inspirazione, ardore di grate fatiche. L'antichissimo fondatore dei civili consorzii non fu del tutto infelice, potè consolarsi del suo gramo destino, se donna innamorata lo seguì, portando volonterosa con lui il peso della maledizione celeste.

Ed essa, la dolce compagna, senza di lui, che sarebbe? In lui si compie il suo destino; in lui è il sostegno e la guida; egli il fiore ed ella il profumo;

l'uno all'altro necessarii a vicenda. Date l'uno nelle braccia dell'altro e il mondo è in essi; rinascerebbe, se più non fosse, in quelle due vite confuse, e il passato, il presente e il futuro, memorie, gioie, speranze, tutto eglino sono a sè stessi; donde appar manifesto che possano viver da soli, senz'altra compagnia di viventi. E che questa sia lieta esistenza, un grande amore alcuna volta il dimostra. Un grande amore; ecco il divino tra tutti i misteri, altare e tempio a sè stesso! L'universo è contorno necessario e fatale, soventi volte giudice iroso, sempre testimonio increscevole. Che farci? Si vive, obliandolo; lo si comporta qual è, gli si perdonano le molestie che arreca, ma a patto di non mescolarsi a lui, di non seguirlo ne' suoi indirizzi volgari, di non vivere della sua vita. L'aura, pregna di soavi fragranze, rapite ai boschi natali, passa rasente alle case degli uomini e segue noncurante il suo corso. I tristi vapori dell'abitato ne turbano la delicata essenza, pur troppo; ma lunge di là, sotto la luce purissima del sole, per mezzo ai rami della selva vicina, la gentil vagabonda si rinfranca, si rinnovella e dimentica.

La natura offre talvolta di simiglianti magnificenze, a far prova del suo sterminato potere. L'aquila nei cieli, il leone nel deserto, il baobab nella selva, sono le sue meraviglie. Ella ha innalzato rupi, che cacciano la vetta infin tra le nuvole, argomento di pauroso stupore ai riguardanti; ella ha prodotto fiori di così acute fragranze, che l'uomo non può respirarle senza pericolo. Ella di tanto in tanto dà vita a que' forti intelletti, che grandeggiano per mezzo alla universale pochezza e governano e mutano a lor posta gli eventi; ella accende quelle gagliarde passioni che splendono, fari solitarii ed eccelsi, nella penombra degli affetti volgari. Bellezza e gioventù, forza e intelligenza, si vanno incontro desiose, si abbracciano, si confondono; e son prodigiose le nozze, come di giganti innanzi ad un popolo di pigmei. Invero, che sono quelle migliaia di amori fuggevoli, esangui, mal vivi, al paragone di queste gagliarde, intense e luminose passioni? Gran mercè se alla picciolezza infinita delle umane cose è dato di essere pavimento umilissimo all'ara, su cui si sposano queste superbe inconsapevoli fiamme. Così il genio di Omero vide il monte Ida, ricinto di nubi gelose, esser talamo agli amori di Giunone e di Giove, mentre laggiù, sulle rive dello Scamandro, si azzuffavano due popoli, sperando testimoni alle lor collere i Numi. Quest'alta dimenticanza è la misura di cosiffatti amori possenti, superiori di tanto alle meschine consuetudini umane.

Così, in mezzo all'esultanza del convito, la regina e il suo ospite, l'uno nell'altro felici, aveano dimenticato ogni cosa. Ara pensava che ella era innocente e calunniata, quella bellissima tra le donne, quella potentissima tra le regine. La vicinanza di lei cancellava dalla sua mente gli infausti presagi dell'oracolo. Unico dolore il pensiero di dover tornare, indi a non molto, in Armenia, alla sua reggia d'Armavir, ora più triste e desolata di prima. Ed anche questo pensiero ei lo avea cacciato lunge da sè. Il destino, che lo avea gettato inconsapevole nelle braccia di Semiramide, non avrebb'egli operato un altro dei suoi alti prodigi?

Ed ella, frattanto, pensava che il suo trono era così grande, da potervi accogliere l'eletto del suo cuore; così splendido, da non doverci accogliere che lui, il più leggiadro degli uomini. Non erano essi fatti l'uno per l'altro? E la natura, creandoli, non aveva per l'appunto mirato a tal fine? Così nella mente di quella donna innamorata, il mondo, Babilonia, la reggia, altro non erano che un'immensa piramide, innalzata da Nisroc, dal signore delle sorti, per collocarvi il loro amore, intenso, sfolgorante, glorioso sul vertice.

E gli occhi suoi dicevano tutto ciò all'inebbriàto garzone.

Intanto erano levate le mense, e, pel cader delle ombre notturne, tolti dal colonnato i velarii, che facevano impedimento alla brezza ristoratrice. Misteriose luci splendevano in mezzo alle piante del giardino; in alto, disseminate per la vòlta di zaffiro, scintillavano le stelle.

— Sien grazie agli Dei! — disse il saccanàco, levando al cielo le mani. — Da essi ci viene ogni cosa. Il mondo si inchina obbediente a Babilu, che li onora e li venera.

— Ed ora, — parlò la regina, — mentre Sin, co' suoi miti chiarori illumina il mondo e così dolce è il riposo allo spirar della brezza notturna, si rechino a noi gli annali di Babilu. Il nostro gentile ospite d'Armenia conoscerà da essi la nobiltà dell'amica gente degli Accad. —

A quelle parole di Semiramide, il gran maggiordomo si alzò per andare all'ingresso, dove, ad un suo cenno, comparve sollecito lo scriba, della setta dei Casdim, al quale era dato in custodia l'archivio delle memorie babilonesi.

Venuto innanzi alla regina, lo scriba si prostrò fino a toccar colla fronte il suolo.

— Gran Semiramide, — diss'egli poscia, levando le mani verso di lei, — possa tu vivere in perpetuo!

— Sorgi, — disse a lui di rimando la regina, — e mostraci la successione dei sari e dei sosi, dal giorno che Bel, il gran dio creatore, balzò fuori dal tempo senza limiti, infino a questo dì fortunato.

— Ciò che tu chiedi sarà fatto: — rispose alzandosi da terra lo scriba. — Gli Accad hanno diligentemente notato ciò che ad essi tramandarono i padri loro. I moti degli astri, le apparizioni degli Dei e le glorie dei re, tutto è vergato nelle foglie di papiro, la mercè dei sacri caratteri, che Oanne ha insegnati agli abitatori di Sennaar. —

Un alto silenzio si fece allora nella sala del convito. Lo scriba si assise su d'uno scanno, davanti alla regia comitiva, e, recatosi tra mani un volume di papiro, ne ruppe il suggello di creta; indi, svolgendo le pagine, così prese a leggere, in mezzo all'attenzione universale, gli antichi ricordi della stirpe di Accad.

CAPITOLO VII.

Le prische istorie.

« Nel principio, tutto era tenebre ed acqua, per entro a cui si movevano confusi gli elementi di ogni cosa che è. Forme strane di viventi erano allora; mostri con due facce e quattro ali, o con due teste e corna e pie' di caprone, o di cervo, centauri, sirene, tori dall'aspetto umano e cani che finiano in coda di pesce, insieme con molte altre specie di rettili e serpenti di smisurata lunghezza. In questa confusione di tutte cose, regnava silenziosa la gran madre Omoròca, detta Talatta, nel sacro idioma dei Casdim.

« E allora comparve Bel, il dio della luce e dell'aria. Venne egli con le sue innumerevoli schiere di Baalim, e d'un colpo della sua spada fiammeggiante, divise Omoròca, in due parti. Così furono il cielo e la terra.

« Ora avvenne che quell'immondo brulicame di mostri non potè sostenere la gran luce del Dio, e giacquero spenti. E Bel ferì il suo collo, e ne piovvero rivi di sangue. I Baalim, seguendo l'esempio, vi mescolarono il loro e ne nacquero gli uomini, per tal guisa ragionevoli e partecipi dell'intelletto divino.

« Allora fu il tempo. E, avendo Bel creato le stelle, il sole, la luna e i cinque pianeti, incominciò l'età prima, per la terra di Sennaar. Dieci re vi regnarono, da Ailuro infino a Chisutro, e fu questo tempo di centoventi sari, ognuno dei quali novera tremila e seicento rivoluzioni del sole.

« Ad Ailuro, che fu il primo re, succedettero Alapùr ed Almelon; a questi, Amènnone, il prediletto dei cieli. Imperocchè, essendo egli sulla riva del mare, vide emergere dai flutti Oanne, il dio Marino, il gran pesce, che ha voce ed aspetto umano. Questi non prendea cibo, siccome è costume degli uomini; appariva ogni mattina alla spiaggia e ogni sera s'inabissava nei gorghi. Fu egli che insegnò ad Amènnone l'uso delle lettere sacre e l'arti che fanno felici gli uomini, il seminare, il raccogliere, il radunarsi a civile consorzio, murare città, edificar templi e far sacrifizi agli Dei.

« Prima di quel tempo, gli uomini non avevano leggi, nè riti. Viveano essi sotto le tende, o vagavano per la pianura a guisa di fiere; ammiravano le pietre e temevano il fulmine, che si sprigiona dalle nubi. Ma dopo gl'insegnamenti di Oanne, conobbero gli Dei ed offersero loro i frutti della terra. Così nacque il culto di Oa, il nume emerso dai flutti, il re del mondo inferiore; di Bel, il risplendente, il demiurgo, l'ordinatore di Omoròca; di Ilu, il signore delle acque, e così di tutte le altre personificazioni della potenza suprema, infino a dodici, aventi in sè doppia forma, virile e femminea.

« Morto il savio Amènnone, gli succedette Magalur, e a questi poscia Davon, durante il cui regno apparvero gli altri quattro legislatori uominipesci, e seguitarono la santa opera di Oanne, insegnando alle genti. Al re Davon tenne dietro Eduruc, nel cui tempo apparve il pesce Dagone; indi regnarono Amenfino, Ossiarte e Chisutro.

« Costoro erano giganti e vivevano oltre la misura assegnata poscia ai mortali. L'ultimo di essi, Chisutro, regnò diciotto sari, innanzi il giorno del diluvio, ossia sessantaquattro mila ottocento rivoluzioni del sole. Fu egli uomo pio, dotto delle antiche memorie, a lui lasciate da' suoi maggiori, le quali fe' incidere su tavole di pietra insieme con la legge sacra dei cinque comandamenti.

« Ma, come egli era pio e temente della giustizia celeste, così non erano gli altri uomini, la cui malvagità si stendea sulla terra, spregiandosi comunemente la legge e corrompendosi ogni pensiero. Da lunga pezza i savii, raccolti nella contemplazione degli astri, profetavano la fine del mondo; ma gli uomini, induriti nelle perverse consuetudini, aveano in non cale i certi segni del cielo.

« Allora il pesce dio apparve dall'onde a Chisutro, imperocchè questi avea trovato grazia appo i celesti, e gli annunziò l'imminente diluvio, che avrebbe travolto e distrutto ogni creatura vivente. Intendesse egli a costrurre una nave ed entrasse in quella, co'figli del suo sangue e famigliari suoi, preparandosi a navigare, dappoichè l'ultim'ora pei malvagi era giunta.

« — E dove volgerò io il corso? — aveva chiesto Chisutro.

« — Verso gli Dei! — rispose Oanne. — In essi soltanto è il porto di salvezza. Sta di buon animo, o Chisutro! Le tavole della legge sacra e le antiche memorie de'padri tuoi, seppellisci sotto la pietra angolare di Sippara; sia la tua nave così vasta da poter contenere ogni sorta di cibi, semi della terra ed animali utili al servizio dell'uomo; spalmala di bitume entro e fuori, così che essa resista all'imperversare delle acque, e, tosto che avrai finito l'opera tua, chiuditi in quell'arca sicura, insieme co' tuoi, perocchè in quel punto si squarcieranno gli abissi e comincierà la rovina dei flutti.

« Obbedì ai comandamenti Chisutro, e tosto, con l'aiuto d'un sapiente architetto, che il pesce dio gli aveva indicato, attese alla costruzione della nave. E questa fu la misura della gran mole: cinque stadii pel lungo e due di larghezza. Ivi entrò Chisutro, insieme con la moglie, i figli suoi, le mogli e i figli di ciascheduno, che moltissimi furono. E dentro la nave erano cibi in abbondanza, sementi d'ogni pianta e una coppia d'ogni specie animali, lasciando fuori tutti quelli che nascono dal putridume e dai vapori della terra, imperocchè lo spirito di questi non è emanato dal sangue degli Dei.

« Intanto gli abitatori del mondo perduravano nella empietà e spregiavano Chisutro, che in sì gran mole erasi messo a riparo. Ma posciachè egli fu nella nave, con tutti i nati e famigliari suoi, il cielo incontanente oscurò, cadde la pioggia e il mare stratripò con furia; Ilu, il signore dell'acque, sconvolgeva gli abissi. La nave allora fu sollevata sui flutti, e un pesce di smisurata grandezza venne a collocarsi davanti la prora, guidando il legno per mezzo a quella rovina di elementi scatenati. Era egli Oanne medesimo, e Chisutro ben vide che la mano d'un dio li proteggeva, imperocche il furore della tempesta e la violenza dei flutti niente potevano contro di loro.

« Lunghi giorni durò la collera d'Ilu, per modo che tutti i monti più alti ne furono coperti ed ogni carne che si muove sulla terra, perì. E come furono le eccelse cime così soverchiate, incominciò il gran mare a chetarsi, il cielo si rattenne dal piovere, e le acque andarono a grado a grado scemando. Raffidato da quell'alto silenzio, Chisutro mandò fuori dal tetto della nave una coppia di uccelli, per sincerarsi se la terra fosse in alcun luogo scoverta; ma gli uccelli, non avendo trovato cibo, nè luogo ove posarsi, tornarono a lui. Ed egli, dopo alquanti giorni, mandonne altri, i quali tornarono con le zampe imbrattate di fango. Altri finalmente ne mise fuori, i quali non tornarono più; sola, tra questi, una colomba, venne alla nave, recando nel becco un romoscello d'olivo. Donde egli conobbe che la terra rinasceva dall'acque; e allora, scoperchiata la nave, vide esser questa posata su d'una vetta dell'Ararat.

« Il gran pesce era sparito; ma il sole splendeva nel firmamento, e di rincontro al sole si dipingeva nell'aria la luminosa striscia dell'arcobaleno. Smontò egli tosto, insieme con la moglie, una figliuola sua e il sapiente architetto. E scesi che furono dalla nave, s'inginocchiarono, per baciare la terra, indi, alzato un altare di pietra, adorarono gli Dei. Che avvenne egli poscia di loro? I rimasti nella nave, non vedendoli più ritornare, scesero alla lor volta, nè altrimenti li ritrovarono, sebbene con alte grida andassero chiamandoli in giro. Bensì videro la nuvola con l'arcobaleno impressovi su, e dalla nuvola udirono la voce di Chisutro, che sè, la moglie, la figliuola e l'architetto, come primi discesi sulla terra, annunziava rapiti in grato olocausto agli Dei; andassero i figli in pace e ripopolassero il mondo: scendessero nel paese di Sennaar, scavassero nelle fondamenta di Sippara, per ritrarne le tavole della legge sacra e i ricordi delle antichissime genti; indi vivessero felici, camminando nelle vie della giustizia e onorando i celesti che li aveano scampati dall'acque.

« Così fecero i figliuoli e nipoti di Chisutro, dopo avere offerto il sacrifizio su quella medesima ara, che egli aveva pur dianzi rizzata. Trassero fuori le sementi, e le sparsero nel grembo della terra; gli animali, e li mandarono liberi per mezzo alle selve. La gran nave fu lasciata lassù, dove gli avanzi rimangono tuttavia, e del bitume, già fatto come pietra salda e lucente, si cavano gli amuleti, che preservano dallo sguardo maligno, dai sogni nefasti e dalle male sorti gettate.

« Queste le memorie dei primi abitatori della regione di Sennaar. Ridiscesi i superstiti del diluvio alla pianura, e moltiplicatisi in tre figliuolanze, secondo il nome dei padri loro, che furono Zeruano, Titano e Jafeto, si posero a edificare, non lunge da Sippara, una novella città, alla quale, per esser eglino usciti salvi dall'acque invaditrici, imposero il nome di Babilu, ossia la porta di Ilu. E foggiata a mattoni la molle creta, e adoperato a guisa di malta il bitume tratto dalla prossima fiumana di Is, presero a murar la città. In pari tempo cominciarono a innalzare una torre altissima, la quale, giungendo con la cima alle nubi, fosse testimonio di loro possanza sulla terra.

« Ma erano eglino appena a mezzo il lavoro, che la discordia entrò nelle loro favelle, e il tremuoto e la folgore dispersero quei monti d'argilla. E Sem Zeruano, il maggiore tra i principi loro, avendo preso a tiranneggiare le genti, fu da Titano, detto altresì Cam nelle prische memorie, e da Jafet, cacciato a settentrione del paese di Sennaar. E dalla sua gente fu Cus, padre di Nemrod, il possente cacciatore al cospetto di Ilu. Questi incominciò a comandare su tutte le genti, dei quattro idiomi, e furono principio del suo regno, Babilonia, Accad, Calne ed Erech.

« Nel tempo suo, Assur, nato dal sangue di Sem Zeruano, dalle rive dell'Eufrate passò a quelle del Tigri, ove pose le fondamenta di Ninive, di Reobot, di Cala o di Resen. E, d'altra parte, Aìco, del sangue di Jafet, ricusando assoggettarsi alla possanza del figlio di Cus, andò co' suoi, rimontando l'Eufrate, fino alle terre di Ararat, ove pose sua sede. E Nemrod, da poi ch'ebbe stabilito saldamente l'impero della sua stirpe, fu tratto al cielo sull'ali poderose di Nisroc. »

— Se ciò sia vero, — pensò Ara in cuor suo, a quel passo della lettura, — lo dica il campo di Aiotzor, dove il Titano ebbe morte dallo strale del mio forte antenato. —

E reprimendo un sarcastico riso, che gli era venuto alle labbra, si dispose ad udire la continuazione delle memorie di Babilu.

Ma la regina, il cui sguardo innamorato ad ogni tratto si posava sul volto dell'ospite, notò quel moto delle sue labbra e con pensiero cortese si fece a interromper lo scriba.

— Il grande progenitore dei re di Babilonia, — diss'ella nobilmente, — è morto da prode in battaglia. Correggi i tuoi annali, o savio alunno della schiera di Casdim. Bene io credo che lo spirito di Bel Nemrod sia stato rapito in cielo dal signor delle sorti; ma il suo corpo, diligentemente plasmato di balsami e coperto di ricche vesti, riposa sulla collina di Keresman, nella tomba che la pietà del forte Aìco gli diede. È dei prodi non serbar l'odio, oltre la morte del nemico, e onorare con ogni lor possa la memoria dei prodi. —

A quelle parole di Semiramide si alzò Ara commosso, e nobilmente rispose..

— Tu fai più dolce al mio cuore il debito della gratitudine, o possente regina. Non è vile la stirpe di Aìco, ma quind'innanzi ella avrà per massimo de' suoi vanti l'essere stata esaltata dalle tue labbra, donde scorre il miele della cortesia, insieme con gli aromi della sapienza regale. Aìco, Armenàgo, Aramais, Amasia, Kegan, Arma ed Aràmo, progenitori miei, esulteranno nelle lor tombe di Peznuni, al soffio consolatore della tua lode. Grande è Babilonia e degna tu sei di regnare sul più forte popolo della terra, o bellezza sovrumana e altezza d'animo veramente divina. —

Le guancie della donna leggiadra si tinsero in colore di fiamma. Zerduste, il taciturno, a cui nulla sfuggiva, lampeggiò uno sguardo feroce.

— Possente signora, debbo io proseguire? — chiese umilmente lo scriba.

— A qual pro? Quindici età sono trascorse sotto la grand'ala di Nisroc, dacchè Babilonia è sorta sulle ubertose rive dell'Eufrate. Chi non ricorda le opere dei discendenti di Nemrod? Bab, Anuv, Arbel, Cael, il secondo Arbel e finalmente il gran Nino, che i sommi Dei hanno fatto partecipe agli onori celesti, scrissero la loro istoria su queste pareti, ne' sacri caratteri della gente degli Accad, e più chiaramente ancora nelle provincie conquistate di mano in mano all'impero. I Saci e gli Assùra a settentrione, i Medi ad oriente, gli Arabi e i Saba a mezzogiorno, i Nabatei, i Cusi, i Carbaniti e quanti son popoli sul mare del sole occidente, narrano abbastanza la gloria del popolo che ha nome dalle quattro favelle.

— Tu dimentichi, — soggiunse il re di Armenia, — le opere tue, le tue vittorie, o regina. Baki, nel paese di là dai Medi, e l'Indo lontano, donde il sole si leva, tremarono allo scalpito del tuo cavallo di guerra. Al gran Nino piacesti, così per l'alto valore e per l'animo eccelso, come per la splendida bellezza del volto. Figlia prediletta della Dea che ha il suo tempio in Ascalona, non diranno le storie i tuoi celesti natali?

— Non parliamo di ciò! — interruppe la regina. — In molte guise si spande e si tramuta l'adulazione del volgo. Io amo assai più apparire qual sono veramente, e chi mi conosce da presso m'avrà, spero, per migliore della mia fama a gran pezza. Più che nelle vane pompe della nascita arcana e nella gloria dei superbi trionfi, amo vivere onorata nella felicità del mio popolo.

— Gloria a Semiram! Possa ella vivere in perpetuo! — gridarono tutti gli astanti, in un impeto di devoto entusiasmo.

Ed Ara fu lieto di unir la sua voce a quella degli altri commensali. Ma una felicità, una ebbrezza pari alla sua, non era nel cuor di nessuno.

Tarda era l'ora, allorquando egli si alzò per toglier commiato.

— A domani! — gli aveva detto sommessamente la regina. — Debbo conferire di gravi cose con te.

— È la regina che mi parlerà domani? — aveva chiesto il garzone.

— Sì, e te ne duole?

— Oh no, — aveva egli aggiunto, sospirando; — ma le parole di Atossa tornarono più soavi al mio cuore.

— Ingrato! — esclamò la regina. — Non hai tu ritrovato Atossa sotto le spoglie regali di Semiramide? Così il re d'Armenia tenga fede alle promesse di Ara, come la regina di Babilonia ricorda di aver perduto il suo cuore nel recinto sacro a Militta. —

Semiramide.

CAPITOLO VIII.

La voce di sotterra.

Partita Semiramide dalla sala del convito, il re d'Armenia fu condotto nelle sue stanze dal cerimoniere di corte e da un drappello di giovani, che recavano faci per rischiarargli il cammino. Erano quelle stanze in un'ala lontana del palazzo, nei quartieri assegnati ai regali ospiti di Babilonia.

Colà giunto, Ara dimandò d'esser lasciato solo, ricusando gli uffizi dei servi, che erano posti a' suoi cenni. Egli aveva mestieri di raccogliersi, di ordinare i suoi pensieri confusi. E cotesto era pur necessario, dopo tanta varietà di strane venture, che gli facean creder quasi d'essere stato in balìa d'un sogno bizzarro. L'arrivo suo in Babilonia, il tempio di Militta Zarpanit, la bella sconosciuta, i felici amori suggellati da un sacro giuramento, la donna diletta poco stante ravvisata sotto spoglie regali, il fasto della corte, le grandi accoglienze, quel misto di fragranze e di voluttà, di splendori e di ebbrezze, ond'era stato ricinto, abbagliato e compreso, siccome un dio da una nuvola d'incensi, lo avevano tratto fuori di sè, gli avevano annebbiato l'intelletto, lo facevano dubitare, fremere, esultare, venir manco, quasi sentisse fallir sotto i piedi il terreno.

E invero, non aveva egli argomento di smarrir la ragione? Egli, il giovine re di poca terra tra i monti, sceso in Babilonia a tributo, egli conquistatore inconsapevole del più prezioso tesoro che al mondo fosse! Egli, venuto così a malincuore, con l'amarezza d'un triste ricordo nell'anima, egli in un giorno, in un'ora, amante riamato di quella regina, che pur dianzi abborriva! Così era; così aveva voluto il destino; ed egli, non pure lo ringraziava, in cuor suo, ma temeva non fosse che un sogno, quella felicità di rapidi eventi, e implorava dagli Dei di non aversi a ridestare mai più. Donna celeste, e veramente nata di Dea, com'era ella mal giudicata da tutti! Ah, la gioventù è cieca, non sa di quanto lievi apparenze si vesta la menzogna, e porge troppo facile orecchio alle stolte voci del volgo. S'invidia, si odia e si calunnia così facilmente tutto ciò che sta in alto! In quella guisa che il fango calpestato schizza sulle vesti del viandante, la moltitudine, che striscia a terra, largisce ai grandi le colpe, i vizi, ond'è contaminata ella stessa.

Povera donna! Perchè ella era bellissima, in eccelso stato, buona e cortese, come tutte le anime grandi, sazia forse d'obbedienza e desiderosa di affetto, i vanagloriosi, gl'impronti, i profani sognatori di stragrandi fortune, avevano aguzzate fino a lei le cupide brame; e, respinti da lei, perchè una donna d'alto sentire conosce l'amor mentito e fuggevole così facilmente come il vero e profondo, s'erano riscattati delle altere ripulse, gittandole il loro fango sulle candide vesti. Egli è così facile infamare una donna! Non è ella tutta quanta nella vita del cuore? Nel cuore si può meglio, si dee soltanto ferirla. È donna; dunque impudica. È regina; dunque sanguinaria e crudele.

Povera Semiram! Lo aveva detto ella stessa, ed Ara ben ricordava le sue parole: « Nessuno amò la povera regina, nessuno! Ella è sola, si sente sola nel suo vasto impero, come un'isola deserta sul mare. Ognuno in lei vede e desidera la regina; nessuno ha amata la donna ».

Ed ora questa donna, che finalmente avea trovato chi meritasse l'amor suo, di quali cose aveva ella a conferire con lui? Gravi cose, avea detto; ma ve n'erano forse di tali, che non fossero quelle dell'amor loro? No certo, e pensandoci meglio, e meditando le ultime parole di lei, parve ad Ara di aver colto nel segno. E così in nube egli vedeva la sua diletta Armavir rappicciolirsi man mano, allontanarsi nel fondo e sparire. La sua Armenia, il reame con tanta cura e con tanto sangue difeso dalla cupidigia degli Accad e dalle correrie dei cavalieri Turani, doveva cadere per tal guisa in balìa de' suoi vecchi nemici? Egli, il pronipote di Aìco, avrebbe lasciata la sua piccola, ma nobile reggia tra i monti dell'Ararat, per salire sul trono di Nemrod? A cotesto intendevano le parole di Semiramide; cotesto traspariva dagli occhi, era voluto dalla potenza medesima dell'amor suo.

Ma, per contro, non c'era egli altra via? In cambio d'innalzarlo a sè, non potea la regina discendere a lui? Ninia era un adolescente: ma a qual principe ha mai fatto ostacolo l'età giovanile, per cinger corona di re? E Semiramide, fatta grande dalle nobili arti del regno, non sarebb'ella diventata grandissima, celebrata in tutte le età future, per alto esempio di amore, al cui cospetto impallidiscono e sfumano i gaudii del potere, i sogni dell'ambizione? Piccolo era il popolo aìcano, ma forte, ed egli, confortato dall'amore di quella donna, fatta compagna delle sue sorti, non dubitava di poterlo condurre animoso sul cammino della vittoria e di dare all'amata un nuovo regno, che nulla invidiasse all'antico.

In queste dubbiezze, in questi sogni dell'anima amante, si stava il giovane Ara; nè sempre pensando, imperocchè talfiata il pensiero ama posarsi e dormire, mentre gli occhi son desti, e vagano intorno, vedendo, senza guardare, o guardando, senza vedere.

Un mite chiarore si diffondeva per la camera dai lucignoli d'una gran lampada di rame, che pendea dal soffitto, illuminando le storiate pareti. Tenui fragranze di eletti aromi vaporavano da bracieri d'argento, collocati negli angoli. Poco lunge era il letto, sormontato da un sopraccielo di porpora e coperto d'una coltre, la cui lana era di cammello non nato. Ma rifuggendo ancora dal sonno, il re d'Armenia se ne rimaneva seduto sopra un lettuccio di morbidi guanciali, di contro al monopodio di cedro, il cui piede era bizzarramente intagliato, e la tonda lastra si nascondeva sotto, uno di que' tappeti, vagamente intessuti, che mandava a Babilonia l'arte famosa di Tiro e di Sidone. Su quel tappeto era posata una lucernuzza da mano, e poco discosto da quella un rotolo di papiro, collocato per modo da attirare lo sguardo.

E tuttavia, il giovine Ara, così sovra pensieri com'era, non ci aveva anche badato. Più e più volte i suoi occhi s'erano volti a quel rotolo, ma senza che l'animo lo avvertisse del pari. Senonchè, in uno di quegli intervalli che l'innamorato garzone metteva nelle sue fantasticherie, gli occhi posarono tanto sul misterioso involucro, da destare la sua attenzione, e finalmente la sua curiosità.

Rimase un tratto dubbioso a guatarlo; indi stese la mano e lo afferrò, in quella che si accostava alla fiamma della lucerna, per considerarlo più da vicino. Un suggello di argilla rossa chiudeva il margine del foglio, e in quel suggello si vedeva l'impronta d'un cigno. Un brivido gli corse, a quella vista, per l'ossa. Il cigno era l'emblema consueto di Sandi, del soave cantore, amico dell'anima, compagno fedele della sua giovinezza.

Che voleva dir ciò? Un senso d'angoscia ineffabile penetrò il cuore del giovane, e una voce arcana gli bisbigliò nel profondo che in quel rotolo suggellato si chiudevano le sorti della sua vita.

Sandi! Che voleva in quell'ora l'estinto da lui? Veniva forse a rimproverarlo di qualche suo mancamento verso la memoria dell'amico? Egli per fermo non lo aveva dimenticato; ma doveva egli altresì chiudere ad ogni affetto il suo cuore? E perchè il triste fantasma veniva egli a turbargli il suo primo giorno di gioia?

Ma forse la presenza di quel ricordevole emblema altro non era che un giuoco del caso. Ara lo sperò e ruppe avidamente il suggello.

Pochi versi di scritto, ne' caratteri accadii, allora comuni alle genti della pianura e della montagna, si leggevano sulla interna faccia del papiro, i primi nereggianti e visibili, gli altri man mano più incerti e sbiaditi.

Ed ecco ciò che Ara vi lesse:

« Tu ami e credi di essere amato. Ora, vuoi tu co-
« noscere il vero? Sandi, il tuo Sandi, te lo dirà egli
« stesso, pur che tu il voglia. La gran luce ti aspetta.
« Ma bada, per giungere ad essa, v'hanno terribili prove
« a sormontare, fatte soltanto per animi forti.

« Hai tu ardire? Hai tu sete di verità? Ricordi tu

« l'antica amicizia? Davanti a te, a' piedi della parete
« che reca scolpita l'immagine del leone alato, si
« apre un vuoto, che ti guiderà fino a me. Pensa e
« risolvi. »

Null'altro si leggeva nel foglio. Soltanto seguivano alcuni segni scoloriti, che ad Ara non venne dato d'intendere. Da que' segni, gli occhi del re d'Armenia corsero alla parete. Il leone alato vi si vedeva scolpito sopra una tavola di alabastro dipinta, e pareva guardarlo, co' suoi occhi di smalto. Un sudor freddo gli corse a quella vista per l'ossa, e le chiome gli si rizzarono sulla fronte.

Senonchè, a' piedi della parete si vedeva il pavimento liscio e lucente, senza alcun segno che indicasse una apertura sotterranea. Il re d'Armenia balzò in piedi, corse laggiù e guatò lungamente il suolo, ma invano. Tornò allora al lume della lucerna e si fece a legger da capo il papiro. Un altro verso di scritto era apparso nel foglio.

« La botola è aperta; mettivi il piede, animoso.... »

Ara tornò a guardare. E appunto allora gli venne udito un rumor sordo, un cigolìo come di serrami smossi. E tosto una cateratta si aperse, discese, e una buca spalancata si mostrò nel pavimento.

Il re d'Armenia era prode tra i prodi; ma quello spettacolo, e dopo quella lettura, non era tale da lasciarlo tranquillo. Tuttavia, non apparve inferiore al suo nome. Vi hanno uomini che il pericolo imminente, non che abbattere, rinvigorisce. Un nemico ignoto e invisibile? Un agguato? Suvvia! egli è dei valorosi il farsi innanzi, checchè avvenga, e solamente a conforto della propria dignità. Mancano gli spettatori; che importa? La coscienza del prode non è ella presente a sè stessa?

Ritto, immobile, cogli occhi sbarrati, rimase un tratto, guardando da lunge la buca; indi, come trascinato da una arcana virtù, mosse a quella volta, si affacciò in sull'orlo e cacciò lo sguardo avido nel profondo.

Un pozzo di scale gli venne veduto là dentro. Si scorgevano i larghi gradini di mattoni scender giù ad un pianerottolo, donde un altro braccio si partiva, voltando ad angolo retto; ed altri man mano andavano in giù digradanti, la cui sequela si perdeva nel buio. Nessun rumore di passi, od altro simigliante, giunse all'orecchio del giovine; tutto era silenzio in quel baratro; solo un alito, un senso lievissimo, quasi un odor di frescura, venne di là dentro a sfiorargli la guancia, come per dirgli che quello non era un sepolcro e che l'aria respirabile non vi faceva difetto.

Senonchè, era opera di uomini o di spiriti ignoti, quella via che gli si parava dinanzi? D'uomini forse, pensò Ara in cuor suo. E tornato prestamente alla tavola di bronzo, afferrò il suo coltello dalla fulgida lama, che già aveva deposto, e lo rimise alla cintola.

Frattanto, gli occhi suoi correvano da capo al misterioso papiro. Altri versi di scritto nereggiavano, dal mezzo insino al piè della pagina. Il re d'Armenia non lesse, divorò i nuovi caratteri, che gli offriva lo scrittore invisibile.

« .... scendi; quanto più scenderai, tanto più sarai
« innalzato alla conoscenza del vero.

« Odi una triste istoria. È già gran tempo che due
« purissimi spiriti, inviati da Dio a spargere la sua
« luce sulla terra di Sennaar, dimenticarono qui, per
« l'amore di una figlia di Babilu, il loro celeste mandato. L'ingannatrice strappò dal labbro di quegli illusi il motto d'entrata alle eterne dimore, dov'ella fu
« pronta a sollevarsi in lor vece.

« Però il santo Iddio li punì, confinandoli in una
« chiostra profonda, sotto la torre delle sette sfere. Colà
« vivono in tenebre fitte; colà rimarranno, sospesi per
« le ciglia, fino al dì del perdono.

« Pari a costoro è il tuo Sandi. Qui sta dolorando
« il suo spirito, sotto la medesima terra ov'egli ha
« amato e pianto, sotto le medesime acque in cui ha
« trovato la morte. Respingerai tu l'invocazione di
« un'anima, la quale non attende che te? Vorrai tu
« essere maledetto in eterno? »

— Ah no! — proruppe Ara, gittando il foglio e correndo alla botola. — Chiunque tu sia, spirito immortale o astuto ingannatore, eccomi a te! Dovess'io lottare col negro fantasma di Nemrod, son pronto. Aìco, fortissimo Aìco, proteggi invocato il tuo sangue! —

E si cacciò entrò la botola, giù per la segreta scalèa, da prima con passo veloce, soccorrendogli il lume che pioveva dalla sovrastante apertura, quindi man mano più tardi, poichè la luce veniva scemando sempre più, ad ogni svolta di scale.

Del resto, anco quel fioco raggio gli venne meno ben tosto. Un cigolìo si fe' udire alle sue spalle, indi un fragore, un urto, quasi di pietra con pietra. La cateratta si richiudeva su lui. Il re d'Armenia era come sepolto in quel baratro.

Nè di cotesto gli dolse, quantunque il richiudersi della cateratta, togliendogli ogni speranza di ritorno, gli dicesse tutta la gravità del pericolo. Il dado ormai era tratto. Non lo aveva egli forse voluto?

Brancolando con le palme distese lunghesso le mura, proseguì allora il cammino e potè sincerarsi che le scale giravano a pozzo, coi loro ripiani tutti ad uguali distanze. Però, abbastanza spedito, siccome gli veniva fatto, procedendo tentoni, andava egli allo ingiù, null'altro udendo che il rumor dei suoi passi, sordamente ripercosso nel vuoto. E nello scendere, gli ricorrevano al pensiero i lieti splendori del convito, gli sguardi amorosi della regina, tutte le allegrezze di poche ore addietro, finite così malamente per lui, in quel buio, in quel silenzio di tomba.

Per altro, seguitando egli a calare nel cieco abisso, incominciò ad udire un suono lontano, come un susurro, un mormorio dal profondo. Da principio, gli parve inganno dei sensi; ma il suono si faceva più distinto; nè egli poteva intendere che fosse, poichè di voci umane non gli pareva certamente. In quel mezzo anche un po' d'aria manco soffocata era venuta a soffiargli sul viso. Certo ella spirava da fori aperti nello spessore dei muri. Intanto il suono cresceva, cresceva, sordo, fragoroso, flottante; indi, da sotto che egli l'udiva, incominciò a farglisi sentire di fianco, e poscia sul capo, a grado a grado men forte, mutato in brontolìo sommesso, fino a tanto si tacque del tutto, lasciando il giovine Ara nel sepolcrale silenzio di prima.

Egli argomentò che quel fragor d'acque scorrenti venisse dall'Eufrate vicino, e che, mettendo la scala sotto il gran fiume, la incognita meta del suo tenebroso viaggio non dovesse ormai esser lunge. Nè male erasi apposto nel suo giudizio. Diffatti, pochi istanti dopo, il pozzo delle scale finiva, ed egli, sempre attenendosi alla parete, conobbe di inoltrarsi sul piano, per un androne sterminato, in fondo al quale gli parve di scorgere un lieve barlume, simile a quello che precede, nelle fredde regioni, il sorgere di un nebbioso mattino.

Guidáto da quel tenue filo di luce, il giovine studiò il passo per afferrare la meta. Ma, giunto colà, si avvide che il suo viaggio non era anche finito. L'androne riusciva ad una svolta, d'onde un più vasto sotterraneo gli si parò improvvisamente dinanzi.

Il chiarore là dentro appariva men fioco, ma incerto sempre, confuso, torbido di vapori, che davano sembianza di un denso fumo. Per altro, nessun senso di oppressura al petto, o di irritamento alle palpebre, accennava a cotesto; senonchè, per mezzo a quella nube immobile e fissa, tornava malagevole discerner la via a pochi passi più oltre.

Il re d'Armenia, abbacinato, ristette sotto il grand'arco dell'ingresso, che era sorretto da smisurati piloni. Doveva egli commettersi là dentro? Doveva egli dar volta? Prima di appigliarsi ad un partito, volle averne l'intiero, e con voce sonora, con accento deliberato, gridò:

— Ho io fallita la strada? —

CAPITOLO IX.

La porta di bronzo.

La voce del re d'Armenia si ripercosso, più e più volte ripetuta sotto le invisibili arcate. Egli per alcuni istanti aspettò inutilmente una risposta. Alla perfino, una voce si udì, o, a dire più veramente, un'eco di voce lontana, che gli diceva:

— No; fàtti innanzi per mezzo ai vapori, se brami giungere a noi. —

Quella voce, sebbene aspettata, turbò profondamente il giovine, gli fe' batter forte il cuore e correre il sangue precipitoso alle tempie. Ma egli si riebbe tosto da quell'assalto di terrore istintivo, e con atto deliberato si cacciò dentro a quel vortice bianco. Ai primi passi che egli ebbe fatti là entro, maravigliò grandemente di non riceverne alcun senso spiacevole, od altrimenti molesto, Quel vapor bianco, anzichè fumo, potea dirsi una nebbia, un nembo di polvere diffusa nell'aria, e così fitta, che non gli concedeva di vedere la strada due passi più avanti. Ed egli vi navigava per entro, senza fatica, o disagio; la fendeva facilmente, siccome un raggio di sole si apre la via nel grembo d'una candida nuvola, che, librata sull'orizzonte, vorrebbe contendergli l'estremo saluto alla terra.

Dopo alcuni istanti di quel viaggio nel vaporoso strato, la nube bianchiccia ed opaca cominciò a diradarglisi intorno, ed egli a mano a mano potè scorgere una sequela di arcate e di smisurati piloni di pietra, in mezzo ai quali s'inoltrava, andando verso un punto luminoso, che ancora non poteva distinguer che fosse. E allora gli venne alla mente il valico segreto sotto l'Eufrate, opera di Semiramide, ne' suoi primi anni di regno, e per tutto il mondo celebrata audacissima tra le meraviglie di Babilu.

Per costruire questo valico sotterraneo, la regina aveva fatto deviare il corso dell'Eufrate, mandandolo a scaricarsi in uno sterminato serbatoio, già scavato a tal uopo, che era largo trecento stadii per ogni suo lato e trentacinque piedi profondo. Così, mentre il fiume veniva colmando il serbatoio e allagava da ultimo la pianura a mezzogiorno della città, si era posto mano alle fondamenta del sotterraneo, facendo girare su enormi piloni di granito gli archi delle vòlte, le quali erano di mattoni cotti, cementati d'asfalto. La vòlta aveva quattro cubiti di spessore; le pareti erano rafforzate da una profondità di venti mattoni, e il sotterraneo misurava dodici piedi d'altezza, quindici di larghezza. La fama, che tutto ingrandisce, aveva a far credere più tardi che all'opera meravigliosa fossero bastati sette giorni di assidue fatiche; e certo, ad esaltare degnamente l'impresa, non era bisogno di cosiffatte invenzioni. Comunque fosse dei giorni spesi in quell'opera, a mala pena essa era stata condòtta a termine e ricoperta da parecchi strati di bitume e d'argilla, il fiume tornava nell'alveo e la regina aveva il suo varco sotterraneo, che congiungeva celatamente i palazzi delle due rive, siccome il ponte congiungeva le due parti della città, alla luce del sole.

Ed egli stava per l'appunto in quel sotterraneo. L'immagine dell'amata regina era per tal guisa sempre davanti agli occhi dell'ospite. Mirabil donna, che, così giovane ancora e risplendente di tutte le grazie del suo sesso, aveva potuto metter l'animo in tutte le cure più svariate e più gravi, contender tutte le palme ai più forti, ai più illustri, ai più fortunati re della terra! Per lei cresciuto a dismisura il regno degli Accad; per lei Babilonia innalzata a tale di possanza e di fasto, che nessun'altra città doveva emulare mai più; per lei sorte a gara le opere stupende, la cui memoria aveva a durare quanto il mondo lontana.

I piloni di granito succedevano ai piloni, le arcate alle arcate, in tre ordini disposte pel lungo, siccome nelle tre navate d'un tempio. E gli smisurati piloni uscivano man mano dagli ultimi vapori, siccome escono a poco a poco più spiccate le larve notturne dal sogno, o le linee dei monti dal crepuscolo del mattino. Intanto, una luce peritosa si diffondeva dai lati, che egli, indi a poco, notò esser tramandata da piccole lucerne collocate entro le sporgenze dei cornicioni e dietro le capricciose spire dei capitelli. A quell'incerto chiarore si illuminavano sinistramente mille forme fantastiche, condotte a rilievo lunghesso i muri, uomini pesci, leoni alati e simiglianti a chimere, che assumeano vita e moto dintorno a lui, e ad ogni suo passo pareano fremere, agitarsi irrequiete, pronte a scagliarsi sull'audace turbatore dei loro eterni riposi.

Calmo e sereno, compreso di quella onesta baldanza che conferisce agli animi forti il pericolo, procedeva il re d'Armenia in mezzo a quelle ostili parvenze. Strani rumori si levavano a' suoi fianchi, gemiti, grida, sordi ululati, fischi di serpi e baturli di tuono; ma egli animoso a nulla badava e proseguiva sicuro la via. Così giunse in capo al sotterraneo, dove le pareti si ristringevano intorno ad una porta di bronzo, su cui erano impressi caratteri arcani. Era quella la meta; là dietro lo aspettava l'ignoto.

Pochi passi lo dividevano da quell'uscio misterioso, ed egli muoveva risoluto alla soglia allorquando un cupo rombo s'intese, che lo fece ristare ad un tratto.

— Sciagurato, dove t'inoltri? — tuonò una voce minacciosa alle sue spalle.

Ara si volse indietro, turbato; ma nulla vide, nè intese donde venisse la voce. Incrociò allora le braccia sul petto, e, sorridendo amaramente, esclamò:

— Non mi avete chiamato? son qua!

— E non temi di farti più oltre? — gli chiese un'altra voce da fianco.

— Temere? io? — gridò il giovine con piglio superbo. — Chiunque voi siate, sappiatelo; ignoro che sia la paura.

— Non fidar troppo nelle tue forze! — soggiunse la voce. — Esse non valgono contro le arcane potenze Sai tu forse ciò che ti aspetta?

— La morte? — ripigliò il re d'Armenia. — Fosse pur questo il mio fato, nol temo. —

E così dicendo, il pronipote d'Aìco volgeva intorno la fronte, quasi volesse sfidare i suoi interlocutori non visti.

— Ah! — rispose la voce con accento sarcastico. — Ben altro si può farti.... Ben altro.... Tal colpo si può ferire su te, che ti faccia docile e pauroso siccome un fanciullo. Sacri misteri ti circondano, non uomini pari tuoi, contro i quali basti snudare il ferro, di cui la tua mano ha già accarezzata l'impugnatura più volte. Tu sei nel grembo della terra, ricordalo, nel grembo della terra, in cui si celano le idee madri, le virtù arcane della natura.

— Sta bene, ed io le venero, queste arcane virtù; — rispose Ara tranquillo. — Sono avido di sapere, chiedo di leggere nel passato e nel futuro, se pure è in poter vostro di farmelo palese. Vengo a voi fiducioso; e che mi date voi, dopo avermi chiamato? Come rispondete voi alla mia fede, dopo aver turbato il sereno dell'anima mia, dissipati i dolci miei sogni, avvelenato il nappo delle mie contentezze? M'involgete nelle tenebre, mi niegate accoglienza, mi fate minaccia di tormenti inauditi.

— Uomo cieco! — disse a lui di rimando la voce. — Le tenebre dell'errore ti circondavano; le vane voci del mondo ti suonavano all'orecchio. Or ti avvicini alla luce del vero, alla quiete santissima del giusto. Se ti soccorre l'ardimento, batti dunque a quell'uscio. Ma bada; non si torna più indietro, se non educati alla scienza del bene e del male; e l'albero della scienza dà frutti amarissimi. —

Il re d'Armenia crollò alteramente le spalle e s'inoltrò verso l'uscio di bronzo. Aveva appena posato il piede sulla soglia, che questa diè un suono metallico, uno schianto rumoroso, a cui rispose un sobbalzo del giovine, un tremito di tutta la persona, siccome avviene ai più animosi e ai più calmi, per ogni inaspettato fragore, o traballìo, che accenni non esser più sicura sotto i lor piedi la terra.

— Ah! — suonò beffardamente la voce. — Già ti sgomenti, pronipote di Aìco? —

Ara non rispose parola. Tornato in sulla soglia, spinse l'uscio con urto poderoso che ne fe' andare i cedevoli battenti fin contro agli stipiti, e si cacciò dentro sollecito.

Ma appunto allora un orrendo frastuono si udì, come di cento dischi di rame l'un contro l'altro percossi, e con essi un rombo di tuono, una confusione di grida e di urli feroci. Intronato, strinse egli ambe le palme alle tempie per turarsi gli orecchi, che gli pareva dovessero andarne in frantumi. E così avesse chiuso gli occhi del pari! Un bagliore improvviso venne a ferirgli lo sguardo e gli si parò dinanzi come una fornace, anzi un lago di fuoco, per entro a cuˋ si agitavano confusamente mille figure strane, bocche sgaugherate, lunghe braccia e mani armate di unghioni minacciosi, mostri alati che arrotavano gli occhi uscenti fuori dell'orbite, guerrieri di smisurata statura, che brandivano spade roventi, e si raccoglievano sulle gambe tese, in atto di avventarsegli contro. Egli rimase un istante attonito, guatando l'orrida scena; indi, si dispose ad attendere i colpi della molteplice schiera.

Aspettava tranquillo la morte, ma la morte non venne; l'alito di fuoco sul volto, ma esso non giunse fino a lui. Per contro, quel torrente di luce ad un tratto si spense, cessò il frastuono, e fu d'improvviso un buio, un silenzio di tomba.

— Ah! — sclamò egli allora, sorridendo amaramente. — Vi prendevate voi giuoco di me? —

E allora la voce rispose:

— Son queste le false parvenze della vita, i pericoli che circondano l'uomo, nel suo viaggio sulla terra. Guai a chi si smarrisce d'animo, imperocchè egli è dannato a perire. Il savio non teme la morte; essa non è che la liberazione dalle catene dei sensi. Da valoroso hai superata la prova. Gli spiriti arcani non t'impediscono il cammino. Va innanzi. —

Ara obbedì al comando e si mosse.

Intanto al suo cospetto si diradavano le tenebre e un

mite chiarore si diffondeva all'intorno, rendendo le sembianze smarrite alle cose. Per altro, ciò ch'egli vide non era più il sotterraneo, bensì un vasto loggiato, sorretto e chiuso da alte colonne, per mezzo alle quali vedeasi il cielo sereno e l'onda tranquilla d'un lago, che spirava fino a lui un alito di soave frescura.

Non era quello per fermo un inganno dei sensi. Una copia di cigni correva speditamente sull'acque, incalzando alla riva uno stuolo di giovani donne, le quali si sollazzavano su quella superficie di liquido argento. Ed egli ammirato le vide emergere dall'onda, rasciugarsi le candide membra, e poscia, mal chiuse in sottilissimi veli, entrare sotto il loggiato. Colà, anch'esse si avvidero della presenza del forastiero, e timorose da prima, indi fatte dal suo stupore più audaci, si condussero con agili passi alla volta di lui.

Bellissime eran costoro e niente que' sottilissimi lini negavano di lor membra prestanti allo sguardo. Una tra esse, la più leggiadra di certo, splendida a vedersi per sovrumana eccellenza di forme, pe' sciolti crini, neri come bitume, che facean risaltare viemmeglio la perlata bianchezza delle carni, venne a rigirarsegli intorno con atti cortesi, e movenze, donde traspariva il desiderio di piacergli e di vincerlo. Si schermiva egli, e già avea ricusato di bere alla coppa che la vaghissima ignota gli profferiva, allorquando ella, avvicinatasi in atto supplichevole, mentre le compagne intrecciavano a tondo le danze, gli gittava le braccia attorno al collo, s'avvinghiava amorosa a lui e gli susurrava all'orecchio:

— Tu sei bello; io ti amo! —

Ara si divincolò tosto da quella stretta, sebbene in quel modo che più gli venne fatto cortese. I baci di Atossa gli tornavano in mente. Ora l'amplesso dell'ignota non era egli una profanazione dell'amor suo?

— Lasciami! — esclamò, nell'atto di allontanarsi da lei.

E si spiccò da quel luogo, rompendo con le sue mani la cerchia che le mute danzatrici gli avean fatta dintorno.

La lusinghiera lo saettò d'uno sguardo corrucciato.

— Ah! tu mi disprezzi? — diss'ella. — Bada, o re d'Armenia! Tu fuggi dalle mie braccia, per correre incontro alla morte.

— Che il mio destino si compia! — mormorò il giovine, ripigliando il cammino.

E intorno a lui svanirono man mano quelle femminili parvenze, infoscò la scena, fu notte da capo. Il re d'Armenia tornò a brancolar nelle tenebre.

— Ed ora? — chiese egli, fermandosi. — Che è egli, questo vostro raggirarmi tra vane lusinghe e più vane paure?. —

Un ghigno beffardo rispose all'inchiesta del giovine.

— Non ti dolere, o figlio di Aràmo! I dolci misteri di Militta Zarpanit non ti lusingarono forse? Non ti trattennero essi più del bisogno? Perdona a queste leggiadre abitatrici dell'Eufrate, se, memori dell'amorosa vigilia, ti credettero più arrendevole alle loro carezze. Invero, esse non aveano pensato che dalle braccia della gran maliarda l'amico di Sandi doveva ritrarsi sfinito. —

Al crudele motteggio Ara non ebbe virtù di rispondere. Tutto era noto colà, e il ricordo di Sandi veniva pensatamente a inchiodargli la lingua.

— Suvvia! — proseguì rabbonita la voce. — Ormai gli è tempo per te di avvicinarti alla luce. Fàtti innanzi e dammi sicuro la mano. —

A queste parole, e mentre egli si disponeva a muovere il passo, sentì una mano che afferrava la sua.

Era quella una mano poderosa, e la sua stretta diceva assai più l'odio d'un giurato nemico, che non la benevolenza d'un patrono, o la sollecitudine d'una guida. Ed egli, il prode Ara, non potè rattenere un senso di ribrezzo, un brivido di arcano terrore, che gli corse per l'ossa. V'hanno tocchi lievissimi, che avvertono di danni, imminenti o lontani, assai meglio dei più aperti presagi.

Il re d'Armenia procedette, così trascinato, una ventina di passi. L'urtare che fece il compagno contro una parete gli fe' intendere che erano giunti alla meta.

— Ci siamo, — disse infatti la voce: — ascendi la soglia.

Ara obbedì, dopo aver tastato del piede l'ostacolo. E allora tre colpi furono battuti dal compagno sopra un disco di rame.

— Apriti, porta della verità! — gridò questi con pienezza di accento.

— Chi ardisce accostarsi? — dimandò dall'altra parte una voce cupa, che parea venir di sotterra.

— Un profano; — rispose il primo interlocutore.

— E che vuole?

— La luce.

— Ha egli superate tutte le prove?

— Sì; ha varcata la tenebrosa via dell'errore; ha sfidato il pericolo della fiamma e della spada, morte del corpo, e quello dei sensi, morte dell'anima.

— E sa egli che cosa l'attende? Sa egli che la gran luce potrebbe acciecarlo e l'amara scienza mutarsi in veleno per lui?

— Lo sa ed è pronto a patire ogni cosa pel conquisto della luce e della scienza.

— Orbene, s'inoltri! Ben venga egli alla scienza, alla luce. —

E la porta, come per incanto, girò tacitamente sui cardini.

Entrarono in un vestibolo partito a grosse colonne di pietra, illuminato da lampade di nafta. Un guerriero vi stava a custodia, col volto coperto di un negro velo, e con una larga spada scintillante nel pugno.

— Deponi il tuo ferro! — diss'egli con piglio severo al giovine Ara. — A nulla potrebbe esso giovarti qua dentro. —

Ara si tolse dalla cintola il coltello dalla impugnatura gemmata, che avea preso con sè, innanzi di perigliarsi nella scala misteriosa. Frattanto, si volse a guardare il suo introduttore, di cui fino a quel punto egli non conoscea che la voce.

Era questi un uomo di alta statura, di membra robuste, ma la sua faccia non era dato vederla. Anch'egli portava un velo nero ravvolto intorno al capo, siccome il guerriero che vigilava l'ingresso.

Deluso nella sua onesta curiosità, il re d'Armenia si inoltrò dal vestibolo fino al limitare d'una gran sala, le cui pareti si vedevano impresse di simboli svariati e di segni arcani, che accennavano a scritture di popoli stranieri. Se egli avesse potuto por mente a tali cose, gli sarebbero apparse in que' simboli le deità antiche di Mesraim, poste colà a riscontro di quelle del Gange, e delle più vicine di Bakdi; nelle arcane leggende egli avrebbe poi ravvisati i caratteri sacerdotali dei tre popoli, a cui si riferivan quelle sacre figure.

Ma il giovine non si trattenne a guardar le pareti, i suoi occhi essendo corsi ad un palco che sorgeva nel fondo, dietro a cui, siccome a tribunale di giustizia, stavano seduti tre uomini, o, per dire più veramente ciò che gli apparvero, tre simulacri d'uomini immoti, vestiti di candide stole, cinte le tempia di bende dorate, le quali scintillavano per mezzo a' veli, ond' erano coperti i venerabili aspetti. Aveva uno di loro tra mani il fiore del loto, emblema della vita; l'altro una foglia di papiro, sacro ai dettami della sapienza; il terzo un ramoscello di amòmo, dell'ottima tra le piante.

Una negra cortina scendeva dall'alto, dietro alle loro spalle, celando l'adito sacro, il penetrale del tempio. Sui lati, e sotto il lume di parecchie lampade pendenti da bracciuoli di bronzo, il re d'Armenia vide altre figure, ma coperte di nero dal capo alle piante, siccome il suo introduttore, immobili, con le mani appoggiate sul pomo di lunghe spade, dalle cui larghe lame a due tagli balenava una luce sinistra.

Il giovine era rimasto tra ammirato e confuso, a guardare quei tre, che bene non sapeva discernere se uomini o spiriti, o muti simulacri di Dei. Ma poco stante, uno di loro si fece a trarlo di dubbio, rivolgendogli la parola in tal guisa:

— « Fátti innanzi, profano! Dalle vie dell'errore, tu giungi alla luce del vero. Alla nuova aurora tornerai tra i viventi, ma rigenerato, più savio e più forte di loro. Nulla di ciò che hai veduto ed udito, nulla di ciò che vedrai ed udrai, ha da uscirti dal labbro. Non giurare; ciò non t'è chiesto; ciò non è necessario. Quelle spade che vigilano il nostro tribunale, ti seguiranno invisibili ovunque. Oltre di che, il varco per cui se' giunto fino a noi, fu aperto dalle possanze arcane, e già non ne resta più traccia. Nessuno aggiusterebbe fede a' tuoi racconti; ognuno li avrebbe per sogni di mente inferma, frutto dei vapori perniciosi del liquor della palma. Gli uomini hanno occhi e non vedono, orecchi e non odono; soltanto a pochi eletti è dato di conoscere il vero, che si nasconde sotto l'aspetto ingannatore, o manchevole, delle cose create.

« Invero, l'uom savio ha due viste; quella infida dei sensi, e l'altra, più pura e più certa, dell'anima. Egli ha altresì due scienze: quella che insegna al volgo e quella che custodisce gelosamente per sè. La prima è involucro, la seconda è sostanza; quella adombra, questa disvela; nell'una è il simbolo, nell'altra la ignuda ragion delle cose. Tre diverse dottrine, ad esempio, ti stanno dinanzi: Memfi, Battro, Ayodìa. Il Nilo, l'Arasse ed il Gange, sono i tre fiumi per cui primamente è discesa la sacra verità. L'Eufrate, nelle sue torbide acque non travolge che errore; però sia maledetto, fino a tanto egli scorra ossequente ai superbi regnatori della stirpe di Nemrod.

« Costoro, violenti, oltracòtanti e feroci, radunarono sotto il loro scettro le genti sparse sulla pianura, non popolo vero, ma avanzi di un popolo, che la collera dell'Eterno aveva sepolto tra l'acque. Naufraghi campati a fatica, non videro che sè medesimi al mondo, e dissero: ecco, i forti siam noi! Tirannica mistura di favelle, di credenze e di costumi, pretendono di dettar leggi alle più antiche nazioni della terra del sole. Già le loro armi hanno invase le regioni sacre dell'Iran, dove regna il purissimo culto della parola di Dio. A mezzogiorno, di là dai vinti Nabatei, già volgono il cupido sguardo agli avventurosi figli di Mesraim, dov'è prosperità d'arti e scienze, dove l'ascosa verità si adora in effigie e templi degni di lei. Nè basta. Per mezzo ai popoli vinti, non domi, della stirpe di Iavan, ai Medi, ai Battriani, ai Sogdiani, s'inoltrano audaci ad insidiare i remoti confini dell'India. Dove non corre, in quali imprese non si periglia, lo sterminato orgoglio degli Accad? Non hanno essi, nel loro folle ardimento, tentato di giungere al cielo? Rispetteranno essi alcuna parte di terra, che faccia ostacolo ai mostruosi disegni della loro ambizione? E l'Armenia, alle cui balze ospitali si erano essi aggrappati nel grande naufragio, non tentarono forse di assoggettarla del pari? Il grande Aìco rintuzzò l'orgoglio dei superbi, ma essi non hanno già dimenticato lo sbaraglio del loro esercito, e fremono vendetta della uccisione di Belo. Fatti possenti su noi, si scaglieranno su te. Aquila delle montagne, vuoi tu collegarti con noi, per fiaccare questa minacciosa potenza, per distruggere il covo dei serpenti che tutti ne stringerebbero un giorno nelle molteplici spire? »

— Io sono, — rispose Ara, — l'alleato della regina.

— Il tributario della regina eri tu, ed oggi sei lo schiavo della donna. Sì, schiavo, ed imbelle; non ti sdegnare; qui tutto è noto. Chi ti ha chiamato quaggiù nulla ignora dei tuoi facili amori. Lui forse pretenderesti ingannare? —

Il giovine, che già, nell'impeto dell'ira, aveva dato un sobbalzo, chinò raumiliato la fronte. Un turbine di confusi pensieri lo assalse. Che era egli tutto ciò che udiva? E tra qual gente era egli disceso? Lo avevano chiamato alla luce del vero, nel regno delle ombre, in mezzo a spiriti arcani; ed ecco, si vedeva in balìa di uomini congiurati. Per altro, la chiamata di sotterra non eragli apparsa nel misterioso papiro come cosa sovranaturale? E se l'estinto amico doveva mostrarsi ai suoi occhi, non erano quei tre uomini velati gli arbitri del passato e del futuro, credibili e venerandi maestri di alto sapere alla sua mente in angustie?

Il dubbio del giovine non isfuggì per fermo allo sguardo acuto del suo interlocutore; il quale fu pronto a soggiungere:

— La verità dee risplenderti intiera. Per gli increduli, ella si cela dietro a questa negra cortina, che ci basterà sollevare. Pei credenti, ella si svolge dai penetrali del pensiero, raccolto saviamente in sè stesso. Tu sceglierai. Prepàrati ora al grande arcano, ascoltando la voce del vero, che si sprigiona dai veli discreti delle sante dottrine. Le storie dell'errore ti furono narrate poc'anzi, tra i fumi del regio convito; odi ora le nostre. Ma anzitutto, bevi alla coppa ospitale, purifica il tuo cuore coi tre sorsi della sacra bevanda. —

Uno dei muti servi del misterioso tribunale si mosse allora, e profferse al re di Armenia una coppa d'argento, in cui tremolava un liquore biancastro. Egli vi intinse tre volte le labbra, e il liquore gli seppe di dolce, misto con alcun che di aromatico e di frizzante al palato. Indi si assise su di uno scanno, ch gli era pòrto in quel mezzo, e stette in attesa, guardando i tre uomini velati.

Allora uno di essi, quegli che aveva tra mani il fiore del loto, cominciò in questa guisa a parlare.

CAPITOLO X.

La dottrina dei savi.

« Uno è il Dio vero, uno per tutti i popoli della terra; ma la sua semplice e profonda grandezza non risplende che allo intelletto dei savi, mentre il volgo lo intravvede a mala pena da lungi, siccome lampo tra nubi, e lo adora moltiplicato nelle sue manifestazioni terrestri, ascoso nel fitto involucro dei simboli, trasformato in mille guise e parvenze, come porta l'indole varia e il costume mutevole delle genti. Uno per tutti, egli è trino in sè stesso; alto mistero disvelato a pochissimi, contemplatori, custodi ed interpreti della sublime verità, che tu sei per grande ventura chiamato ad intendere.

« Odi colui che siede alla mia manca, il savio di Mesraim; egli ti dirà ciò che è scritto nel sacro papiro, chiuso agli sguardi profani. Prima di tutte le cose ora esistenti, era un Dio, immobile nella sua unità. Chi sei? gli domandò il savio, prostrandosi nella polve davanti a lui. E allora per mezzo alla gran notte scintillarono le tre sacre parole *Nuk pu Nuk* (Io son chi sono). Egli il solo generatore in cielo e sulla terra, nè egli è generato; egli il solo Dio, generator di sè stesso, che è fin dal principio, increato creator d'ogni cosa. Da lui, che ha tra gli uomini il nome di Knef, emana Fta, lo spirito onnipossente; da ambi procede Oro, o Frè, il demiurgo celeste.

« Odi colui che siede alla mia destra, il savio di Bakdi, nella terra di Javan; egli ti dirà ciò che è scritto nel libro della legge a lui dettato nella caverna del monte Elburz, dagli spiriti immortali. Da principio era Zervane Acherene, l'essere assorto nella propria eccellenza, il tempo senza misura, l'eterno senza estremità e senza radice. Con lui ed in lui esisteva Honnover, il verbo, procedente da lui, fonte ed esempio d'ogni perfezione, produttore degli esseri. Da lui è nato Ahuramazda, il principio del bene; da lui Ahrimane, il principio del male; ambedue in lotta continua tra loro, fino alla consumazione dei secoli.

« Seguimi ora con la mente, seguimi alle fortunate sedi degli Aria, alla sacra vetta del monte Merù, culla del vero, che illuminò l'universo. Dal grembo di Jarvam Akiaram, il tempo senza misura, esce Brama, il dio che esiste per sè medesimo. Egli è in ogni cosa, ed ogni cosa è in lui. Il Gange che scorre, il mare che rugge, il vento che freme, la nube che tuona, la folgore che splende, tutto è sostanza, forma, immagine sua. Il creato era nella sua mente fin dall'eternità; tutto ciò che esiste reca l'impronta della sua mano. Egli è la vita e il moto; egli Naraiana, lo spirito che va sulle acque; egli il creatore del mondo e degli spiriti inferiori, che attestano la sua gloria. In lui sono tre essenze e l'una procede dall'altra. Brama il creatore, Visnù il protettore, Siva il trasformatore d'ogni cosa.

« La luce, l'aria, le acque e la terra, sono opera di Brama. Egli dall'anima sua alitò la vita comune alle piante e ad ogni sorta d'animali: dall'anima sua la coscienza, l'intelletto e la parola nell'uomo. Fu questa l'ultima creazione del Dio; e l'uomo, per volere di Brama, fu da più di tutti gli animali della terra, inferiore soltanto agli spiriti celesti (1).

« Ora, siccome le piante e gli animali furono creati per modo che potessero riprodursi, così avvenne dell'uomo, che fosse creato in due corpi, maschio e femmina; al primo dei quali Iddio diede la maestà e la forza, al secondo la bellezza e la soavità. E al maschio impose il nome di Adìma, che significa il primo uomo: alla femmina il nome di Eva, cioè a dire compimento di vita.

« Andate, diss'egli poscia, amatevi e procreate esseri che siano a somiglianza vostra sulla terra, fino a' tempi più lontani da voi. Io, signore di ogni cosa che esiste, vi ho creati perchè m'adoriate tutta la vita, e tutti coloro che crederanno in me parteciperanno alla mia beatitudine, dopo la consumazione dei secoli. Insegnate ciò ai figli vostri, affinchè eglino si ricordino di me; imperocchè io sarò con esso loro, fino a tanto pronunzieranno il mio nome.

« E avendoli collocati in un'isola, di cui non è la più bella, nè la più ricca, sui mari, il sommo Iddio proseguì:

« Sia vostro ufficio di popolare questo lembo felice di terra, e di spargere il mio culto tra coloro che di voi nasceranno. Tutto l'altro del mondo è inabitabile ancora; ma se in progresso di tempo il novero dei figli vostri crescesse in tal guisa che l'isola non bastasse a

---

(1) Per questi cenni intorno alle prime teogonie indiane e pel racconto che segue, si leggano i Veda e la traduzione che lo Jacolliot ha fatto di un notevole passo del *Bagaved Gita*.

nutrirli, lasciate lor detto d'interrogarmi in mezzo ai sacrifizi, ed io farò loro conoscere la mia volontà.

« Ciò detto, disparve. E in quel punto Adìma si volse alla sua giovine compagna; la guardò, e il sangue gli riarse nelle vene, alla vista di così splendida bellezza. Ella stavasi ritta dinanzi a lui, sorridente nel suo virgineo candore, palpitante d'arcani desiderii. Il morbido volume dei neri capegli le ricadeva disciolto sui bianchi òmeri e intorno al colmo seno, che l'interno tumulto degli affetti incominciava a commuovere.

« Adìma le si avvicinò trepidante. Lontan lontano, il sole stava per inabissarsi nell'oceano e i calici dei fiori si alzavano desiosi per suggere le vespertine rugiade; migliaia d'uccelli variopinti cantavano tra i rami il loro inno all'amore; le lucciole fosforescenti cominciavano ad aliare per l'azzurro dell'etra e tutti i mille rumori dell'operosa natura salivano a Brama, che si rallegrava in cuor suo, dall'alto delle celesti dimore.

« Ed in quel punto, Adìma stese la mano a carezzare le morbide chiome fragranti della sua vezzosa compagna. Egli sentì come un tremito scorrere per le membra di lei, e quel tremito invase eziandio le sue vene. La strinse allora tra le sue braccia e impresse il primo bacio sul viso della donna diletta, sommessamente chiamandola per nome. Adìma! mormorò ella con soavissimo accento, e tremante, confusa, si abbandonò nelle braccia di lui.

« La notte era giunta: gli augelli tacevano nel bosco, e Iddio era lieto nel profondo del cuor suo, imperocchè l'amore era nato. Ciò egli voleva, il sapientissimo Iddio, dirittamente vedendo esser cosa brutale, indegna di puri spiriti, l'amplesso, la confusione di due vite, a cui non presiedesse l'amore.

« Così felici vissero a lungo i due primi mortali;

nè mai nube di tristezza era venuta a turbare il sereno di quella beata esistenza. Ma un giorno, una vaga inquietudine cominciò a serpeggiare nei candidi cuori. Invidioso della loro felicità senza pari e dell'opera perfetta di Brama, lo spirito del male bisbigliò al loro orecchio arcane parole, spirò in quell'anime desiderii ignoti. Andiamo a diporto per l'isola, disse Adìma, alla sua leggiadra compagna, e vediamo se non ci è dato trovare un luogo più dilettoso di questo.

« Eva seguì obbediente il marito, ed entrambi andarono oltre; viaggiarono per giorni e per mesi, soffermandosi al margine delle chiare sorgenti e al meriggio degli alberi giganteschi, che celavano ad essi la spera del sole. Ma più s'innoltravano, e più la donna si sentiva sopraffatta da un arcano sgomento. — Adìma, diceva ella al marito, non andiamo più innanzi, che per fermo noi facciam contro al comandamento di Dio. Non ci siamo noi già dipartiti dal luogo che egli ci aveva assegnato a dimora?

« Non temere, rispose Adìma alla donna diletta. Vedi? Non è già questa la terra inabitabile che egli ci disse. Avanti sempre, avanti; l'uomo non è nato per poltrire nell'angolo in cui egli ha veduto la luce.

« E andarono innanzi; ella obbediente ed amorosa, egli sempre più ansioso, tormentato dal desiderio di vedere e sapere. Così giunsero alla punta estrema dell'isola, donde poterono scorgere ai loro piedi un breve tratto di mare, e di là da questo una lista di terra, che parea dilungarsi all'infinito sui margini del lontano orizzonte. Uno stretto e malagevole passo, formato di scogli a fior d'acqua, collegava l'isola al continente ignoto.

« I due viandanti si fermarono ammirati. La terra che si stendeva dinanzi ai loro occhi, appariva vestita di alberi svariati e largamente frondosi; augelli dai mille colori correano cinguettando di frasca in frasca, o s'inseguivano a volo. — Splendida vista! — esclamò Adìma. E come hanno ad essere gustosi i frutti di quegli alberi! Vieni, o diletta; andiamo ad assaggiarne, e se quella terra è miglior della nostra, noi laggiù metteremo dimora.

« La donna tremante supplicò Adìma, che non volesse tentare più oltre la collera celeste. — Non viviamo noi bene in questa isola? Non abbiamo noi chiare, fresche e dolci acque per dissetarci, e frutti soavi, che nulla più, dopo i tuoi baci? Perchè cercheremmo noi altro?

« E sia; torneremo, disse Adìma a lei di rimando. Che facciam noi di male, a visitare questa terra ignota, che si profferisce ai nostri occhi?

« Così dicendo, s'innoltrò verso la scogliera. Eva lo seguì tutta tremante in cuor suo. Egli allora, sollevata la donna da terra, si recò il dolce peso sull'òmero e, mutando i saldi passi tra pietra e pietra, si fece a valicare, quanto più speditamente potè, quel tratto di umida via, che lo disgiungeva dall'argomento dei suoi desiderii.

« Avevano essi a mala pena raggiunto il lido vietato, che un terribile schianto si udì. Lido verdeggiante, alberi, fiori, famiglia di pennuti, ogni cosa che prima aveano veduta di là dal mare, in un baleno disparve. La scogliera per cui erano venuti si sprofondò nei gorghi frementi e solo alcune creste qua e là rimasero ritte fuor d'acqua, come indizi d'una via per sempre distrutta.

« La lieta verzura, che i due infelici aveano veduta colà, non era che una mostra ingannevole, suscitata dal principe degli spiriti malvagi, per tirarli alla disobbedienza. Adìma conobbe allora il suo fallo, e così perduto dell'animo, com'era stato baldanzoso da prima, cadde piangendo sull'inospite arena. Ma in quel punto Eva gli si accostò, pose le braccia intorno al suo collo e gli disse: — Non ti affliggere, amor mio; preghiamo in quella vece il Signore, che voglia condonarci il nostro peccato!

« E una voce si fece udir dalla nube, che parlò ad essi in tal guisa: — Donna, tu hai peccato soltanto per affetto all'uomo, che io ti ho comandato di amare, ed hai posta in me la tua fede. Io ti perdono, ed anche a lui, mercè tua. Ma udite; voi non riporrete più il piede in quel luogo di delizie, che io avevo creato per la vostra felicità. A cagione della disobbedienza vostra, ecco il malvagio ha invaso la terra. I figli vostri, condannati a patire e a romper le glebe in penitenza del vostro fallo, intristiranno nel corso dei secoli e dimenticheranno il mio nome. Non piangere, o donna; il dì della clemenza verrà. In quel giorno, Visnù prenderà umana veste nel grembo d'una figlia tua, recando a tutti la mia parola, e con essa la speranza di un premio futuro e il modo di alleviare i lor mali nella ardente preghiera.

« Raffidàti dalla voce di Brama, si alzarono i due piangenti da terra e ripigliarono la via dell'esilio. Ma, da quel giorno, furono costretti a duro travaglio, per ottenere il nutrimento dal suolo.

« E, giusta il comando di Dio, si venne popolando la terra. I figli di Adìma e di Eva si moltiplicarono ed intristirono per guisa, che più non poterono durarla in pace tra loro. Dimenticarono essi il nome e le promesse di Dio, ed egli si stancò finalmente del rumore di loro aspre contese. La sua folgore tuonava tra le nubi, salutare ammonimento ai perversi; ma gli uomini non conobbero la voce di Brama, e il re Dayta non si peritò di scagliare le sue maledizioni alla folgore, minacciandola, se non tacesse, di salire co' suoi guerrieri alla conquista del cielo.

« Allora il Dio deliberò d'infliggere alle sue creature un tremendo castigo, che fosse d'insegnamento ai superstiti e alla discendenza loro. E avendo rivolto lo sguardo sulla terra, per conoscere tra tutti l'uomo non indegno della celeste clemenza, vide il giusto Vaiwasvata e si rallegrò delle opere sue.

« Il virtuoso uomo, l'unico che ancora temesse ed onorasse il Signore, faceva le sue mattutine abluzioni nelle sacre acque della Viriny. E in quel mezzo, un pesciolino, dalle squame lucenti di vivi colori, venne a lui con le ultime spume del flutto.

« Salvami, disse il pesciolino a Vaiwasvata, imperocchè i più grossi di me, che vivono nel fiume, minacciano d'ingoiarmi.

« Impietosito, il sant'uomo lo colse, lo ripose nel vaso di rame, che gli serviva ad attinger acqua dal fiume, e lo portò sotto il suo povero tetto. Ma il pesciolino incominciò a crescere ad occhi veggenti, per modo che, non bastando un più capace vaso a contenerlo più oltre, Vaiwasvata fu costretto a recarlo in uno stagno vicino.

. « Uomo virtuoso e benefico, disse il pesce, che andava crescendo a dismisura, portami nel Gange.

« Come lo potrei io? chiese Vaiwasvata. Io non ho forza da tanto.

« Fanne la prova! rispose il natante. E Vaiwasvata, poi che l'ebbe preso tra le palme, lo sollevò agevolmente e lo portò nel gran fiume. Ora il mostruoso pesce, non pure era leggero come un fuscellino di paglia, ma spandeva intorno le più soavi fragranze. Donde il sant'uomo pensò che quello era messaggio di Dio, e stette in attesa di mirabili eventi.

Semiramide.

« Difatti, non andò molto che il pesce gli chiese di essere trasportato all'Oceano. E contentato nel suo desiderio, disse allora a Vaiwasvata: Odimi, o santo. Il mondo sta per esser sommerso nei flutti e i suoi abitatori moriranno. Affrettati a costruire una nave e chiuditi in essa coi tuoi. Togli teco i semi di tutte le piante e una coppia di tutte le specie d'animali, tranne di quelli che nascono dai vapori e dalla putredine, imperocchè il loro principio vitale non emana dalla grand'anima dell'universo; poscia attendi fiducioso le sorti.

« L'uomo giusto fece ogni cosa secondo i comandamenti ricevuti, ed egli e la sua famiglia furono campati dalla rovina delle acque, sulle estreme vette dell'Imalaya. Visnù vi ha salvi da morte, disse il pesce che era stato guida alla nave; per sua intercessione, Brama ha fatto grazia all'umanità; andate ora a compiere i voleri di Dio e ripopolate la terra.

« Così fu, come avea disposto l'Eterno che fosse. E cent'anni dopo la rovina delle acque, visse il savio Adgigarta, nipote di Vaiwasvata, uomo pio e temente il Signore.

« Egli abitava nella contrada di Ganga, e quantunque volte sorgesse l'aurora, o cadessero i crepuscoli della sera, Adgigarta si riduceva in luogo appartato, nel profondo delle selve, o sulle rive dei sacri fiumi, per offerirvi olocausti al Signore. Colà, prostrato dinanzi all'ara, dopo aver pronunziato sommessamente il mistico Aum, che è l'invocazione all'Altissimo, egli scioglieva l'inno della Savitri.

« — Signore dei mondi e delle creature, accogli l'u-
« mil preghiera del tuo servo, distogliti un tratto dalla
« contemplazione di tua eterna possanza. Un solo dei
« tuoi sguardi purificherà l'anima mia.

« — Vieni a me, così che io oda la tua voce nello

« stormir delle foglie, nel mormorio delle correnti, nel
« crepito della fiamma consacrata.

« — L'anima mia ha mestieri di respirare il puris-
« simo alito che emana dalla tua grand'anima. Ascolta
« la mia invocazione, Signore dei mondi e delle crea-
« ture.

« — La tua parola sarà più dolce al mio spirito as-
« setato, che non le lagrime della notte sulle arene del
« deserto, più soave che non la voce della madre al
« bambino.

« — Vieni a me, tu, la cui mercè fiorisce la terra e
« maturan le biade; per cui si svolgono i germi e
« scintillano i cieli; per cui le madri pongono alla luce
« i dolci nati e i savi conoscono le virtù.

« — L'anima mia ha sete di conoscerti e di liberarsi
« dalla sua spoglia mortale, per godere la beatitudine
« celeste, per essere rapita nella tua luce. —

« Indi, rivoltosi al sole, che sorgeva glorioso sulla
via del firmamento, così cantava il savio Adgigarta:

« — O radiante e splendido sole, accogli quest'inno
« che io sciolgo alla tua virtù senza pari.

« — Accogli, te ne prego, la mia invocazione; scen-
« dano i tuoi raggi a visitare il mio spirito desioso,
« come un garzone innamorato che vola ai primi baci
« della donna diletta.

« — O sole, o tu che illumini la terra, e la cui luce
« feconda ogni cosa, proteggimi.

« — Meditiamo il tuo mirabile splendore, o purissi-
« mo sole; rischiari esso e volga alla sua meta il no-
« stro intelletto.

« — I sacerdoti, con olocausti e cantici, t'onorano, o
« purissimo sole, imperocchè la mente loro scorge in
« te la più bella fra le opere di Dio.

« — Avido di nutrimento celeste, io imploro con

« umili preghiere i tuoi doni preziosi, o sublime e ful-
« gido sole! —

« Così pregava Adgigarta, uomo pio e caro al Signore. E Pavàca, il suo sapiente maestro, gli disse un giorno, nell'atto di dargli in presente una giovenca senza macchia e inghirlandata di fiori: — Ecco il dono che Brama ci raccomanda di fare a coloro i quali hanno posto fine allo studio del Veda. Tu non hai più mestieri de' miei insegnamenti, o Adgigarta; pensa ora ad ottenere un figlio, il quale possa compiere sulla tua sepoltura le cerimonie, che ti schiuderanno la dimora dei cieli.

« Padre mio, rispose Adgigarta, e come lo potrei io, il quale non conosco donna veruna? Il mio cuore ha sete di affetto, ma non sa a cui rivolgere la sua prece.

« Io ti ho data la vita dell'intelletto, disse a lui di rimando il maestro; ecco, io ti darò quella eziandio della felicità e dello amore. Mia figlia Parvàdi risplende fra tutte le vergini per saviezza e beltà· Dal dì che nacque, io te l'ho destinata in moglie; i suoi sguardi non si sono ancora soffermati sopra alcun uomo, e nessuno ha veduto mai il suo volto leggiadro.

« Giubilò nel suo cuore Adgigarta, ed impalmò la bella Parvàdi. Scorsero gli anni senza che nulla venisse a turbare la loro felicità. I loro armenti erano i più vistosi della contrada: le loro messi benedette da Dio. Solo una cosa mancava ai loro voti; Parvàdi era sterile. Invano ella era andata in pellegrinaggio all'onda sacra del Gange, invano aveva ella pregato; e l'ottavo anno di sua sterilità si appressava, dopo cui, giusta la legge, dovea ripudiarla come disutil compagna il marito.

« Triste nel profondo dell'anima, Adgigarta tolse un giorno il più bello fra i capretti dell'armento, e andò in luogo appartato, a farne olocausto al Signore. — Mio Dio, disse egli, non voler separare ciò che tu stesso hai unito.... E null'altro potè aggiungere, poichè i singhiozzi soffocavano le parole.

« Ma ecco, in quella ch'egli si rimaneva colla faccia a terra, gemendo ed invocando il Signore, una voce si udì dalla nube: — Torna alle tue case, Adgigarta; imperocchè Dio ha ascoltato la tua preghiera ed ha compassione di te.

« Ora, tornando il savio alla sua dimora, vide farglisi incontro Parvàdi, tutta sorridente e lieta, come da lunga pezza non gli era più occorso vederla. E chiestole il perchè di quel suo mutamento, n'ebbe da lei in risposta: — Un uomo, affranto dalla stanchezza è venuto pur dianzi a posarsi sotto al nostro pergolato. Io gli ho profferto l'acqua limpida, il riso ed il latte che si offre ai viandanti. Ed egli mi ha detto partendo: Il tuo cuore è triste e i tuoi occhi sono rossi dalle lagrime; ma statti di buon animo, imperocchè di te nascerà un figlio, al quale tu imporrai il nome di Viashàgana, ossia nato dalla elemosina; ed egli ti serberà l'amore di tuo marito e sarà l'onore del vostro legnaggio.

« A sua volta Adgigarta raccontò alla moglie ciò che gli era occorso nell'ora del sacrificio, ed ambedue si consolarono pensando che le loro angosce stavano per finire e che l'un d'essi non sarebbe stato disgiunto dall'altro.

« Nacque il figlio aspettato, e fu il solo del suo sesso, quantunque Parvàdi allegrasse ancora di numerosa prole la casa benedetta. E come il fanciullo ebbe raggiunto il dodicesimo anno, Adgigarta volle condurlo sulla montagna con sè, per render grazie al Signore e sacrificargli un capretto, il più bello che fosse nell'armento.

« Ed ecco, mentre valicavano un folto bosco, si abbatterono in una tenera colomba, caduta dal nido, che stava per esser la preda di un serpe. Viashàgana si gettò allora sul rettile, lo uccise d'un colpo col suo vincastro e ripose la colombella nel nido. La madre, che aliava tutt'intorno riempiendo l'aria di strida, ringraziò con verso mutato il pietoso fanciullo. Ed Adgigarta giubilò nel profondo del cuore, vedendo come il figlio suo fosse prode e buono dell'animo.

« Poi che furono sulla vetta del monte, si dettero ambidue a raccattare la stipa e i sarmenti per l'ara del sacrificio. E in quel mezzo, il capretto, che avevano condotto per l'olocausto, ruppe il suo vincolo e si appiattò tra i cespugli, cosicchè non fu più dato rinvenirlo. E allora Adgigarta disse al figliuolo: — Ecco la stipa pel sacrificio, ma oramai ci manca la vittima. Vanne tu al nido della colomba che hai salvata poc'anzi e portala a me, perchè io l'offra al Signore, in luogo del capretto fuggito.

« Viashàgana era già per obbedire al cenno del padre, allorquando la voce sdegnata di Brama si udì. — Perchè comandi tu ciò al figlio tuo? Avreste campato la colomba dalle fauci del serpente, solo per imitar questo nella sua malvagità? Colui che distrugge in tal modo i suoi benefizi, non è degno di me. Tu hai peccato, Adgigarda; in penitenza del fallo, immolerai il figlio tuo su quest'ara!

« Il che udendo Adgigarta, si contristò grandemente. E caduto a terra, nell'impeto del dolore, gridò: Parvàdi! o diletta mia! Che dirai tu, quando io tornerò solo alla soglia domestica? che potrò io risponderti, quando tu mi chiederai del nostro amato figliuolo?

« E in tal guisa si dolse fino a sera, non potendo risolversi a compiere il funesto sacrifizio, nè osando disobbedire all'Eterno; mentre Viashàgana, d'animo saldo oltre l'età, veniva pregando il padre che volesse immolarlo, giusta il comando divino. A ciò finalmente si dispose Adgigarta; con mano tremebonda legò il fanciullo all'altare, e già, brandito il coltello di pietra, stava per ferirlo alla gola, allorquando Visnù, sotto la forma di una colomba, venne a posarsi sul capo innocente. — O Adgigarda, diss'egli, rompi i legami della vittima e disperdi la stipa raunata. Iddio è contento della tua obbedienza, e tuo figlio, per la fortezza dell'animo, ha trovato grazia appo lui. Viva egli lunghi anni, e felici, imperocchè dalla sua discendenza nascerà l'aspettata Devanaguy, nel cui seno io ripiglierò forma mortale, per la salvezza degli uomini. »

CAPITOLO XI.

Il fantasma.

Altro aggiunse, narrando, il savio che aveva tra mani il simbolico fiore del loto. Parlò della incarnazione di Visnù, che gia era l'ottava, dopo la creazione del mondo. Egli era venuto (diceva), egli era venuto, il divino Paramatma, ossia l'anima dell'universo, nella prima ora del Cali yuga, che era la quarta età del mondo; egli era venuto, più dolce del miele e dell'amrita celeste, più puro dell'agnello senza macchia e del labbro d'una vergine; egli era uscito dal grembo della Devanaguy, ed aveva riconciliato Brama con la sua creatura. Un fremito sovranaturale aveva invaso l'aere ed il suolo; voci misteriose avevano dato l'annunzio ai santi eremiti nei boschi; i Gandarvi avevano fatto suonar l'etra di loro celestiali armonie; le acque del mare avevano esultato dai gorghi profondi; i venti si erano infusi di elette fragranze; al primo vagito di Crisna la natura aveva riconosciuto il suo alto signore.

Così aveva proseguito il savio dal fiore di loto, e i due venerandi compagni avevano chiarito quanto ci fosse nelle sue parole di conforme alle loro istesse dottrine. Avevano inoltre notato come quo' santi veri fossero antichi di antichità sterminata, e come quell'ultima teogonia risalisse a mille e più anni addietro, fin oltre la medesima età che assegnavano alla lor torre delle lingue i sacerdoti degli Accad. Invero, quei superbi figli di Cus, venuti per mezzo alle arene del deserto sulla terra di Sennaar, poveri di storia, o dimentichi del loro passato, non avean fatto altro che accogliere le sparse leggende e i primi racconti degli Aria, confusi insieme con le oscure memorie dei nomadi figliuoli di Sem, per guastarne il senso arcano e far dell'impuro miscuglio un fondamento alla loro mostruosa idolatria. Ben più antica soggiungevano i tre savi velati essere la stirpe umana, che non la facessero i Casdim; la luce del vero esser dono d'Oriente, siccome la stessa luce del sole.

Dicevano; ma il giovine Ara, o non udiva già più i loro profondi ragionari, o molto confusamente li udiva, e senza coglierne il senso. In quella guisa che per vapori esalati sul far della sera dalla superficie d'un lago, s'ingombra di fitta caligine la silenziosa convalle, così a grado a grado, lentamente, erasi offuscato l'intelletto del giovine. Ammirato da prima, colto al fascino di quella grave parola, aveva seguito con avida cura il discorso del savio, siccome avrebbe ascoltato, là nella sua reggia d'Armavir, la canzone d'un poeta, o il racconto d'un ospite pellegrino, o un passo delle prime istorie di una stirpe, dal labbro d'uno scriba ossequente. Ma a poco a poco un'insolita stanchezza, un torpore, quasi un senso grave d'ebbrietà, gli eran venuti serpeggiando nelle fibre, gli avevano intorbidita la mente e prostrate le forze. Di tratto in tratto tentava riscnotersi; qua e là afferrava una frase, un concetto, ma senza potere altrimenti seguire nel suo corso il ragiomento dei tre venerandi. E quelle frasi, quei concetti slegati erano come faville, che guizzano e si disperdono nel buio; passavano davanti agli occhi della sua mente e fuggivano.

Si avvidero i tre dello stato in cui era il re d'Armenia, e ad un lor cenno si fece innanzi il coppiere, profferendogli la tazza ospitale, colma d'un liquore verdognolo. Bevve egli avidamente a ripetuti sorsi e si sentì come rinascere. La bevanda avea grato sapore; dava senso di frescura alle fauci riarse, e, destandogli le forze languenti, gli snebbiava altresì l'intelletto. Così almeno a lui parve.

— Bevi: — gli diceva frattanto uno dei tre; — tu hai d'uopo di rinfrancarti le membra e lo spirito. Le prove ti riuscirono faticose e la parola del vero ti è tornata molesta...

— Non già! — si affrettò il re d'Armenia a rispondere. — Cara mi è giunta, come mi fu sempre caro di udire gl'insegnamenti dei savii. Le vostre parole, o venerandi, neppur mi vengono nuove del tutto; esse mi ricordano, sebbene alla lontana, cose già udite nella mia adolescenza, dal labbro di santissimi uomini, tra' miei monti natali.

— Il vero, — rispose quell'altro, — è come il sole; esso spande un raggio della sua luce dovunque. Del resto sono a noi congiunti di sangue gli Armeni, non già derivati dalle genti della pianura, come favoleggiano i Casdim. Questi vanagloriosi credono di aver essi popolata la terra, essi, gli ultimi venuti nel Sennaar, su questa foce del gran fiume ariano, che inonderà, fecondandolo, il mondo. Vogliono esser diga; saranno soverchiati e dispersi. Come Dio è uno e trino, così una e trina è la verità. Iran, Javan, Mesraim, il Gange, l'Arasse ed il Nilo, si collegano per abbattere la mostruosa possanza dei figli di Nemrod. La tua schiatta, o re, procede dal nobile ceppo degli Aria. Il forte Aìco avrebbe egli dovuto pugnare contro l'esercito di Nemrod, se gli eroi dei due campi fossero stati del medesimo sangue? Disgiunti di famiglia e nemici allora, durano nemici pur sempre, e, quel che è peggio, non sono più pari, come allora, le forze. Troppo è divenuto possente il popolo di Kiprat Arbat e nella insperata felicità di sue sorti vagheggia ambizioso la padronanza del mondo. Ogni terra, felice di popolo, di naturali dovizie e di utili industrie; Tiro e Sidone, coi loro drappi di bisso, tinti nei vaghi colori della porpora; le isole del mar d'occidente, coi loro candidi marmi e col più meraviglioso candore delle bellissime schiave; Mesraim, co' suoi nobili aromi e coi finissimi lini; Ofir, con l'oro e col cedro; Bakdi, coi poderosi cammelli e colle gemme preziose; l'India lontana, con le sue molli lane variopinte e co' tenui veli intessuti d'argento; l'Armenia, co' suoi corsieri veloci come il soffio della tempesta: ecco le invidie, i desiderii, le cupidigie di questi ladroni. Nuotano essi nelle delizie, si sprofondano nelle voluttà, imperocchè li affida il genio guerresco di Semiramide, che rassodi le prime conquiste e ne faccia di nuove all'intorno, vuoi con aperte guerre, vuoi con infinite alleanze ed amicizie.... le quali pagan tributo.... —

Ara sentì il colpo e chinò gli occhi a terra, senza risponder parola. Frattanto quell'altro proseguiva, incalzando.

— Ah, facil maestra d'inganni è costei! La sua bellezza, che, la mercè di arcani filtri, resiste alle ingiurie del tempo e sfida gli struggimenti delle protratte vigilie, è pari all'albero della morte, al cui meriggio posando, l'incauto pellegrino s'addormenta in eterno. Te pure, o generoso, ella ha colto ne' suoi lacci, come altri prima di te. Ma costoro negl'incantesimi suoi perdettero solamente la vita: tu perderesti la vita in pari tempo e l'onore della tua fortissima schiatta. —

Udì le dure parole il re d'Armenia, e non ne prese sdegno, siccome qualche ora innanzi egli avrebbe pur fatto. Ma il dubbio, atroce dubbio, gli lacerava il cuore; ma la fede in quei tre uomini velati gli era cresciuta nell'anima. Infine non dovevano costoro, potenti sugli spiriti invisibili, dargli le chiare, le certe, le incontrastabili prove di tutto ciò che asserivano? Queste prove attendeva, a queste mirava, di null'altro gli importava in quel punto. E il capo gli ardeva; il sangue ribolliva nelle vene, gli martellava concitato alle tempie.

— Lasciamo di me! — gridò egli, che temeva, desiderava, e ad ogni modo, per quelle dirette allusioni del suo interlocutore, sentiva vicina la catastrofe. — Di lei, dell'amor suo, della fine di Sandi, io vi chiedo; non per altro son io disceso quaggiù. Perdonate, o venerandi, alla mia impazienza, alla mia soverchia cura di cose terrene; ora io non sono già più signore di me. Mi avete soffiato il dubbio nell'anima; mostratemi il vero; esso sarà sempre meno acerbo del dubbio. M'ingannò quella donna? E sia; svanirà il mio sogno, cadrà la mia corona nel sangue, morrà con me la stirpe d'Aìco.... Ma che io n'abbia le prove! Che il vero, l'amarissimo vero, mi si mostri in tutta la sua dolorosa pienezza!

— Tu lo vuoi, e sia! — disse il savio dal fiore di loto. — Virtù dormenti della natura, idee madri di ciò che è, incancellabili parvenze di ciò che fu, ripigliate forma visibile davanti agli occhi del re. Gli sia mostrato da voi quanto egli ebbe di più caro sulla terra, e così vivamente, che i sensi di lui, offuscati finora dal dubbio, non ricusino più oltre la testimonianza del vero. Schiuditi, adunque, misteriosa cortina, che ci nascondi il passato! —

Una mano invisibile fe' scorrere, a quel comando, gli anelli della negra cortina, che partita in due si ritrasse sui lati, lasciando scoperto un largo spazio nel mezzo. Nulla vide il re d'Armenia là dentro; nulla più vide intorno a sè, il lume delle lampade essendosi spento ad un tratto.

— Noi ti lasciamo; — disse la voce del savio, allontanandosi da lui. — Volgi in quel nero spazio tutta la possanza del tuo desiderio; aguzza lo sguardo e prega Iddio che t'illumini. —

Il giovine Ara si sentì solo un'altra volta. Tese l'occhio obbediente, rimase a lungo aspettando, e finalmente gli parve che il buio si rischiarasse di mano in mano. Era dinanzi a lui come una superficie piana, levigata, ma trasparente in pari tempo e profonda, entro la quale si veniva disegnando lentamente alcun che d'incerto e di mutevole, incognito, indistinto di ombre e di barlumi, di forme e di colori nascenti. Che voleva dir ciò? E come chiarire a sè stesso l'arcano di quel doppio aspetto del piano e del profondo, del diritto e del concavo? Avea trasparenza d'acqua tranquilla, ciò che egli vedeva; ma come potea l'acqua rimanersi in tal modo sospesa nell'aria, a somiglianza di velo? No, acqua non era quella per fermo; imperocchè come avrebbero potuto prodursi nel suo grembo opaco quelle forme svariate, e crescere, illuminarsi, assumer contorni e colori? Ecco, di fatti; alla sua destra si protendeva una massa scura, si allungava il ciglione, si partiva in creste e sporgenze, indorate dal sole. Più indietro erano colline digradanti, quali tinte d'azzurro, perchè più lontane, quali di violetto e di verde, seminate di punti bianchi e lucidi che si facevano più frequenti nel basso verso la sponda d'un lago, la cui superficie si vedeva increspata dalle lievi brezze del nascente mattino.

— Peznuni! — gridò il giovine, compreso di maraviglia.

E tutto intento, ansioso, palpitante per memore affetto, si stette egli rimirando quella magica scena, che prendeva sembianza di vero davanti al cupido sguardo, e cercando con assidua cura e ritrovando di mano in mano i cari luoghi, le balze sporgenti, le insenature, i margini del lago, gli edifizii, e via via tutte le cose più riposte, di cui gli tornavano in mente le immagini. Di pari passo con le sue ricordanze, quasi rispondendo ai suoi desiderii, usciano lucide forme dalla vaporosa penombra, e il quadro si faceva sempre più vivo. Sì, erano quelli i suoi monti; quella era la rocca di Van; quel colmo di case che biancheggiava là in fondo, era Armavir, la sua diletta Armavir; quegli alberi verdeggianti eran pure i sacri platani di Peznuni; quella candida striscia serpeggiante lunghesso la sponda del lago, era il fiorito sentiero che egli adolescente avea corso e ricorso le tante volte in compagnia dell'amico.

E appunto allora, su quel noto sentiero, vide egli affacciarsi da un ammasso di lieta verdura due giovinetti, che procedevano ilari e baldi, l'uno a fianco dell'altro. Vestivano entrambi ad un modo e d'uno stesso colore; donde si sarebbe argomentato che fossero fratelli. Senonchè, l'un d'essi, alquanto più rilevato della persona e biondo di capelli, alla dimestichezza con cui s'appoggiava sull'òmero del compagno, appariva essere di più alto grado, e l'altro, notevole per le chiome corvine, inanellate e lucenti, mostrava agli atti non essere dall'amicizia disgiunto l'ossequio. Del resto, lieti ambidue di vivere insieme e tutti assorti nelle tenerezze di un fraterno colloquio.

Poco stante si fermarono, ed Ara rimase estatico a contemplarli. Vide allora l'un di essi recarsi tra mani un cavo strumento di legno, che portava ad armacollo, e dalle corde, tese sovr'esso, trar suoni con le agili dita. Era egli inganno dei sensi, o verità? I suoni della cetra giunsero distintamente all'orecchio di Ara.

— Sandi! oh, Sandi! — gridò egli commosso.

E gli parve allora di non essere più al suo luogo, spettatore lontano di quella scena del suo dolce passato. Si sentì, in quella vece, si vide vicino all'amico, e immedesimato con quel biondo adolescente che sedeva sulle molli erbe del prato, al fianco di Sandi, in atto di pendere dal suo labbro e dal fremito delle corde canore.

— Prosegui! — diceva egli con amorosa sollecitudine al compagno. — Grato m'è il suono della cetra e più grato il suono della tua voce. —

Ma Sandi aveva cessato; il suo strumento giaceva a terra colle corde spezzate.

— No; — rispose egli all'amico. — La mia cetra non ha più suoni; nè più ha canzoni il mio labbro. Non vedi? Son morto. —

E allora il re d'Armenia si fece a contemplarlo, e un senso di raccapriccio gli corse per l'ossa. Sandi, il suo Sandi, non era più il baldo, sorridente e roseo garzone, ch'egli aveva conosciuto ed amato. La faccia aveva livida e gonfia; le membra, siccome apparivano dalle lacere e lorde vesti, ammaccate e sanguinolenti. Nelle peste occhiaie si sprofondavano le pupille smorte sotto le palpebre semichiuse; i capegli, già sì neri e lucenti, si vedevano rappresi alle tempie, stillavano acqua limacciosa lunghesso il tumido collo. Era il cadavere di un annegato, e, orribile a vedersi, più orribile ad udirsi, il cadavere parlante!

— O Sandi! — gridò il re d'Armenia atterrito; — Sandi, mio dolce amico, che è ciò?

— Ella mi ha ucciso; — rispose Sandi, con voce cavernosa.

— Ella? chi?

— Atossa, la tua leggiadra ed amatissima Atossa.

— Atossa! — balbettò Ara tremante. — Io non t'intendo....

— Sì, — soggiunse il fantasma, — non è egli forse questo il nome che la perfida donna assume, a nascondere i suoi amori feroci? Vana cura del resto! Ella è ben nota in tutte le opere sue, l'impudica. Ognuno la conosce in Babilonia, e la fugge. Si teme la regina e si disprezza la donna. Però, non amore, ma ripugnanza per lei, per la notturna cacciatrice degl'incauti stranieri!

— Ah! dici tu il vero? — gridò Ara ferito nel profondo dell'anima, e in quella parte più gelosa, che l'uomo vorrebbe ascondere, non pure altrui, ma a sè stesso.

— Può il labbro d'un estinto mentire? — gli chiese Sandi, con accento severo. — E, vivo ancora, hai tu mai potuto notarlo di menzogna, l'amico della tua fanciullezza? —

E così dicendo, il fantasma si veniva facendo più pallido nell'aspetto, più incerto ne' contorni, a guisa di visione che si dilegui, o di sogno che abbandoni il capezzale d'un dormente.

— Ah no, Sandi, fermati, non mi lasciare così! — proruppe Ara, tendendo le palme verso le amiche sembianze. — Io non dubito già delle tue parole; dubito di me, della vita, di tutto, poichè la mia fede in quella donna s'è scossa.

— Tanto ti aveva ella ammaliato! — sclamò Sandi, tornando a lui e guardandolo con aria di profonda mestizia. — E forse domani ancora...

— Ah no, non temere! Io non vedrò più quella donna; lo giuro pei sacri platani di Peznuni; pel sangue di Aìco, lo giuro. Uccider te, mio Sandi! Te, il più caro, il più nobile, il più affettuoso degli uomini! E potrei io più avvicinarmi a costei, senza sdegno, accogliere i suoi baci senza ribrezzo? Ma dimmi, — proseguì Ara, con accento peritoso; — condona a chi amò, e credette di esser riamato, la molesta dimanda. Come ti avvenne di conoscere costei? Come fu ella cagione della tua morte? La fama che corse del triste caso in Armenia, non era dunque mendace?

— Assai meno del vero recò intorno la fama; — rispose Sandi all'amico. — Ascoltami, o re, e vedi in chi avevi tu posto il cuor tuo. Tu lo sai, dolce amico, che io non vedrò più sulla terra; egli fu nello scorso anno, e nel primo giorno del mese di Bagayadisc (i Babilonesi lo chiamano Ziggar) che noi ci diemmo l'addio della partenza. Te chiamava debito di figlio e di principe, al fianco del fortissimo Aràmo, sui confini del settentrione, per castigare coll'armi gli irrequieti scorridori Turani. Me vaghezza di cose nuove, amore di gloria, follìa, trassero in quella vece alla pianura di Sennaar. Oh, avess'io seguito il tuo affettuoso consiglio, che mi chiamava ai campi di Masciag, per celebrare cogl'inni alati la virtù dei combattenti, i corsi pericoli, le vittorie, i trionfi! Ma il Dio delle sorti m'aveva posto le mani poderose entro i capegli, mi voleva, mi trascinava quaggiù. E venni, acceso il cuore di liete speranze, l'anima riboccante di auree canzoni; venni, e nel bosco sacro a Militta...

— Ah, com'io, Sandi, com'io!..

— Sì, pur troppo; egli è in tal guisa che il giovine straniero si perde, che l'aquila della montagna si lascia cogliere al laccio. Così la vidi, udii il suono delle sue dolci parole, m'inebbriai nella voluttà dei suoi baci. E non sapevo credere a me stesso; la mia felicità mi pareva un sogno, da cui dovessi col mattino svegliarmi. Imperocchè, come poteva egli accadere che un ignoto straniero, un oscuro artefice di canzoni, giunto nel medesimo giorno alle mura di Babilu, s'incontrasse in un tale miracolo di bellezza, e questo miracolo non gli fosse conteso da mille rivali? Tutti que' baldi garzoni, fiorenti di gioventù e di leggiadria, che s'accalcavano nel sacro recinto, in traccia di liete venture, erano essi usciti di senno? Ma forse ella non si cura di loro, pensai; destinata all'amor mio dal provvido volere di Militta, costei ha negletti gli omaggi di così vani amatori. Diffatti amano essi veramente, i figli di Babilu? Amano essi, come noi amiamo, una volta sola nella vita, e per sempre? Così pensavo, nè le sue parole suonarono disformi dal giudizio ch'io facevo di lei. Cercava affetto, ma invano, gagliardo e sincero come il suo. Ognuno in lei vedeva e desiderava la regina; nessuno aveva amata la donna. Ed era sola, si sentiva sola nel suo vasto impero, come un'isola deserta sul mare!... —

Il re d'Armenia mandò fuori dal petto un sordo grido che parve ruggito di belva, a cui il giavellotto del càcciatore siasi conficcato nel fianco. Invero, quelle erano parole di Semiramide; l'ingannatrice aveva così parlato anche a lui!

— Prosegui! — disse egli impaziente. — Prosegui!

— Io l'amai, — ripigliò con accento disperato il fantasma, — l'amai con tutto l'impeto del cuor mio giovanile. Amante della donna, non venni meno all'ossequio dovuto alla regina. No; io te lo giuro per l'antica amicizia; la vanità, l'ambizione non fecero velo ai miei occhi. In lei non vidi, non conobbi che Atossa. Fu ella che non si tenne paga di ciò, che mi volle ospite suo nella reggia. La donna che ama (fino a tanto questo incendio le duri nel sangue) non sa, non può, non vuole celar l'amore suo alle genti; ella se ne adorna, come di un prezioso monile, al cospetto del mondo; ognuno ha da scorgerlo, da invidiarlo eziandio; che monta, se domani, infastidita, ella getterà lungi da sè quell'ornamento di un giorno? Così apparve nella reggia il tuo Sandi, così fu assunto alla superba allegrezza, agli splendori del vivere cortigiano; così fu festeggiato, accarezzato e fatto segno d'invidia profonda. Ma egli, non mutato dal regio favore, agli ossequi della moltitudine rispondeva con riguardosa umiltà, alle lodi dei grandi con grata riverenza, ai sorrisi delle vezzose ancelle e compagne della regina, con modesto riserbo. L'innamorato garzone non vedeva che lei. Ed ella, come rispose all'amor suo? Due lune erano trascorse e Semiram non lo amava già più. Era giusto! Un vil cantore d'Armenia!... Ma allora, perchè innalzarlo fino ai piè del suo trono? Perchè giurargli un'eternità d'affetto?

Pregata, scongiurata, si schermiva, adonestava il suo mutamento con le assidue cure del regno e oogli urgenti apparecchi di una guerra, che ella stava per muovere ai popoli dell'estremo Oriente. Intanto, le care notti vegliate tra i pensili orti, di contro alla dormente città, sotto l'azzurra vòlta seminata di astri lucenti, erano finite per Sandi, ed egli gemeva solingo e negletto nelle sue stanze obliate. M'intendi tu? Solingo e negletto! Così tenea fede a' suoi giuramenti costei!

— Finisci! — incalzò il re d'Armenia, con voce soffocata dall'angoscia.

— Sì; la storia è breve, oramai. Una sera, atroci sospetti mi morsero, mi lacerarono il cuore. Se fossi tradito!.. Volli correre a lei, sincerarmi co' miei occhi medesimi, udire la mia sentenza dalle sue labbra. Palpitante d'amore e di rabbia, balzai fuori dalle mie stanze; m'avviai per un andito segreto, che conduceva agli appartamenti della regina. Da più giorni ella mi aveva vietato di rifare quel noto cammino; ma io non badavo già più al suo divieto. Il mio sangue ardeva; non ero più padrone di me. Corsi, dunque, ma invano; l'uscio era sbarrato ed io mi ritrassi impossente. Un dubbio, come lampo nelle tenebre, mi guizzò nella mente. Uscii dalla reggia. Ero noto ai custodi, e mi dischiusero il passo. Dove correvo io, in tanta angoscia, per le sterminate vie di Babilonia? Tu lo indovini, o re; al sacro bosco di Militta, dove il cuore mi diceva che le gravi cure del regno, i pensieri della guerra imminente, avessero tratto costei. Presago mio cuore! Ben mi parve di ravvisarla colà, tutta chiusa nel suo candido pallio di bisso, dal cui lembo traspariva la lunga stola violacea, frangiata d'argento! Fuggì, quando mi vide, e il mio ignoto rivale con lei; di guisa che, per mezzo alla calca dei felici, non mi venne fatto raggiungerli, e gl'intricati meandri del bosco mi fecero perder la traccia. Era dessa; oh, non si poteva dubitarne; era ella Semiram! Gli occhi suoi balenarono attraverso il fitto velo che la copriva, ed io sentii quello sguardo penetrarmi, gelida punta, nel cuore. Ah mi fosse bastato quel cenno! mi foss'io rattenuto a quel punto! Ma tu lo sai, Ara; l'amore acceca. Errai lungamente, ignaro di me, della via percorsa, di tutto. Il dì veguente, ella era chiusa a consiglio co' suoi ministri e capitani d'armata, nè mi fu dato vederla. Solamente sul far della sera ella fece chieder di me, come per lo passato, e il mio cuore si riaperse alla speranza, nello scorgere il muto messaggiero de' suoi teneri inviti. Patimenti durati, collere e pianti, tutto dimenticai in un punto. Nella sùbita ebbrezza, giunsi perfino a negar fede a' miei occhi; mi persuasi di aver traveduto, la notte addietro, nel bosco di Zarpanit; la fede, raggio di sole dopo i rovesci della tempesta, mi racconsolava lo spirito, cancellava ogni passata tristezza. Così è l'uomo che ama! E giunse finalmente l'ora aspettata. Uscii commosso, palpitante, dalle mie stanze; m'avviai per l'andito segreto.. Ah, maledizione! Avevo a mala pena oltrepassato l'uscio, non più chiuso tra me e l'argomento de' miei desiderii, che il suolo mi mancò sotto i piedi. Brancolai, tentando aggrapparmi da qualche lato, ma invano; io precipitavo nel vuoto, trabalzato contro le liscie pareti d'un pozzo. La caduta era alta, quanto il palazzo medesimo della regina, e fu tutta per me una lunga bestemmia, uno spavento supremo, una feroce agonìa. I ripetuti sbalzi, mi pestavano le membra, mi fiaccavano l'ossa; lame corte e talienti, infisse ne' muri, mi coglievano al varco, mi spiccavano brandelli di carne. Finalmente ebbi tregua nella morte; diedi un tonfo; larghe ondate mi schizzarono intorno e i gorghi romorosi dell'Eufrate si chiusero sopra di me. —

Le chiome si rizzarono per raccapriccio sulla fronte di Ara e un sudor freddo gli stillò per tutte le membra.

— Orrore! — gridò egli, poichè il doloroso fantasma ebbe finito il racconto. — Ma è una belva costei?

— Ben dici, una belva. E tu pure finiresti così, rimanendo.

— Ah, sarebbe il minor danno cotesto! Lontano da lei, non avrò io morte del pari? O Sandi, il mio cuore è spezzato. Ma ella mi udrà..

— Non tentare la prova, sconsigliato! Che potresti tu, solo ed inerme, contro la signora di cento popoli? Che ardiresti tu, uomo e di nobil sentire, contro una donna? O ti romperesti come una fragil canna nel pugno della offesa regina, o piegheresti, come giunco, alle lusinghe della impura maliarda.

— Oh mai, te lo giuro! Ma dimmi, consigliami, ombra diletta; che altro debbo io fare, che non dispiaccia alla tua vigile amicizia?

— Fuggire; non già come pauroso cerbiatto che teme lo strale del cacciatore, ma come leone che rompe le sbarre del carcere e ripiglia la sua libertà. Va; mostrerai alla ingannatrice come a te le sue male arti sian note. Rammenti l'oracolo di Peznuni, innanzi che tu lasciassi Armavir? « La terra di Sennaar ti sarà fatale! » Torna alla tua reggia, meno sontuosa, ma più ricca d'onore; lascia che costei si strugga nella sua rabbia impossente, e farai, nelle tue, le vendette di Sandi. Ed ora, addio; ti sovvenga di me!

— Già mi lasci?

— Sì: l'alba novella è vicina; il dio delle ombre non mi concede più lunga dimora.

— O Sandi, mio diletto, non ti vedrò io ancora una volta sulla terra?

— Forse! — rispose mestamente il fantasma.

— E dimmi... — aggiunse Ara peritoso, come chi teme di chieder troppo; — non avrò io da te un pegno del nostro colloquio?

— Dubiti ancora! — esclamò Sandi con accento di rimprovero. — Orbene, eccoti il pegno. —

Così dicendo il fantasma si appressò, pose le palme sugli òmeri di Ara ed accostò le labbra al suo volto.

Il re d'Armenia sentì, insieme col bacio, l'impressione dell'acqua diacciata, che grondava dalle chiome del morto; diè un grido di alto terrore e cadde esanime al suolo.

La visione era sparita; le tenebre regnavano nel sotterraneo.

Poco stante uno scalpiccìo, un bisbiglio sommesso si udì; quindi apparve una face, portata da uno dei muti custodi del luogo, e il suo chiarore illuminò i tre savi, tornati allora là dentro. Il re d'Armenia appariva disteso a terra, colle membra prosciolte, davanti alla negra cortina, che erasi raffermata da capo.

— Avrà egli creduto? — domandò il savio che portava tra mani il ramoscello di amòmo.

— Non l'hai tu udito favellare col fantasma? — disse a lui di rimando il compagno del fiore di loto. — Il filtro ha fatto opera efficace su di lui.

— Ma partirà egli? — chiese ancora quell'altro.

— Ne dubiti? Io n'ho certezza. Ardente e pieno di fede, come tutti i generosi, egli non vedrà più la regina, seguirà il nostro consiglio.

— Eppure...

— Eppure, t'intendo, tu vagheggi sempre il disegno di ucciderlo.

— Sempre! Nemico ucciso non dà più molestia.

— Nol nego; ma egli non è più nemico.

— Nostro, concedo: ma mio, egli non ha cessato di esserlo per questo suo odierno corruccio contro di lei. Però torno al mio primo consiglio; uccidiamolo. Badate, — soggiunse il savio dal ramoscello d'amòmo, parendogli che gli altri due si rimanessero ancora perplessi; — noi siamo uniti dal vincolo del vantaggio comune. Proseguiamo tutti un medesimo fine; il mio non può non essere il vostro.

— Bada a te piuttosto, o Zerduste, — rispose il savio dal fiore di loto. — Nella tua privata vendetta naufragherebbe l'alto proposito che ci ha collegati. Rivale negletto di questo giovane Armeno, a cui bastò mostrarsi per conquiderle il cuore, puoi tu fare che ciò che è accaduto non sia? Tanto varrebbe comandare ai fiumi di scorrere a ritroso e rifarsi alle prime sorgenti. Dimmi: la tua maschia virtù, il tuo antiveggente consiglio, ti avrebbero forse abbandonato di un tratto? Ameresti tu sempre colei?

— No, t'inganni, o Sumàti. Profondo, tenace, è l'odio mio, siccome fu un giorno l'amore. Così, non bevuto a tempo, inasprisce il soave liquor dell'amòmo, e si converte in veleno. Ma io temo ancora... Lui vivo, potremmo viver sicuri?

— Lui morto, temiamone un altro; — notò prontamente Sumàti. — Ella è donna, e, siccome avvien delle donne, mutevole ha il cuore, sempre bisognoso d'affetto. Ma lascia che viva costui, bellissimo fra gli uomini; lascia che, fuggiasco tra' suoi monti natali, si manifesti a lei superbo spregiatore di sua facil conquista, e vedrai, vedrai furore di donna, come alto divampa!

— Sì; — soggiunse il compagno che aveva tra mani la foglia di papiro; — ben dice Sumàti. E spento da noi il re d'Armenia, che altro avverrà, che giovi ai nostri disegni? Niente saprà la regina del disprezzo di lui; sconsolata, lo piangerà, nè certo si rimarra dal cercare gli autori della sua morte, per trarne aspra vendetta. Siam noi così certi che i misteri della Triade non abbiano un giorno a scoprirsi, fors'anco prima che l'opera nostra sia condotta a buon porto?

— Tu lo vedi; — ripigliò allora Sumàti; — anche il savio Manète è contro di te. Cedi ai nostri consigli, all'utile della causa comune. Infine, di che abbiam noi mestieri? Di che tu stesso, o Zerduste, il quale gagliardamente ti adoperi per la liberazione della tua Bakdi dal servaggio dei figli di Cus? Viva ed aiuti i nostri disegni il pronipote di Aìco; egli è un nuovo e possente arnese di guerra contro i superbi dominatori di

Babilonia. Non lo dicevi tu stesso, ieri, mostrandoci la necessità di questo rapido colpo su lui? Nemici avventurati di Babilonia furono un giorno gli Armeni; sospettosi vicini durarono pur sempre; son tributarii oggi, ma tementi di peggio, e preparati a resistere. La favilla che può destare l'incendio sta in nostra mano, e noi la spegneremo, dissennati, in quest'ora? Lo sdegno di **Semiram**, la guerra all'Armenia; non è questa l'occasione fortunata che attendono i tuoi, per ribellarsi al giogo? Ed in questo risveglio di popoli soggetti, non è la nostra salvezza comune? Ai pàtti, Zerduste, ai patti, che tu stesso hai giurati; e rammenta che il numero è legge. —

Così parlò risoluto il savio del Gange, e Zerduste chinò il capo al voler dei compagni.

— E sia come a voi piace! — diss'egli. — Così torni utile alla gran causa il vostro decreto, com'io mi sommetto alla legge del numero. —

Ciò detto, si trasse in disparte. E Sumàti frattanto, avvicinatosi al re d'Armenia, si chinò sopra di lui, dandogli a respirar per le nari le acute fragranze d'una ampolla, che egli aveva cavata pur dianzi dal seno.

CAPITOLO XII.

La fuga.

Il mattino era sorto, restituendo i colori smarriti alle cose. La vòlta celeste, con soavi trapassi, di ceneroguola che l'avea mostrata il primo barlume del giorno, erasi venuta schiarando in un bianco perlato, che verso oriente volgeva allo smeraldo, per mutarsi più oltre in colore di fiamma, su quell'ultimo confine donde aveva a sorgere il sole. Commosse al lene soffio della brezza mattutina, ondeggiavano le biade per l'immenso piano, e qua e là, da un mare di lieta verdura, spuntavano le castella lontane, i villaggi, i casolari, sparsi a guisa d'armenti sui pascoli.

Intanto, una lunga cavalcata, uscita pur dianzi dal sobborgo settentrionale di Babilonia, risaliva di buon trotto la strada maestra, lunghesso la riva destra del fiume. Già biancheggiava davanti alla torma il villaggio di Lahirù, e l'astro del giorno, apparso in quel mentre sull'orizzonte, mandava il suo primo saluto alle torri predilette di Sippara.

Correvano frettolosi, volavano via come il vento i cavalieri, coi grand'archi sull'òmero e le frecce risuonanti nelle lucide faretre. Dinanzi a loro cavalcava un nobil garzone, pallido, smunto le guancie, accigliato e cupo il sembiante, pur tuttavia bellissimo sempre a vedersi. Un'acerba cura, più assai che l'insonnia, segnava di triste nota il suo volto e lo faceva noncurante d'ogni cosa che il suo pensiero non fosse. Difatti mentre i seguaci suoi, ad ogni tanto si volgevano indietro, sulle groppe dei cavalli, per rimirare ancora una volta la gigantesca città, che si veniva illuminando alle loro spalle e sempre nuovi aspetti assumeva ai crescenti raggi del sole, egli, il taciturno comandante, non dava da quella parte neppure una fuggevole occhiata, e al premer convulso delle ginocchia ne' fianchi del suo corsiero, al lentargli le redini sul collo, pareva che avesse fretta di correre, di allontanarsi da un luogo odiato, o temuto. Per contro, non badava ai compagni, se pronti d'ugual metro gli tenessero dietro. Istintivamente facea cammino, respirando a larghe ondate l'aria frizzante del mattino, quasi a sneghittirsi le fibre; ma il pensiero avea sempre rivolto in sè stesso, e si faceva sempre più cupo, come chi, non trovando la via per uscir di tristezza, si chiude disperato e si compiace nel dolore che lo uccide.

Frattanto i mattinieri abitatori de' campi, gli artefici borghigiani, in volta fra villaggi e castella, si tiravano, essi e le cose loro, sui margini della strada; frotte di popolo agreste si affacciavano dalle siepi fiorite; curiosi volti di donne apparivano in sull'uscio dei casolari, per veder passare la cavalcata, di cui si udiva da lunge lo scalpito.

— Chi sono costoro? — si diceva qua e là, nella moltitudine degli astanti. — Ah, i baldi cavalieri d'Armenia, che tornano ai loro monti natali. Giunti a mala pena ier l'altro! Breve dimora hanno fatto essi nelle mura di Babilu! E il *malka?* Vedetelo; è quegli che va innanzi a tutti loro, Ara il bello! Ara il prode! Viva in perpetuo il leggiadro malka delle montagne! Invero egli è simile a Nebo, al malka della vôlta azzurra. Ma come rannuvolato! che ha egli mai, che lo rende così triste? Forse il dover partire dalla terra di Kiprat Arbat. Ma perchè tornarsene così presto? Le rose di Sennaar non aveano dunque fragranze per lui? Vedete; egli neppure s'accorge della nostra presenza: non cura i saluti, non risponde agli evviva. Orgoglioso è l'Armeno, come tutto il suo popolo. Pure, egli ha dovuto scendere, portar tributo alla gloriosa regina degli Accad! —

Così dicevano gli abitatori dei campi, e proseguiva Ara veloce, senza por mente alla turba curiosa, o dare ascolto ai clamori, agli evviva.

Che era egli avvenuto? Come a quell'ora già tanto lontano da Imgur Bel, colla sua gente raccolta e frettolosa a seguirlo?

Ricuperati i sensi e riavutosi dal suo smarrimento nel sotterraneo, il re d'Armenia aveva veduto daccanto a sè il savio dal fiore di loto, non più velata la faccia, che lo guardava con occhio amorevole e si studiava con paterna cura di essergli utile.

— Santo vegliardo, — disse Ara, crollando mestamente il capo, — la mia anima è triste fino alla morte.

— Suvvia, — gli rispose Sumàti, — non ti perder d'animo, o re. L'uomo antico è morto quaggiù; tu rinasci da' tuoi errori, più giovine, più ardito e più forte. La terra di Sennaar non ti sarà più oltre fatale. Il destino è scongiurato, e qui alle sacre fonti del vero, tu hai attinta la vita.

— Ah! — esclamò il giovine, sospirando. — E per che farne, ormai?

— Fanciullo! — disse il savio, con piglio affettuoso,

che temperava il rigore della parola. — E credi tu che nulla più ci rimanga a sperare sulla terra, perchè abbiam conosciuto menzognero un affetto? Ma a che splende il sole nel firmamento? A che accese in noi il creatore la fiamma immortale dell'intelletto, parte dell'anima sua? Sorgi e cammina, o prediletta creatura di Brama! Non sei tu di quella casta d'uomini ch'egli trasse dal suo medesimo braccio, perchè avessero ad impugnare lo scettro, per comandare alle genti, e farle gloriose e felici? Non ami tu il tuo popolo? Non ricordi la tua reggia d'Armavir e i noti volti che ti sorrideranno ossequenti al ritorno?

— Sì; — rispose Ara commosso; — un Dio parla per le tue labbra, o venerando. Noi non nascemmo per noi. —

E così dicendo avea tentato di sollevarsi da terra; ma non potè reggersi sulle ginocchia, barcollò e cadde tra le braccia del savio, che fu sollecito a trattenerlo.

— Bevi; questo ti rinfrancherà: — disse Sumàti, stillandogli sulle labbra alcune gocce da una fiala che avea tolta dalla cintura. — Ed ora, figliuol mio, adagiati su questa lettiga; mentre tu ristorerai le membra affaticate nel sonno, i nostri uomini ti ricondurranno fuori di qua.

— Dove? — chiese Ara, con atto di ripugnanza, che non sfuggì all'occhio del savio.

— Oh, non già nelle tue stanze di iersera. Gli spiriti invisibili che t'hanno dischiuso la via allo scampo, non riaprirebbero certamente il cammino della tua perdizione. Quell'àdito è chiuso per sempre. Ti desterai in quella vece dove più ami vederti... fra i tuoi.

— Fra i miei; — balbettò il re d'Armenia, a cui già il sonno facea gravi le ciglia: — fra i miei! Ma tu, santo vegliardo, mi lasci?

— È necessario.

— Non ti vedrò io dunque più?

— In seno di Brama è il futuro; — rispose solennemente il savio dal fiore di loto. — Dormi, o re d'Armenia, e dimentica! —

Il vecchio era sparito, ed Ara, poco stante, dormiva profondamente, in quella che i muti custodi del sotterraneo, alzata la lettiga sugli òmeri, si disponevano a condurlo all'aperto.

Allorquando il re d'Armenia si risvegliò da quel sonno letargico, egli era disteso su d'un letto di piume, in una camera adorna di sontuosi tappeti e morbidi pelli di fiere. Pendevano sopra il suo capo, raccolte a festoni, le ampie cortine d'un padiglione di porpora; lucerne di forbito rame spandevano per la camera un mite chiarore. Attonito, volse gli occhi lungamente in giro, e riconobbe il suo posatoio della prima sera, nell'edifizio fuori la cinta di Nivitti Bel, dove era smontato ad alloggio co' suoi.

Ma, per qual via era egli giunto colà? Come si trovava egli adagiato in quel letto? Aveva egli sognato dapprima, o non sognava piuttosto in quel punto?

Mentre egli era in cosiffatte incertezze, Bared gli si fece innanzi ossequioso. Il suo fidato Bared appariva vestito di tutto punto, in arnese da viaggio, con la sua fascia di lana intorno ai lombi e la spada pendente dal fianco.

— Tutto è pronto! — diss'egli.

Il re d'Armenia lo guardò trasognato. Ma Bared non volgeva gli occhi su lui.

— Che cosa? — domandò allora il re.

— Il corteo, mio dolce signore; — rispose Bared, inchinandosi. — I cavalli sono in ordinanza sulla via e i cavalieri fermi in arcione. I cammelli, coi bagaglioni son già da un'ora in cammino.

— E.... — balbettò Ara, stupefatto, — perchè tutto ciò?

— Ma... — soggiunse umilmento quell'altro; — non sei tu sceso stanotte al mio capezzale, per comandarmelo?

— Io?

— Sì, mio signore. Invero, tu mi parevi turbato oltremodo. « Suvvia, mi dicesti; svegliati, o Bared, e fa che tosto si alzino i nostri uomini. Bisogna partire innanzi giorno; si torna in Armavir; tra un'ora ci metteremo in cammino. » Furono queste le tue parole; non le rammenti? Temendo di alcun triste caso che ti fosse intervenuto, ardii chiederti il perchè dell'improvvisa partenza, e tu non m'hai risposto verbo. Mi sono affrettato ad obbedirti, ed eccomi qua, pronto ai tuoi cenni. —

Il re d'Armenia stette alquanto sopra di sè, mentre Bared parlava, e richiamò alla mente smarrita tutte le confuse memorie di quell'orrida notte. Furono allora argomenti di tristezza ineffabile, paurose visioni, acutissime spine che gli si strinsero al cuore. Così la cerva trafelata, poichè vanamente ha tentato di sottrarsi allo stuolo de' cacciatori, s'arresta e vede d'ogni banda segugi in volta, cavalli accorrenti, ed archi tesi, che le fanno piover sopra un nembo di strali.

— Io non ho parlato a Bared; — pensava egli in cuor suo; — ma come potrebb'egli essersi ingannato a tal segno? Ah, certo egli è Sandi, che gli ha recato il provvido avviso. Il suo volere si compia! —

E balzò prontamente dal letto; indossò la tunica bigia, listata di rosso, che gli profferiva il suo fido; cinse la spada; imprigionò i capegli nella mitra di nera pelliccia, ornata al sommo da un mobil ciuffo di penne; si gittò il mantello sugli òmeri, e uscì e si affrettò per le scale, fino all'ingresso, dov'era il suo cavallo bardato. Tutto ciò senza far moto, con rapidità fulminea, con atti convulsi. Indi a pochi istanti era in arcioni e spingeva il generoso corsiero a galoppo; gli altri tutti dietro di lui, in ordinanza serrata, verso la porta settentrinale della città

Così erano partiti, ed Ara, spronando il cavallo di là dalla porta di bronzo, non avea pur vòlto indietro lo sguardo a rimirar Babilonia, la maravigliosa città che egli abbandonava per sempre. Un misto di odio e di raccapriccio, più ancora di rabbia e fastidio di sè, gl'ingombrava lo spirito. Pur di sottrarsi a quella oppressura, avrebbe amato uscir di senno, addormentarsi in perpetuo, non essere.

Povero cuore umano! Com'è egli sempre schiavo delle sue medesime finzioni! Ma infine, e non son esse la parte migliore della vita? E il cuore che fosse assoluto signore di sè, non regnerebbe egli nel deserto? Invero, senza questa eterna cagione di pianti, che sono gli affetti nostri, le fantasie, i rapimenti, gl'inganni, il cuore sarebbe da paragonarsi ad una solitudine ignuda. Ahimè, così sia dunque; amare, pensare, vivere, e sempre soffrire.

Un senso di sollievo comunque leggiero e tutto materiale, era pel giovine il correre, volar via, fendere la brezza del mattino, in groppa al suo palafreno, docile agl'impulsi, saldo alla fatica, siccome tutti i cavalli di Armenia, celebrati allora per forza e rapidità singolare nel mondo.

Bello è il corsiero, e veramente degno dell'amore dell'uomo. Nobile e generoso, si acconcia di buon animo ai voleri del suo signore; servo ossequente, non vile, ama e nol dice, ma ne' suoi grandi occhi umidi è un'eloquenza ineffabile. Delicato e sensibile, un nulla lo turba, gli fa arricciar le nari, drizzar le orecchie e correre un tremito per tutte le membra; ma una parola, un grido, un incitamento lievissimo, gli fa vincere ogni tema, squassar la criniera e pigliare il galoppo contro l'ignoto pericolo. Ha terrori femminei, impeti virili. Amico dell'uomo, sia che ci porti a ritrovo d'amore, sia che ci tragga in battaglia, o ci scampi da inseguenti nemici, intende le ansie, i palpiti, i moti tutti dell'animo; partecipa ai nostri affetti, agli sdegni, ai dolori; non si lagna della nostra crudeltà momentanea, poichè ci sente accorati; patisce ogni disagio, poichè ci vede soffrire con lui; sfida animoso la morte, cade sfinito di stanchezza, o coperto di ferite, per noi; pago d'uno sguardo compassionevole, lieto d'un'ultima carezza su quel poderoso suo collo, madido di sudore e di sangue.

Va, corri, Tiglat; divora la via, generoso corsiero. Il tuo signore è triste, come notte d'inverno nelle gole dell'Ararat; lunge, assai lunge da Babilonia, potranno aver le sue membra un'ora di riposo, non il suo spirito un istante di tregua. Ben più sereno dell'animo tu l'hai portato a volo sui combattuti campi di Masciag, contro le schiere fuggenti dei predatori Turani. Va, corri, Tiglat; divora la via, imperocchè oggi ti converrà fare un doppio cammino. Dopo una breve sosta alle case di Is, la cavalcata proseguirà veloce fino alle mura di Erech. E domani? Domani toccherete ai confini della terra di Naraim, dove a nessun cavaliere che parta da Babilonia sarà più dato raggiungervi.

E via, frattanto; volavano via i cavalli sonanti tra nembi di polvere, allontanandosi sempre più dalla vista di Babilonia. Era bella, l'immensa città, splendida ai raggi del sole nascente, vero giardino di delizie, innalzato sovr'archi giganteschi alla gloria di Belo.

Bella era e splendida, piena di delizie per tutti i popoli che accorrevano alle sue mura; ma non più doveva esser tale per la sua gloriosa regina!

Quel dì, giusta il costume, la leggiadra Semiram erasi alzata per tempo dai molli riposi. Il corpo aveva di donna, ma virile la tempra, e sapeva mandare di pari passo le morbidezze del vivere femminile, con le aspre fatiche del campo e le gravi cure del consiglio. Asterse le membra nei limpidi lavacri, raccolte in lucide anella le chiome, radiante di fresca bellezza e di senno maturo, aveva chiamati alla sua presenza i ministri, deliberato sulle faccende più rilevanti della città, udito le novelle dei corrieri, giunti nella notte dalle più lontane contrade.

Senonchè, quel giorno, una nuova cura, e più dolce, la faceva impaziente. Udì a mala pena gli avventurosi messaggi; impartì brevi comandi e facili perdoni; nè prestò lungamente orecchie alle lodi, che lo scriba le riferiva essere state incise su nuovi marmi, dall'ossequio dei governatori delle provincie.

Sola alfine, chiusa negl'intimi recessi del suo appartamento, ritornò ai geniali apparecchi della conscia bellezza. Cosa agevole ad intendersi nello stato dell'anima sua, ella era così sicura di sè, come in passato; bene lo specchio le venìa ripetendo, con la sua muta eloquenza: « sei bella »; ma la regal donna non parea contentarsi a quelle testimonianze cortesi. Il pensiero correva malinconico alla sua giovinezza perduta e le faceva temere vicini, presenti quasi, i futuri oltraggi del tempo. Eppure ella vedevasi allora nel pieno rigoglio delle sue irresistibili grazie, l'invidiata rosa di Sennaar; in quella stagione che la donna apparisce più bella, siccome il fiore più smagliante sul ramo; in quello che può dirsi il riposo della maturità, così lieto di vivaci colori, così liberale di soavissimi effluvii; più bella, insomma, più giovine che non fosse da prima, imperocchè l'amore, come occhio di sole, la illuminava, penetrandola, ringagliardiva in lei le fonti della vita; donde lo scorrer veloce del sangue nelle tumide vene, il perlato splendor delle carni, il vermiglio sulle umide labbra, il baleno negli sguardi profondi.

Salambo, la prediletta fra le ancelle, bruna figlia del paese di Martu, le si accostò, le cinse il collo d'un monile di perle, e sorridendo alla immagine della regina riflessa di contro a lei nel lucido disco d'acciaio, le disse:

— Mia dolce signora, nessuna donna al mondo è più bella di te. —

Piacque la lode a Semiram, che la ravvisava sincera. Indi, crollando il capo e sospirando con un suo garbo tra malinconico ed umile, rispose:

— Ah, gli anni, Salambo! volano essi, calano implacati su noi e ci rapiscono questi labili vanti!

— Che dici tu, regina delle terre e dei cuori? Essi volano intorno a te, come spiriti benefici, e ognuno di loro ti reca una grazia di più. Forse non vedi come sei desiderata da tutti, accompagnata dagli avidi sguardi del popolo, da un mormorìo d'ammirazione ovunque tu passi? Dall'ossequio dei grandi che ogni giorno s'inchinano a te, non vedi tu trasparire la vampa degli amori che accendi? —

A quelle parole dell'ornatrice, Semiramide si fece rossa in volto, siccome il frutto del melagrano.

— Oh, parer belle agli occhi di tutti! — esclamò ella con accento d'allegrezza profonda. — Sì, gli è ciò che piace a noi donne. Ma uno, uno solo, regni su noi. Schiavi tutti gli altri e non degnati pur d'uno sguardo; egli signore nostro per tutta la vita!

— Tu ami, regina?

— Amo, sì, e sono riamata, non pel mio serto regale, per me! —

Il pensiero dell'ancella era corso al tempio di Militta e all'incontro di Semiramide col bellissimo straniero, nel quale Salambo, compagna alla regina nella sua notturna visita al sacro recinto, aveva poscia riconosciuto l'ospite regale d'Armenia.

— Invero, — diss'ella, — se un uomo era degno dell'amor tuo, per fermo gli è questi il leggiadro malka delle montagne.

— Ah! — sclamò Semiramide, con atto di stupore, che non aveva nulla d'ingrato. — E tu sai?...

— Perdonami, dolce signora!... — balbettò confusa l'ancella. — I miei occhi...

— Hanno veduto; — interruppe la regina, con un sorriso amorevole, che valse a rasserenare la turbata ornatrice; — hanno veduto, e non è colpa il vedere. Infine, se io ho potuto amarlo la prima volta che lo vidi, mi dorrò che Salambo lo abbia creduto degno dell'amor mio?

— O mia regina, non t'ha ingannato il tuo cuore; — soggiunse la bruna figlia di Tiro, inginocchiandosi e baciando il lembo della veste di Semiramide. — Egli ha la soave bellezza di Sin, il benefico Iddio rischiaratore delle notti, nè può dall'aspetto esser diversa l'anima sua. Gloriosa signora, vivi felice in perpetuo! A te fu propizia Militta Zarpanit, di cui tu sei la vivente immagine in terra.

— Va, mia buona Salambo, e gli Dei ascoltino l'augurio. Va, ed Hurki, il capo degli eunuchi, annunzi al malka d'Armenia che la regina lo attende. —

Sola nel suo geniale ritiro, che era bello a vedersi per marmi di svariati colori e tavole d'alabastro nobilmente istoriate, lieto di acque zampillanti e della grata ombria delle latanie e dei salici, che protendevano le foglie tinte di vivo smeraldo tra le colonne dell'aperto loggiato, Semiramide attendeva il leggiadro suo ospite. E seduta su d'un trono d'ebano, incrostato di pietre preziose, rattenuta la bellissima guancia tra l'indice e il medio della candida mano arrovesciata a sostegno del capo, ella stavasi meditando, godeva tacitamente in cuor suo, pregustava l'allegrezza ineffabile del vedere l'amato, e scorgere su quel viso i segni dell'interno tumulto, nell'atto di comparirle dinanzi. E così procedendo di pensiero in pensiero, s'inoltrava nei vaporosi regni del futuro, sognava gaudii infiniti, intravvedeva giorni di felicità senza pari.

V'ha una pianta nelle contrade predilette dal sole, una pianta singolare tra tutte, la quale nata in arida terra, stenta anni ed anni il nutrimento, onde il suolo e l'aria le si mostrano avari. Lentamente cresciuta, fa tesoro di elettissimi succhi; di poco s'innalza, ma stende intorno e gonfia a dismisura le larghe foglie carnose, si fa ricca di umori vitali, mentre tant'altri germi di più facile contentatura sotto il medesimo cielo intristiscono. Ella ha un intento, la nobilissima pianta; accumula, per prodigare; e infatti, dopo tant'anni di vita modestamente operosa, germoglia e cresce dal suo grembo uno stelo, la cui cima rapidamente sboccia e s'allarga in grappolo di fiori, onor dei deserti, allegrezza del viandante che lo scorge da lontano, eretto a guisa di faro amico, sul faticoso sentiero. Lieta fioritura, tanto più splendida, quanto fu più sudata! Che importa, se, nascendo, ella prosciuga ed uccide il cespo materno?

Così la pianta umana; cresce, si nutre, si rafforza, per produrre il fior dell'amore. Ed è bello, è meraviglioso il portato, quando tutto alla pianta umana sorride. Grandezza, onore, possanza, umori vitali di cui la terra non è facile dispensiera per tutti, aiutano a rendere il fiore più splendido, a far più solenne l'amoroso mistero.

Ed era lieta Semiram. Militta Zarpanit l'avea fatta felice oltre i suoi medesimi voti. Bellissimo era tra tutti i viventi, generoso e prode, il destinato al cuor suo. Fervido, nell'amicizia, insino alla follia, che non sarebbe egli stato nell'amore?

Qui, per altro, tornava alla mente della regina l'ingrato ricordo di Sandi, la cui misera fine era stata a lei rimproverata dall'ignaro garzone con temerarie parole. Ma non di lui si doleva, bensì della malvagità profonda del volgo umano, inchinevole a credere il peggio dei grandi, a rigettar su loro ogni vizio, a farli neri d'ogni delitto. Ed esser tuttavia innocente, nonchè della morte di Sandi, d'un solo pensiero, di una parola, d'uno sguardo per lui! Invero ella non aveva avuto altra colpa in faccia all'estinto, fuor quella di che tanti e tanti poteano accusarla ad un modo, d'esser bella, possente, e desiderata da troppi, vuoi per dissennato amor giovanile, vuoi per proposito di sconfinata ambizione.

Diffatti, qual era stato il caso di Sandi? Tratto da desiderio di gloria, il giovine cantore di Peznuni era venuto alle mura di Babilu, era stato accolto nella reggia e aveva cantate le glorie della stirpe di Nemrod; ma più ancora quelle della leggiadra figlia di Derceto, venuta d'Ascalona, nel paese di Martu, fino alla terra di Sennaar, per assidersi, moglie di Nino, sullo splendido trono di Nemrod. Ben s'era ella avveduta come il giovine Armeno avesse ardito innalzare infino a lei il cupido sguardo e l'ambizioso desiderio; ma ciò, in quella guisa che non giungeva nuovo, non doveva parere altrimenti strano alla donna; però, con quel giusto riserbo che le inspirava il suo stato di donna e di regina, aveva mostrato nei diportamenti suoi non addarsi di nulla.

Che pensasse egli di ciò, che sperasse dai suoi inni fiammanti, ignorava Semiramide. Nè altro le fu dato saperne di poi, imperocchè, uscito egli una sera dal suo cospetto, non ricomparve più mai. La voce si sparse della sua morte improvvisa; alcuni pescatori del quartiere di Suanna aveano trovato il cadavere impigliato tra i giunchi, in una insenatura dell'Eufrate; ciò erale stato riferito più tardi, e non è a dire con quanto rammarico per l'animo suo compassionevole. Qual era la cagione della miseranda catastrofe? Aveasi a vedere nel fatto una vendetta di donna offesa, o d'uomo fieramente geloso? Malagevole scoprire l'arcano; ed ella non volle pure indagarlo, giustamente temendo non paresse altrui che ella troppo si curasse dell'amoroso cantore. Ed ecco, ciò che ella aveva fatto per onesto riguardo, volgevasi biecamente contro di lei! Inaudita perfidia! Ma il re d'Armenia, amato da lei coll'impeto di un cuore che per la prima volta e liberamente si concede, non era egli persuaso oramai della sua innocenza? Non aveva ella giurato, pei sommi Dei, per la maestà del suo regno, per la testa dell'adolescente suo figlio, cioè a dire per quanto una donna ha di più sacro al mondo, e meno volentieri in simili casi ricorda? E dopo un tal giuramento, non doveva egli credere alle parole dell'amata? Non aveva egli anzi mostrato di credere?

E tuttavia, quel ricordo, in quell'ora, le tornava molesto, uggioso, come un presentimento di sventura. Lo cacciò lungi da sè; volse l'animo a più liete immagini; si fece in cuor suo a noverare i passi di Ara, che certo era in cammino per giungere a lei. Capriccio infantile, che bene intenderà chi ha atteso l'arrivo di persona amata; non altri.

In quel mentre, Hurki (il guardiano, nella lingua degli Accad) comparve sulla soglia.

Egli aveva la cera sconvolta; appariva turbato e perplesso, come chi sa di recare un ingrato messaggio. Invero quella era la prima volta che Hurki si presentava alla regina, senza poterle dire: « il tuo comando è eseguito. »

Vide Semiramide il mutato sembiante e n'ebbe una stretta dolorosa al cuore.

— Orbene, che c'è? — dimandò ella impaziente. — Il re d'Armenia?...

— Vivi in perpetuo, o regina! — disse Hurki, prostrandosi a terra. — Il re d'Armenia non era nelle sue stanze.

— Ah! uscito forse a diporto fuor della reggia... — ripigliò Semiramide, con accento sospeso tra la dimanda e la spiegazione.

— Gli eunuchi che vegliavano nell'anticamera non lo hanno veduto uscire; — rispose Hurki, in atto di rispettoso diniego.

— Che narri tu ora? — domandò la regina. — E come non sarebbe egli più nelle sue stanze?

— Così è, mia clemente signora, sebbene io non giunga ad intenderlo; gli eunuchi giurano...

— Vengano essi! — interruppe la regina, che già più non sapea contenersi.

Hurki si ritirò, inchinandosi, mentr'ella, balzata dal trono, misurava a passi concitati il pavimento intarsiato della sua camera.

Poco stante, i quattro eunuchi, che erano rimasti a guardia dell'appartamento dell'ospite nelle due vigilie della notte, e gli altri due che avean dato ad essi la muta nelle prime ore del mattino, comparvero al cospetto di Semiramide e si buttarono tremanti a' suoi piedi.

— Il re d'Armenia? — chiese ella con voce asciutta e piglio imperioso.

— Possente regina, vivi in perpetuo! Abbiamo vigilato tutta la notte, nelle ore a ciascheduno assegnate; nè alcuno di noi vide uscire dalle sue stanze il regale tuo ospite. Per tutto il mattino l'ingresso restò chiuso del pari, nè ardimmo entrare non chiesti. Al cenno di Hurki ci siamo inoltrati poc'anzi: ma il re d'Armenia non era nel suo appartamento, e invano lo abbiamo cercato dovunque. Come ha egli potuto uscire non visto, se la porta è chiusa e le pareti intiere? Per fermo, o egli è esperto d'incantagioni, o Nisroc lo ha tratto a volo dal tetto sulle poderose sue ali.

— Ben piuttosto con le sue lo spirito negro del sonno vi ha chiuse le palpebre, servitori infedeli! E l'ospite nostro, uscendo dalle sue stanze, vi avrà veduti giacenti a guisa di ebbri sul terreno.

— Possente signora...

— Non una parola di più! Hurki, sian posti sotto buona custodia i poco vigilanti tuoi uomini. S'indaghi il vero, e se eglino hanno mentito, siano gittati nella fossa dei leoni. Così voglio; andate! —

Esterrefàtti, tremanti a verghe, si alzarono i tapini e uscirono in silenzio dal cospetto della regina.

Ella stette alquanto sopra di sè, mettendo lampi dagli occhi. Uscito! uscito, senza attendere un cenno di lei! Imperocchè, già non era da aggiustar fede alla favola degli eunuchi, nè il re d'Armenia avea potuto sparire dalle sue stanze per virtù di magiche parole. Uscito! e perchè, così dimenticando l'invito della donna amata? Amata! Ma poteva ella credersi tale tuttavia? L'uomo che doveva rimanere, ansioso, impaziente, ma fermo, ad attendere la dolce chiamata, era uscito, in quella vece, sparito ad un tratto, forse da più ore, senza curarsi di lei, nè di ciò che la sua assenza avrebbe dato argomento a pensare. Che dire de' suoi diportamenti? Pazzo era, od ingrato?

E le ore scorrevano, e nessuna nuova si aveva di lui.

Come leonessa ferita si raccoglie a lambire le sue piaghe nel più profondo della macchia, ove forse morrà, e tratto tratto con lunghi ruggiti accusa l'acerbità dello strazio, minacciando aspre vendette a chi ardisse incauto avvicinarsi al suo covo, così la regina si chiuse nelle sue stanze, per divorare non vista il suo dolore e la vergogna dell'oltraggio patito. Lo scoppio dell'ira non avea a farsi aspettare più molto.

Un'ora dopo, Ninia chiedeva di vedere sua madre. Il regio adolescente solea presentarsi al cospetto di lei ogni giorno, ma soventi volte le cure del regno la distoglievano dal grato uffizio di trattenersi in affettuosi colloqui col suo diletto figliuolo. Egli, per altro, il giorno antecedente, non si era mostrato alla reggia, nè forse sarebbe andato così presto quel dì, se il savio maestro Zerduste, vedutolo di ritorno dai palmeti di Gomer, e udito di ciò che gli era accaduto per via, non gli avesse comandato di farlo.

Semiramide si ricompose all'aspetto del figlio e lo accolse con amorosa dolcezza.

— Che hai tu, madre mia? — le chiese egli, notando lo sforzo che ella faceva per mostrarglisi lieta.

— Nulla, mio Ninia; — gli rispose la povera donna pigliandolo affettuosamente per mano.

— Oh, no; tu soffri! — disse a lei di rimando l'adolescente. — Il tuo volto reca le traccie d'una cura profonda; le tue mani ardono come per febbre...

— Non darti pensiero di ciò; — interruppe la regina, ritraendo istintivamente le mani accusatrici; — io non ho nulla, sai? non ho nulla. Le cure dell'impero sono molte, e la corona non è sempre lieve peso alla fronte. Tu regnerai un giorno, mio diletto figliuolo, ed allora... Ma dimmi piuttosto; donde vieni tu, ancora cosparso di polvere?

— Ah, mi perdoni la possente regina! — gridò Ninia, arrossendo. — Son sceso or ora d'arcione, e impaziente di vedere mia madre... Sai? — soggiunse egli interrompendosi. — Ieri non ti avevo abbracciata...

— E fu male; — ripigliò Semiramide, baciandolo in fronte. — Troppo ti stai lontano dalla reggia, o mio Ninia. Ieri, ad esempio, fu giorno solenne, e tu non eri al mio fianco, per ricever l'ospite tributario d'Armavir.

— Ah sì, l'ho veduto stamane! — disse il giovinetto, con accento d'amarezza.

— E dove? — gridò la regina.

— Poco più oltre il villaggio di Lahiru; — rispose egli allora, senza por mente alla subita commozione che dipingeva di pallore il volto di sua madre. — La cavalcata volava via come il vento. Generosi corsieri ha l'Armenia; ma superbi sono oltremodo i suoi re.

— Come? Perchè parli tu in tal guisa?

— Sì; — continuò l'adolescente; — egli è passato davanti a me e non si è pur degnato di volgermi lo sguardo, sebbene le grida del popolo dovessero avergli fatto udire il mio nome. A che tanto orgoglio in un principe tributario? Non sono io il figlio di Nino? Ma che hai tu, madre mia? —

La domanda affettuosa di Ninia non era fuori di luogo. Difatti, Semiramide si sentiva venir meno. Le forze che ella aveva sollecitamente raccolte per resistere al colpo improvviso, si erano consumate in quel momento supremo, ed ella ricadeva perduta sul trono, in preda ad una commozione indicibile.

Così egli era partito? L'offesa non poteva esser più grave. Nel cuor della notte, mentre gli eunuchi nell'anticamera cedevano al sonno, egli era uscito dalle sue stanze, fuggito dalla reggia, corso ai baluardi di Nivitti Bel per raunar la sua gente e allontanarsi da Babilonia, innanzi le prime luci del giorno. E come e quando aveva egli potuto meditar quella fuga? Certo laggiù, nella sala del convito, davanti a lei, mentre ella figgeva gli occhi amorosi nei suoi, per leggervi, stolta, le promesse e i rapimenti d'un affetto profondo, immutabile.

E come sapeva egli infingersi! — « A domani! gli aveva ella detto, nel prendere commiato da lui. Debbo conferire di gravi cose con te. » — Ed egli aveva ricambiato il dolcissimo invito con un sospiro che pareva sprigionarsi dal cuore, e dirle tutto ciò che le sue labbra non poteano in quel punto. — « Ed è la regina che mi parlerà domani? » avea chiesto. — « E te ne duole? » — « Oh no, soggiungeva egli tosto; ma le parole di Atossa tornano più soavi al mio cuore. » — Così dicendo, l'avea come involta in uno sguardo d'amore infinito. E mentiva! Mentivano gli sguardi, mentivano le parole, mentivano i sospiri!

Ma in chi ed in che cosa, creder più oltre nel mondo? È egli dunque vero essere di tali uomini sulla terra, che dotati d'un fascino pari a quello del serpente, tirano i cuori inesperti a metter fede in esso loro, ne suggono avidamente il meglio e li gittano avvizziti lungi da sè? Si mostrano e vincono, la resistenza è impossibile; che anzi, gli è un desiderio, una voluttà una beatitudine il cedere. Onnipotenza del male! E i sommi Dei la consentono?

Ella, invero, non si sentiva colpevole di arrendevolezza soverchia. In così solenne occasione s'era egli offerto ai suoi occhi! Il tempio, il momento della preghiera a Militta, la sovrumana bellezza di lui, il suo medesimo invaghirsi d'una donna velata, che potè farle credere esaudito il suo voto, il regio sangue, la generosa foga dell'animo, che pareva candido come la neve dei suoi monti natali, la soavità dei modi, i sacri giuramenti, tutto aveva contribuito a soggiogarla. Quale altra donna, cui fosse vuoto il cuore e desideroso d'affetto, non avrebbe ceduto del pari? Ed ella erasi data in balìa di quell'uomo, ella, Semiramide, la fortissima donna, che in ogni altra occasione avea saputo comandare a sè medesima, tanto era avvezza all'impero!

E datasi appena, vedersi tradita! Che più? Offesa nella profondità del suo nobile affetto, offesa nel suo pudore di donna, offesa nella sua maestà di regina, nel cospetto della sua corte, agli occhi del suo medesimo figlio! Di suo figlio anzitutto, che, inconsapevole, veniva a recarle il colpo fatale! Ahi, povera donna, da quanta altezza la era forza cadere!

— Nulla, nulla! — aveva ella risposto a Ninia, nell'atto di aggrapparsi con le mani tremanti ai leoni alati che servivano di sostegno ai fianchi del trono. — Non è che un lieve malore!... Passerà; non temere!...

— Chiamo le tue ancelle? — proseguì il giovinetto, con cura ansiosa.

Ma già Semiramide erasi riavuta e balzava in piedi scuotendo alteramente il capo.

— No, figliuol mio. Per fare, le ancelle? Venga Hurki, e chiami egli i ministri dei miei voleri a consiglio. Va, e statti di buon animo, o figlio di Nino, — proseguì ella, baciandolo in fronte; — l'Armenia pagherà a caro prezzo la tracotanza degli stolti suoi re. —

CAPITOLO XIII.

Dal campo di Assur.

Era già presso gli Armeni il ventesimo quinto giorno di Adukanna, che i Babilonesi dicono Muna, o mese della mano, perocchè in esso si dà opera a raccogliere i frutti ond'è liberale la terra.

Oltre un mese era dunque trascorso dagli ultimi eventi narrati, e nelle ubertose convalli dell'Ararat gli abitatori dei campi attendevano a mieter le spighe, pur dianzi maturate ai cocenti raggi del sole. E tuttavia non erano lieti, come in simiglianti occasioni suol essere il colono, che vede centuplicato il frutto delle sue industri fatiche. La gaia canzone dei mietitori non risuonava pei colli, nelle ore del riposo tra gli affastellati covoni; le fronti apparivano pensose, le braccia sollecite più dell'usato al lavoro. Così il villano, che sente nell'aria grave la minaccia del nembo vicino, rauna il frumento battuto sull'aia e lo ripone in fretta ne' capaci granai.

Ora, qual nube era apparsa sull'orizzonte, che da Tarbazu a Nahiri e da Muhuzri a Milidda, per quanto è vasta l'Armenia da settentrione a mezzogiorno e da oriente a occidente, faceva così gravi i sembianti? E che s'aveva egli a pensare di quelle file di mandriani che lunghesso i campestri sentieri guidavano a torme i cavalli verso le sponde di Van? E que' fabbri intenti nelle officine a foggiar lame di spade e punte di frecce, perchè tanto affrettavano essi i colpi dei pesanti martelli sul càlibe infuocato?

Una voce era corsa, sommessa e dubitosa da prima, indi a mano a mano più ricisa e più chiara, voce di guerra possibile, di guerra imminente coi popoli della pianura. Gli Accad si preparavano in silenzio alle offese, levavano gente dalle più lontane contrade, ingrossavano verso settentrione, tra Sippara e Gutium, rimontando l'Eufrate. Dove potevano essi volgere tanta piena d'armati, se non contro l'Armenia?

Inoltre, non erasi veduto, sugli ultimi giorni del mese trascorso, ritornare a'suoi monti il giovine re, il dilettissimo Ara, grave e severo come chi porti un triste presagio nell'animo? E non avea bisbigliato una voce che egli fosse scampato a fatica, anziche liberamente partito, dalle mura inospitali di Babilu?

Che era egli avvenuto al pronipote d'Aìco, al più leggiadro dei re? Nulla di certo erasi risaputo all'intorno. Giunto appena in Armavir, il principe si era chiuso nel silenzio della sua reggia, nè alcuno dei suoi sudditi, coi quali era uso mostrarsi affabile tanto e cortese, aveva potuto per giorni parecchi godere della sua vista.

Da Bared, per altro, si era avuto, sebben lieve, un barlume. Ai grandi del reame e ai governatori delle città, congregati in Armavir, egli aveva parlato a un dipresso così: — Troppo grave tributo chiede Babilonia agli Armeni, volendo rapire ad essi il più amato tra i re. Già uno dei nostri, Sandi il cantore, caro al popolo, caro al monarca, fu vittima dei feroci amori di

Semiramide. Ara il bello, il prode tra i prodi, avrebbe corsa la medesima sorte. —

Così narrando, Bared aveva chiesto ai congregati il silenzio. Ed essi l'aveano pure serbato, ma non tanto che non ne trapelasse alcun che, subitamente raccolto dagli avidi orecchi del volgo, sformato dal correre di labbro in labbro, e più facilmente creduto, quando si buccinò di apparecchi guerreschi in Babilonia, o parve di scorgere in Armenia che i governatori delle città intendessero a provvedimenti di efficace difesa..

Il presentimento di gravissimi casi era dunque negli animi. E parea cosa naturale ad ognuno. I venerandi Sos, dedicati al sacro ministero nelle foreste dei platani d'Aramaniag, presso il lago di Van, non avevano essi profetato, al tremolar delle foglie vocali, che Babilonia avrebbe arrecato sventura al giovine re? Ed ecco si adempievano i tristi presagi; la guerra non era indetta tra i due popoli, ma la s'indovinava, la si sentiva imminente, come nell'afa estiva i segni precursori della tempesta.

E frattanto, che diceva, che lasciava intendere il re? Taciturno era giunto nella sua diletta Armavir; taciturno era rimasto nella reggia, cupo, grave d'inesplorati pensieri. Senonchè, alcuni giorni dopo, egli era uscito dalla città, in volta per le provincie, e al campo di Aiotzor lo si era veduto star lungamente immoto, con le braccia conserte sul petto, e gli occhi fisi sulla collina di Kerezmanc. Ora, sul campo di Aiotzor, il suo grande progenitore aveva sconfitto l'esercito di Nemrod, e sopra il poggio di Kerezmanc era caduto il gigante, trafitto dalla infallibil freccia di Aìco. E da quella sosta pensosa, di cui nessuno aveva ardito chiedere al re la cagione, tutti avevano cavato il pronostico delle sovrastanti sciagure.

Oltre di che, il sembiante di Ara vedevasi profondamente mutato. Certo su quella testa leggiadra era stata gittata una malìa. Popolo di maghi, il babilonese! Laggiù, comuni i sortilegi e gl'incanti, e gli occhi, le labbra, i volti, le mani, esercitavano un influsso malefico.

E in questa occasione si erano infiammati nel popolo l'amore e la devozione pel re. In quella guisa che una leggiadra donna torna più cara ai riguardanti, se nube di tristezza le faccia velo alla fronte, Ara il bello, così malinconico e grave, destava maggiormente l'affetto dei cuori. E confusamente indovinando le cagioni della sua tristezza, si malediceva a Semiram; in ciò prime le donne, che ognun sa più esperte e più pronte degli uomini a scorgere la mano del loro sesso nei nostri mal celati rammarichi. Un amore infelice diffonde una cert'aria sul nostro volto, che elleno sole sanno intender che sia, poichè elleno sole hanno virtù di chiamarla coi loro rigori, di scongiurarla coi loro sorrisi. Egli è forse per ciò che l'uomo ferito d'amore, cioè a dire amato, o reso infelice da una, trova altre in maggior numero, consolatrici volenterose, o rivali.

Così uomini e donne sentivano pietà della mestizia di Ara; lo amavano sventurato, più assai che non lo amassero felice da prima. E in tutti un tacito foggiarsi sul suo grave contegno; un prepararsi istintivo agli eventi; un ansioso interrogar gli echi e odorar l'aria infida della pianura.

Si era adunque sul finire del mese di Adukanna, ed Ara viveva pensieroso nelle più solitarie stanze del suo palazzo, donde si scorgevano le onde tranquille del lago di Van, allorquando un drappello di Babilonesi giunse alle porte di Armavir e il suo capitano chiese d'essere introdotto alla presenza del re.

— Venga! — disse Ara, a cui l'annunzio repentino, quantunque da più giorni atteso, avea cagionato un turbamento indicibile, che non era già figlio di paura, sibbene di ripugnanza, per un messaggio di quella donna così profondamente odiata e diletta.

Invero egli amava quella donna pur sempre. Creda ciò impossibile chi nulla sa dei fieri contrasti d'un affetto gagliardo e delle arcane contraddizioni del cuore. Ei l'amava, esecrandola. Impunemente non s'era egli accostato ai sacri misteri di Militta Zarpanit; impunemente non aveva detto a quella bellissima tra le donne: « io t'adoro; la dea ha assunte le tue forme, per farmi il più lieto, o il più triste degli uomini; qualunque cosa avvenga, sarò tuo, sempre tuo! » Benè erasi egli allontanato dalla odiata regina, ma fieramente amando la donna; era fuggito, ma recando lo strale confitto nella ferita. E voleva disprezzarla, e non poteva; tanto olocausto non gli era dato di fare all'ombra amata di Sandi. L'amore è possente come vin generoso, e più ancora che in altri, nel petto dei forti. Gli Elleni, trovatori felici di profonde allegorie, doveano adombrarlo nella veste di Nesso, che s'apprende alle carni del semidio e si consuma, nell'apprestato rogo, con lui.

Il re d'Armenia si circondò, per ricevere il messaggiero babilonese, di tutti i grandi della sua corte, guerrieri la più parte e cantori; quelli avvezzi a combattere, questi a celebrare le gesta dei prodi.

— Venga il Babilonese! — dicevano essi. — Reca egli messaggio di guerra?

— Forse! — rispose gravemente il re.

— E tu, che gli risponderai, nobile figlio di Arâmo?

— Quello che voi rispondereste, o miei fedeli; pace a chi viene con amiche parole; guerra a chi cova sinistri disegni.

— Guerra adunque vuol essere! L'orgogliosa signora di Babilonia non può mandare cortesi messaggi agli Armeni.

— Ella ha costrette a tributo le aquile della montagna! — dicevano i guerrieri. — Ha tentato di umiliare, nei pronipoti loro, i domatori della superbia di Nemrod. Ella invidia le recenti palme ai vincitori di Masciag, ai generosi custodi della pianura, contro le irruzioni dei predatori Turani!

— Ella odia la gente nostra; — soggiungevano i cantori; — ella ha ucciso Sandi, il soave garzone, il signore dei carmi, amico e fratello del re. —

In quella che così parlavano essi, cercando d'indovinare il messaggio imminente, comparve il babilonese nella sala del trono. Indossava il candi, tunica rossa, frangiata d'oro sui lembi, che gli scendea ben oltre il ginocchio, e sovr'essa il sàrapo, camiciotto di lana bianca, dalle corte maniche, le quali lasciavano scorgere le braccia ignude e i polsi cinti d'armille d'oro. Le gambe apparivano chiuse ne' saraballi, o schinieri di cuoio, fin sulla noce del piede, dove, sul fondo rosso della calza di lana, salivano i correggiuoli incrociati dei sandali, le cui suola si raffermavano alla pianta, la mercè d'un anello rigirato sul pollice. Costui era per fermo uno dei primarii uffiziali di Babilonia, e ben lo dimostravano il balteo lucente, la guaina leggiadramente lavorata e la tiara bianco-dorata, i cui lembi chiusi a soggolo, scendevano e coprirgli le guancie ed il mento.

Due guerrieri, armati di tutto punto, seguivano l'ambasciatore. Uno di essi recava tra le mani una spada senza guaina; l'altro un giavellotto dalla punta aguzza e lucente.

Ara, poichè il messaggiero gli fu venuto davanti, ravvisò tosto in lui quel medesimo uffiziale che con larga mano di cavalieri babilonesi gli era uscito incontro, per servirgli di scorta alle mura della capitale di Nemrod. Che voleva dir ciò? Era egli caso, o meditata ironia?

Seduto sopra il suo trono, che era tutto coperto di negre pelli foderate di porpora, vestito a bruno egli stesso, senz'altro segno di regio fasto che la sua benda di perle intorno alle tempie, grave nell'aspetto come si conveniva all'attesa d'un grave personaggio, stette Ara guardando l'inviato di Semiramide.

Il babilonese s'inchinò profondamente, raccogliendo le braccia sul petto; indi così prese a parlare:

— Re degli Armeni, vivi in perpetuo!

— Grazie a te, messaggiero! — rispose Ara, con piglio cortese. — Chi ti manda alla reggia dei figli d'Aìco?

— La gran Semiramide, cui Nebo protegge, a cui Belo ha concessa la vittoria della spada e l'impero dello scettro sui potenti della terra.

— Che gli Dei le concedano lunghi giorni di vita. E che chiede essa da noi?

— Ragione della tua fuga; — rispose lo inviato. — Sceso in Babilonia a portarle tributo, accolto nella sua reggia con animo e pompa veramente ospitali, perchè sei tu uscito dalla città e dal reame, celatamente, a guisa di ladrone, e senza pur render grazie alla regina delle oneste accoglienze?

— Altero parli, — disse a lui di rimando il re, trattenendosi a stento, — più assai che a me non si convenga di udire.

— Così m'è stato ingiunto; — notò il babilonese, inchinandosi. — Pel mio labbro ti parla Semiramide, non io, oscuro soldato che la possente regina degli Accad ha scelto ad interprete de' suoi alti comandi.

— Sta bene; — soggiunse Ara concentrato. — E a donna non risponderò io come la giusta ira consiglia. Nè tutto dirò io ciò che penso; bada bene, non tutto! Ciò dunque rispondi alla signora degli Accad: il re d'Armenia non esser fuggito dalla sua presenza, bensì liberamente partito, come principe che aveva compiuto il debito suo. Più non aggiungo nè mi dorrà che sembri scortese atto a' suoi popoli, ciò ch'ella intenderà, se ben guarda, essere stato umano consiglio nel suo ospite d'un giorno. Ora, che altro mi dice ella per le tue labbra?

— Tu hai niegato il saluto al figlio di lei, nel quale t'abbattesti per via, fuor delle case di Lahiru; hai usato villania al principe Ninia, all'erede del trono di Nemrod, al futuro signore di tutte le genti, dimenticando che la montagna, come la pianura, è soggetta all'impero degli Accad.

— Ah, non sarà! — interruppe Ara, dando un sobbalzo, a quelle parole dell'inviato. — Regnino costoro su monti e piani, donde sorge e dove tramonta il sole; a me non si spetta di contenderlo. Ben so che i gioghi dell'Ararat sono e dureranno vergini di loro conquista, fino a tanto cingerà spada il figlio di Aràmo.

— Tu dunque nieghi ai re di Babilonia il tributo? — chiese il messaggiero. — E non lo avevi tu recato pur dianzi?

— Libero presente fu quello, e pegno di amicizia, tributo non già! — rispose Ara sollecito. — Rammenti tu le mie parole, alle porte di Babilu? — Nemici da prima e più e più volte alle prese, furono i padri nostri coi re della vasta pianura; amici noi, se tali ci accolgono: vassalli non mai!

— Non farò contesa di vane parole con te; — disse freddamente il messaggiero. — Sia pure libero presente, e pegno d'amicizia, come giova all'orgoglio aicano di chiamarlo; ma proseguirai tu a darlo in futuro?

— Il futuro è in grembo di Zervane Acherene! — rispose il re, con accento di mal frenata impazienza. — Chi può dire oggi ciò che domani avverrà?

— Esso non è dunque nella tua mente? — incalzò il babilonese. — Non nella fede giurata?

— Giurata! Quando? e da chi? — proruppe il re, con voce tonante. — Bada a te, messaggiero; la menzogna è sul tuo labbro, e chi t'ha detto avere gli Aicani giurato un patto di servitù, ha mentito al cospetto dei cieli. Ma, poichè egli bisogna dir tutto, — proseguì Ara, tornando, sebbene a fatica, in sè stesso, e piegando la voce ad accento di sottile ironia, — dimmi ancora; se io pure ti rispondessi che l'Armenia seguiterà a pagare, come voi lo chiamate, un tributo, basterebbe ciò alla regina degli Accad?

— No, difatti.... — rispose quell'altro, — non basterebbe.

— Ah, — esclamò Ara, sorridendo amaramente. — E che altro si vuole?

— Che tu abbia a tornare, scortato da noi....

— In Babilonia?

— No; al campo della regina, che è di presente in Assûr, nel paeso di Nahiri. Colà, al cospetto di tutti i popoli che seguono in armi la possente regina, tu giurerai fedeltà al trono degli Accad, e quindi, tu e i successori tuoi, sarete prosciolti da ogni tributo. Semiramide è generosa, non avida di ricchezze pel tesoro di Babilu. Spesso ella dona in un giorno, ciò che dieci provincie potrebbero darle in un anno. Tu vedi, o re, da ciò che ella chiede, come non la muova cupidigia o mal animo contro le genti d'Armenia.

— Grande è Semiramide! — notò con piglio sarcastico, il re. — Se ella mi avesse chiesto cosa che tornasse a danno del mio popolo, avrei recisamente negato. Ella chiede in quella vece la mia umiliazione. E a ciò forse potrò io inchinarmi; — aggiunse dopo essere stato alquanto sopra di sè. — Ma che ne pensano coloro che m'hanno riconosciuto pel loro signore? coloro che da me s'aspettano diportamenti degni del nome aicano? A voi, grandi del reame, e governatori delle città, il giudizio! Rispondete liberamente al messaggiero, e come l'utile del popol nostro consiglia. Debbo io andarne al campo di Assur?

— Pronipote di Aìco, — disse gravemente Vasdag, principe di Tarbazu, che è sulle rive dell'Eusino, — tu non puoi giungere a mezzogiorno più oltre del campo di Aiotzor e della valle memorata di Kerezmanc.

— Colà, — aggiunse un altro, e tutti i presenti assentirono, — dee piantarsi il tuo stendardo di guerra.

— Tu li odi? — chiese Ara al messaggiero babilonese.

— Ho udito; — rispose quegli, con atto di commiato. — Semiramide prevedeva una simigliante risposta, e dal campo di Assur vi annunzia i suoi alti disegni. Ella stessa verrà ben più oltre di Kerezmanc; verrà in Armavir e in quante città novera il reame dei figli d'Aìco.

— Come ospite? — chiese nobilmente Ara, alzandosi in piedi, poichè la conferenza accennava al suo termine.

— Come vincitrice! — disse quell'altro, con accento di minaccia.

E trattosi indietro, tolse dalle mani dei due guerrieri il giavellotto e la spada, che gittò poscia solennemente ai piedi del trono.

— Conservate questi segni di guerra; — soggiunse il messaggero babilonese. — Semiramide verrà col suo esercito a raccoglierli nel sangue vostro e li consacrerà alla memoria di Bel Nemrod, su quella rocca di cui veggo sorgere i fianchi dirupati dalle acque del lago.

— Se non li riporteremo noi prima al campo di Assur! — disse Valdag, alzando la spada e il giavellotto da terra.

— O in Babilonia! — aggiunse un altro, tra le grida dei consenzienti compagni.

— Tacete! — gridò il re. — Non s'addice ai prodi essere vantatori. Va, messaggiero, al campo di Assur, e reca alla tua grande signora che i figli d'Aìco, fidenti nell'armi loro e nella giustizia dei Numi, attenderanno di piè fermo l'assalto. —

CAPITOLO XIV.

Il Pellegrino.

Era alta la notte e migliaia di fuochi, contendendo lo splendore agli astri del firmamento azzurro, brillavano sulle colline di Ajotzor, ultimi contrafforti nei monti d'Armenia. Colà, presso le sorgenti dell'Eufrate, vigilava l'esercito d'Ara, a custodia delle sue terre natali. Colà, diffatti, era a temersi l'assalto; per quelle strette erano sempre venuti, risalendo il corso d'un gran fiume, i nemici della indipendenza d'Armenia; su quelle rupi s'erano sempre inerpicati i guerrieri della pianura, a molestare il nido dell'aquile aìcane.

Il grande altipiano che si innalza ad un tratto dalla contrada di Nahiri e da maestro vien digradando con dolce declivio fino alle pianure che lo separano dalle catene del Caucaso, ecco l'Armenia, detta negli antichissimi tempi Aiasdan, o vero sia il paese di Aìco. Imperocchè questo fu il progenitore della nobilissima schiatta, e da lui doveva essa aver nome ed auspicii.

L'altipiano è intersecato da catene parallele di alte montagne, e da più umili colli di dolce pendìo. Le valli interchiuse sono in parte strette e solitarie vallicelle, in parte larghe e fertili pianure, come quella, ad esempio, cui bagna col suo rapido corso l'Arasse. Una cosiffatta configurazione di terreno mal consentiva lo stabilimento di un forte governo centrale, che signoreggiasse l'intiera contrada, e più s'acconciava alla libera vita di indipendenti tribù, forti a guerreggiarsi tra loro, deboli al cospetto di un possente vicino che le assalisse alla spartita.

E i dominatori della pianura aveano sempre avuto una ragione particolare a tentar simili assalti, sendo che i corsi superiori dell'Eufrate e del Tigri giacevano entro le montagne d'Armenia. Le quali, per contro, correndo da oriente a occidente, presentano il loro più rapido pendìo dalla parte di mezzogiorno, contrariamente alle catene dello Zagro, le quali, rivolte a levante, declinano dolcemente verso la valle del Tigri. Donde avviene che mentre lo Zagro invita gli abitanti della pianura a tentare i suoi alpestri recessi, facili da principio, indi di mano in mano più orridi e malagevoli, i monti dell'Armenia li respingono, con presentar subito le maggiori difficoltà e ad un tempo il più squallido aspetto, e coi fianchi rocciosi e le cime nevose appaiono insuperabile ostacolo ad un esercito invasore. Per altro, e appunto perchè chiudevano nei fianchi loro le sorgenti dei due grandi fiumi del Sennaar, i monti occidentali offerivano la via più accettevole agli assalitori del piano.

Per colà, dunque, avevano ad inoltrarsi le schiere degli Accad. A quelle strette accennava chiaramente l'esser eglino venuti ad oste in Assur, nella contrada di Nahiri. Già parecchi giorni eran corsi dalla intimazione di guerra; già si era al principio del mese di Garmapada, che i Babilonesi chiamano Tana, o mese del fuoco, e l'esercito aìcano, già preparato agli eventi, era venuto a chiudere i passi dell'alto Eufrate, lunghesso i poggi e le gole di Aiotzor.

Centomila uomini avevano risposto alla chiamata del re. Nessuno dei validi guerrieri era rimasto negli ozii imbelli delle pareti domestiche. Le tribù tutte quante aveano mandato il fiore dei loro combattenti. La regale Armavir e la sacra Peznuni, Tarbazu marinara e Masciag educatrice di cavalli, le tre grandi provincie del paese, cioè a dire, la montuosa Urarti, la fluviale Adduri e la lacustre Mildis, con nobil gara aveano dato di piglio all'armi. E sugli ultimi lembi della catena dell'Amano e di quella dell'Arzanìa, che si raccostano da occidente e da oriente intorno alle non lontane sorgenti dell'Eufrate e del Tigri, erano venuti a metter campo i guerrieri. Sukkia, Laluknu, Cartar, Izirtu, piccole città più vicine alla stretta dove occorrean le difese, erano dense d'armati. Sarda e Zikartu, provincie che guardano il mare del sole oriente, avean dato i più destri arcadori; dalle ampie valli dell'Arasse, generoso largitore di messi, eran giunti a torme i più baldi cavalieri; i cittadini d'Armavir, portatori di gravi loriche e di mazze ferrate, i montanari di Urarti, vestiti dal capo alle piante di vellose pelli, e sicuri lanciatori di giavellotti, i valligiani dell'Oronte, fiondatori valenti, erano accorsi ad ingrossare le file, tutti frementi amor di patria, ed ira gagliarda contro gli audaci invasori.

Saviamente distribuiti da Vasdag, il principe di Tarbazu, esperto condottiero, già amico di Aràmo e suo compagno nell'armi, vigilavano essi a difesa del confine. Il grosso dei cavalieri si raccoglieva nelle città e borgate, pronto ad accorrere dove più bisognasse; il nerbo dei fanti si addensava nelle gole e agli sbocchi delle vallate; numerosi drappelli d'arcieri accampavano sui greppi e lungo le digradanti costiere; fanti e cavalli vigilavano sui poggi avanzati e nelle forre; esploratori, scelti tra i più animosi e sagaci, s'inoltravano per l'ombre notturne, fino ai primi paeselli della sottostante pianura.

Di là, si è già detto, bisognava ai nemici farsi strada alle alture. Era stato quello il cammino seguito anticamente dalle schiere di Nemrod; quello doveva essere altresì il cammino dell'armi di Semiramide. Per mezzo a quei monti scorreva l'Eufrate, ancora povero d'acque, ma più impetuoso per contro, chiuso com'era in più modesti confini. Più giù, a mezzogiorno, seguivano collinette e rialti, biancheggianti al mite chiaror della luna, tra i quali si andava svolgendo in lunga e tortuosa striscia luccicante il gran fiume, per confondersi più oltre coi lembi estremi della pianura, involta in una nebbia sottile e d'incerto colore. Quella ròcca che si scorgeva lontan lontano sull'orizzonte era Assur, forte castello edificato dai figli di Sem, già padroni della terra di Sennaar, indi cacciati a settentrione dai feroci conquistatori della progenie di Cus.

E laggiù, in mezzo ai popoli signoreggiati, la cui alterezza dovea rifarsi più tardi degli oltraggi patiti, e da Ninive cresciuta in possanza offuscare le cadenti fortune di Babilonia, laggiù ingrossavano da parecchi giorni le schiere che gli ultimi Cussiti aveano raccolte da tutte le più lontane provincie del loro vastissimo impero; attendevano laggiù, numerose come le arene del mare, minacciando da presso i liberi monti d'Armenia. Non si scorgevano i fuochi delle innumeri schiere; ma non le sentiano men vicine per ciò gli arcadori di Zikartu, che stavano a guardia dei contrafforti dell'Amano, sulla collina di Lukdi

Ora, mentre essi stavano vigilando, ultime scolte dell'esercito aicano, e specolando all'intorno la biancheggiante pianura, diè loro negli occhi un uomo che, uscito da una macchia d'arbusti, a lenti passi procedeva per un sentieruolo alle falde del poggio. Veniva egli guardingo, come chi sappia d'esser in luogo pieno d'agguati e tema di abbattersi in qualche drappello d'esploratori; per altro, non aveva seguitato a rasentare la macchia, la cui ombra ancora per lungo tratto di strada avrebbe potuto nasconderlo.

Chi era egli? Troppo misurato negli atti, per essere un guerriero dei loro; troppo poco, per essere uno spione degli inimici. Avvicinandosi sempre più lo sconosciuto, videro ancora com'egli fosse inerme, e si giovasse di un lungo bastone ricurvo, alla guisa dei pellegrini, che correvano mendicando di paese in paese, per andarne a sciogliere il voto a qualche tempio celebrato e lontano. Diffatti, egli indossava una tunica modesta che scendeva poco oltre il ginocchio; e certo, a chi l'avesse veduto più da vicino, sarebbe apparsa lacera e rattoppata di brandelli d'ogni colore, L'arnese che gli biancheggiava sul capo, dovea esser la fascia rigirata intorno alle tempie, portata dai nomadi pastori del deserto, a custodir la cervice dai cocenti raggi del sole; quell'altro che gli faceva ingombro sugli òmeri, anzi che un mantello, doveva esser una di quelle bisacce, nelle quali i pellegrini sogliono portare lo scarso viatico accattato dalla umanità dei borghigiani, che loro hanno profferto l'ospizio.

Sì, forse egli apparteneva a quella classe d'innocui viandanti; ma non poteva esser egli un nemico, che, più audace degli altri, s'inoltrasse nel campo loro, argomentendosi d'ingannarli, con la umiltà delle spoglie? Arte degli esploratori era questa; ma nel caso presente assai poco sagace, dappoichè nei dintorni non era tempio, o santuario, che potesse ragionevolmente attirare i viandanti divoti. Tre giornate ancora egli avrebbe dovuto far di cammino, prima di giungere al tempio di Anaiti, in Urfa, che era il più vicino di quei luoghi; ma neppur quella che il viandante seguiva, era la strada, bensì ad occidente, e più verso i piani di Assur, che non verso le alture di Lukdi.

Così pensando, gli arcieri fecero quello che ogni prudente soldato avrebbe fatto in tal caso. Due di loro si dilungarono dal manipolo e si calarono per una insenatura del terreno da un lato; altri due fecero il somigliante dalla parte opposta, e, venendosi incontro sulle falde del poggio, furono addosso al viandante con le spade sguainate.

Gli atti dello sconosciuto, all'improvviso apparir dei soldati, mostrarono come non fosse mestieri di tanta minaccia. Dato un passo indietro, più assai per prudenza che non per repentino sgomento, egli alzò placidamente il capo e disse agli arcieri:

— Sia sempre con voi la vittoria. Che volete da un povero pellegrino?

— Che chiedi tu piuttosto, in quest'ora notturna, — dissero a lui di rimando gli arcieri, — inoltrandoti in mezzo alle prime scolte del campo aicano? Chi sei?

— Ve l'ho detto; un pellegrino.

— Ah sì! — esclamarono gli altri, con piglio sarcastico. — E dinne: a qual santuario erano volti i tuoi passi?

— A quel di Peznuni, se non vi spiace, — rispose lo sconosciuto; — ma non senza aver fatto da prima una sosta alle tende di Aiotzor. —

Queste ultime parole soggiunse ogli sorridendo, con un fil d'ironia, che pareva una rivinta sui loro sarcasmi.

— E tu ardisci confessarlo! — gridarono allora gli

arcieri. — Ma sai tu che cosa si spetti ai pellegrini della tua sorte?

— No, in verità, io non lo so; — diss'egli con accento di candore.

— Odilo dunque; si cavano loro gli occhi che hanno voluto veder troppo, si mozzano loro i piedi che hanno tentato di farsi troppo oltre, e con le mani legate dietro le spalle a guisa di vili malfattori, si lasciano sui campi, alla sferza del sole, in pascolo agl'insetti, agli sciacalli, agli uccelli di rapina.

— Questa è giustizia per gli spioni, — rispose lo sconosciuto, senza punto mostrarsi turbato; — ma io non sono uno spione, e nemmeno, a dir vero, un pellegrino dei soliti... quantunque per giunger fin qua, io abbia dovuto mentirne le spoglie.

— La tua schiettezza si piglia giuoco di noi! — gridàrono stizziti gli arcieri. — Ma il tuo caso è grave; non vieni tu dal campo di Assur?

— Per l'appunto.

— Sta bene, e noi ti condurremo in vista delle tende di Aiotzor, dove egli ha da esser domani un mal giorno per te.

— Sì, conducetemi pure laggiù; — ripigliò il pellegrino. — Non vi ho io detto che quella era meta del mio viaggio? Ara il bello, che i santi Numi proteggono, sperderà i vostri negri pronostici.

— Bada! — notarono gli arcieri, in quella che, postolo in mezzo, lo conduceano per l'erta. — Non vede il re chi vuole.

— E che? Non vive egli in mezzo a' suoi guerrieri? Non partecipa egli ai disagi del campo?

— Sì, così vive Ara il bello; ma gli stranieri non hanno a vederlo che per mezzo allo sfolgorar delle spade. E se tu hai messaggi pel re, come di certo in-

venterai, per destreggiarti e cansare la croce, esci di
inganno, tu non giungerai fino al re. Le gravi cose che
ti girano per la fantasia, le dirai a più umile orecchio,
al capitano degli arcieri di Zikartu.

— Ah, nulla a lui; tutto al re! — disse lo sconosciuto, con accento tranquillo. — Ma via; troppo abbiam ragionato di ciò; vediamo ora il vostro capitano, che certo sarà più umano di voi. —

La placida serenità del pellegrino cominciava ad impacciare i soldati. Eglino perciò non risposero verbo, e borbottando, quasi a scarico di coscienza, confuse minaccie tra' denti, si avviarono con esso lui alla tenda del capitano.

Il mite raggio di Sin gli illuminava in quel mezzo la fronte e la persona vestita di umili lane. Per fermo egli era innanzi cogli anni, ma nol faceano parere tant'oltre il portamento eretto e la carnagione olivigna, che conferiva alle fattezze sue regolari e grandiose alcun che della lucida rigidezza del bronzo. Lunghi, ma radi, i peli del mento; povero l'arco delle sopracciglia; donde avevano più lume i grandi occhi neri di smalto, dei quali ei si studiava dissimular la vivezza, tenendo, quanto più gli veniva fatto, socchiuse le palpebre. Non era un pellegrino mendico, lo aveva confessato egli stesso pur dianzi; ma certo molte altre cose egli celava di sè.

Giunto alla tenda del capitano, espose in breve ciò che già aveva detto agli arcieri; non esser egli ciò che il suo aspetto mostrava, ma neppure un esploratore nemico; gravi cose recava, e non poteva dirle che al re, lo conducessero a questi, che, se mentitore, lo avrebbe mandato a morte senz'altro. La sicurezza dei suoi modi e l'accennar che faceva ad alti segreti, poterono sull'animo del capitano più della naturale diffidenza. Laonde, comandato che gli bendassero gli occhi lo fece montare a cavallo e con buona scorta de' suoi uomini su per la via del fiume, condurre all'accampamento del re.

Già sorgeva l'aurora, tingendo di rosea luce le nevi eterne dei monti, allorquando l'infinito pellegrino giunse guidato da' suoi custodi, in mezzo alle colline di Ajotzor. Era tutto intorno un gaio spettacolo di tende d'ogni forma e colore, di cavalli condotti ad abbeverarsi nel fiume, di guerrieri in moto, di bagaglioni e di servi intenti alle cure del campo, di scudieri che forbivano armature, di trombettieri che davano allegramente nelle lor trombe di rame.

La tenda del re, sormontata da un'asta al cui sommo sventola una lunga e sottile striscia di porpora, era sul poggio più eminente della convalle. La cavalcata mosse a quella volta, e come fu giunta alla meta, si calò d'arcione il pellegrino e gli fu tolta la benda dagli occhi.

Parecchi ufficiali del re stavano a crocchio davanti alla tenda. Uno di costoro, alla vista del nuovo venuto, impallidì, torse lo sguardo e si allontanò chetamente. Era egli Bared, lo scudiero, il fedel servo del re.

Il pellegrino non pose mente a cotesto, abbagliato com'era da tutto quel tramestio d'armi e d'armati, e sovra pensiero per l'imminente sua introduzione al cospetto di Ara. Diffatti, a mala pena gli uomini della scorta ebbero detta agli ufficiali la cagione della loro venuta, uno di costoro entrò nella tenda, e tornò poco stante, annunziando al pellegrino che il re consentiva a vederlo.

Ara il bello! ahi quanto mutato da quel di prima! Il dolore aveva sfiorata la morbida guancia; l'interno struggimento gli si leggeva nella fronte corrugata e nel torbido lume degli occhi.

Vide egli il pellegrino e n'ebbe un soprassalto al cuore. Tosto congedò Vasdag, il savio principe di Tarbazu, ch'era presso di lui, e accostatosi al nuovo venuto, con voce sommessa ma con accento concitato, gli disse:

— Santo vegliardo, tu qui?

— Io, sì; — rispose il pellegrino; — ed ho posta a repentaglio la vita, per giungere fino a te, recarti una nuova e darti un consiglio.

— Parla! — disse a lui di rimando il re. — Ciò che viene dalle tue labbra è triste, ma vero. E se gli è un altro dolore che tu mi rechi, sii ringraziato del pari. —

Profferite queste parole, con accento malinconico, ma con piglio veramente regale, Ara additò al vecchio uno sgabello vicino al suo, invitandolo a riposarsi. Il vecchio gli volse uno sguardo lungo ed intenso, donde trasparivano insieme affetto e tristezza, fors'anche rimorso; indi, ubbidiente, s'assise.

— Necessario è talvolta recar dolore altrui; — rispose egli poscia. — Non siamo noi sempre arbitri degli atti nostri e delle nostre parole; gli Iddii ci guidano il braccio e c'inspirano il labbro, quando a sanare, quando a ferire. Fu voler loro che per noi ti apparisse la dolorosa verità; io stesso, umile strumento in mano dei santi Numi, fui primo a sentirne rammarico. Odimi ora; ciò che m'era dato di fare per utile tuo, la mia presenza tel dica. Lieta novella io ti porto. La superba donna che ha poste le sue tende in Assur, pronta a rovesciare su te l'impeto delle sue fortissime schiere, sta per vedere domato il suo orgoglio feroce.

— Che dici tu mai?

— Ier l'altro, — ripigliò gravemente il vecchio, — ier l'altro, sesto giorno del mese di Tana, detto da voi Garmapada, la rivolta è scoppiata in Babilonia. Oggi, forse, tutto il paese di Sennaar ha già innalzato lo stendardo della ribellione; il trionfo delle nazioni soggette è vicino.

— Ma come? — dimandò il re d'Armenia, che quell'annunzio inaspettato riempiva di stupore.

— A Babilonia, — rispose il vecchio, — spiacque l'intimazione d'una guerra, che tutti sapevano cagionata da un corruccio di donna; d'una guerra che gli antichi esempi fanno temer disastrosa. La sconfitta e la morte di Nemrod erano presenti all'animo di tutti; nè si dimenticava che, or fanno pochi anni, lo stesso Nino, il marito e re di costei, sebbene covasse in cuor suo la vendetta e meditasse di sterminare fino all'ultimo rampollo la progenie d'Aìco, avea dovuto divorar la sua rabbia, dissimulare l'impotenza sua con amorevoli messaggi e liberali concessioni ad Aràmo, al tuo gran genitore. Conservi Aràmo la sua potenza tranquillo, dicevano i messaggi; abbia egli diritto di portare la benda di perle e sia secondo dopo di noi. [Così, sebbene potentissimo, temeva Nino di cimentarsi all'impresa. E, lui morto, ardisce la vedova sua romper guerra agli Armeni? Nemica del suo popolo è costei, non madre, se, per far vendetta sopra un amato garzone, non dubita di immolare le più nobili vite di una contrada, cui ella, al postutto, è straniera. Così il popolo di Babilonia, poichè ella fu uscita dalle porte; così ingrossarono l'ire, così crebbero facilmente a tempesta. Indegna del trono fu dichiarata costei dai maggiori della città; indegna la gridarono i sacerdoti di Belo, dal sommo della gran torre di Barsipa. E là, nel tempio del Dio, plaudente il popolo ed auspice il presidio, Ninia fu consacrato re su tutta la gente degli Accad.

— E in qual guisa t'è noto? — gridò Ara confuso.

— Come può l'annunzio aver fatto in così breve tempo dodici giornate di cammino?

— Tutto è noto ai veggenti; — sentenziò il vecchio con accento solenne; — e sei tu che lo ignori? Ma via; — soggiunse tosto, notando il rispettoso acquetarsi del re; — qui non è niente di sovrumano. Tutto era già concertato tra i grandi, e, a mala pena la rivolta scoppiò, un lungo ordine di fuochi accesi di colle in colle ne ha mandato il rapido annunzio fino alla rocca di Assur.

— Ingegno profondo! — esclamò Ara ammirato. — Ed ella ignora tuttavia?....

— Sì, tutto ignora; — rispose il vecchio. — Fuochi d'allegrezza le parvero, o di sacrifizio offerto sulle alte vette ai celesti; ed erano in quella vece gli annunzi della sua imminente rovina. Il triste evento non le sarà noto che tra dodici giorni.... quanti bastano a rafforzare le nascenti fortune di Ninia. Per lui è il popolo delle quattro favelle; per lui i sacerdoti degli astri deificati, che si adorano nella terra di Sennaar; per lui i governatori delle provincie.

— Ma, dimentichi tu il possente esercito che ella ha raccolto in Assur? — chiese il re, crollando malinconicamente il capo. — I miei esploratori, tornati ieri da diversi punti dalla vasta pianura, hanno potuto noverare cinquanta miriadi d'armati.

— Forse; — soggiunse prontamente il vecchio; — ma di gente raccogliticcia e la più parte mal fida. Credi tu che s'abbia a fare grande assegnamento su popoli, ieri nemici, oggi domati coll'armi? Credi tu, ad esempio, che i Medi, i nobili Medi, combatteranno volentieri per lei? Bakdi già tanto felice, Bakdi con l'alta bandiera, come i suoi sacri cantori la van celebrando, centro e guida a tutti i figli dell'Iran, morde sdegnosa il freno della servitù....

— Ma Zerduste, il suo principe, non è egli ospite in Babilonia? Non è egli tra i grandi del reame, maestro e custode di Ninia? La regina non lo pregia e nol venera, siccome è fama, tra tutti i consiglieri del trono?

— Troppo lo venera; — notò sarcasticamente il vecchio; — e meglio sarebbe stato per lei averlo ricambiato d'amore.

— Ah! — gridò il re, a cui quelle parole erano spina acutissima. — Ed egli pure, il principe di Bakdi, amò la regina?

— La maliarda è divinamente bella, e molti son caduti a' suoi piedi. Egli, per altro, men fortunato di tanti; nè ciò avrà giovato a rendere i Medi più amanti del giogo.

— Intendo; — disse Ara. — Ed era Zerduste il savio dal fiore di amomo?

— No, — rispose quell'altro, con accento breve, se non per avventura molto sicuro. — Bene è egli fautore della rivolta, insieme col vecchio Sumàti, che ti sta innanzi, nato sull'Indo, alle cui rive la superba s'attentò di spingere il suo cavallo di guerra. Noi l'anima della congiura contro un potere che minaccia d'invader la terra e di assoggettarne ogni libero popolo; e tu ne sei il braccio gagliardo, o re d'Armenia, a cui ella si sforza di togliere il regno e l'onore.

— Oh, mi toglierà la vita, — interruppe Ara, — e sarà il meglio per me.

— No, tu dèi vivere e vincere. Ora, tu vincerai, re d'Armenia, se avrai prudenza pari al valore.

— Ah sì, rammento che insieme con un lieto annunzio tu mi rechi un consiglio. Udiamo il consiglio, — soggiunse Ara, con voce impressa di profonda mestizia, — e se potrà tornar utile alla gente aicàna, grazie a te dal profondo del cuore!

— Tu stesso giudicherai, — disse Sumàti, — se il consiglio sia utile, com'io penso, al tuo popolo e a te. Esso ti è pòrto in nome della lega giurata ai danni della stirpe di Nemrod; ma te lo reca altresì un uomo, che, vedendoti prode, generoso e fedele alla santa amicizia, ha preso ad amarti d'un amore paterno. Forse egli non opera sagacemente in cotesto. I sapienti che si travagliano per vie segrete al trionfo del vero, non dovrebbero soffermarsi mai sul fatale cammino, nè dissipare la forza loro in pietose cure ed affetti vani, siccome è lecito alla comune degli uomini. Ma così avvenne di me; la mia tempra non è così forte, da cancellare nell'animo i più teneri sensi. E t'amo come un figlio, ti venero come il più nobile, ti ammiro come il più valoroso tra i re. Degli uffizi a ciascheduno assegnati, io mi elessi quello d'invigilar Semiramide. Era il più umile e il più pericoloso; quello degli altri ha più fortuna e più gloria. E lo elessi per farmi più vicino a te, generoso Aicàno, per dimostrarti l'affetto mio, per salvar te in questa grande rovina. Mi crederai tu veritiero?

— Ti credo! — rispose Ara, mettendo le sue mani in quelle del vecchio.

— Accogli dunque ora il consiglio. L'esercito di Semiramide è forte per numero. Dove lo attenderai tu?

— Qui, sulle colline di Ajotzor, dove il gran progenitore della mia stirpe sgominò le forze di Nemrod.

— Troppo è vicino il luogo al passo di Lukdi. E non temi che, mentre sarà impegnata la mischia, nuove schiere possano giungere in breve ora dal piano?

— Vengano; alla spartita le affronteremo. Oltre a quaranta migliaia di nemici non possono liberamente muoversi in questa valle che noi difendiamo.

— Intendo; ma pensi tu ai danni d'una prima e grossa battaglia perduta?

— In pugno di Zervane è il destino.

— Sì, ma Zervane dà la vittoria ai prudenti. Montuosa contrada è l'Armenia, e ad ogni piè sospinto t'è dato di avere una nuova Ajotzor. Non potrai tu tirar dentro il nemico, costringerlo a chiudersi, a frastagliarsi in queste convalli, temporeggiare, molestarlo dai greppi, predare le sue salmerie, rifinirlo insomma, e attenderlo poscia, stremato di forze, di là dal salso lago di Van, presso la tua munita Armavir? E pensa che neppure ti bisognerebbe giungere a quest'ultima prova; imperocchè tra pochi giorni Semiramide udrà l'annunzio della rivolta scoppiata in Babilonia e in pari tempo le verranno meno le vettovaglie bisognevoli a sfamare un così numeroso esercito. Ella in paese nemico, e intorno a lei spopolato, col malcontento e' la costernazione tra' suoi, si vedrà costretta a rifar la sua via. E tu allora a piombarle sopra improvviso, da qual parte ti piaccia, o far pace onorevole.

— Buono è il consiglio; — disse Ara, dopo alcuni istanti di pausa. — Ma pace io non spero, nè fuggire saprei. Il tuo disegno fu già nella mente di Vasdag, il savio principe di Tarbazu, che è il primo de' miei consiglieri; ma egli stesso ne ha abbandonato il pensiero.

— Egli non poteva sapere della rivolta di Babilonia; — entrò sollecito a dire Sumàti; — e questo evento....

— Sì, intendo ciò che vuoi dirmi; — interruppe il re; — ma questo luogo è fatale. I sacri platani di Peznuni hanno dato il responso, « È in Ajotzor la tomba dei Babilonesi. »

— Ambigui troppo, gli oracoli! — notò brevemente Sumàti.

— Non credi tu che in essi parlino i Numi? — chiese Ara con accento di sicurezza.

Sumàti chinò la fronte, pensoso.

— Io credo, — rispose, — che nella mente del savio sia il più venerabil tempio e il più certo oracolo di Dio.

— Chi può dire: io sono il savio tra tutti? — ripigliò Ara, crollando mestamente il capo. '— Comunque sia, grazie a te dell'amorevole consiglio; ma vedi, oramai la sorte è gittata. Non è egli forse già troppo aver condotto l'Armenia a questo cimento per me? Il meglio è di finirla in un giorno. Qui pugneremo da valorosi; qui morremo, quando non sia possibile il vincere. Vivo ella non m'avrà in sua balìa; m'intendi tu? — proseguì il giovine con accento di sicurezza profonda. — Io l'ho giurato all'ombra amata di Sandi, del dolce amico di cui m'è viva qui la presenza in ogni cosa ch'io miro, più ancora che non mi fosse chiaro l'aspetto in quella notte orribile, donde hanno principio i miei mali. Ben poco invero io darò in preda alla morte! Non m'ha già ella ucciso, spegnendo nel mio cuore la fede? O padre! la mia vita è un tormento, un'atroce agonia dello spirito. Mi ami, hai detto? Orbene, così m'avresti tu amato del pari, nelle tenebre paurose del sotterraneo, chè m'avresti usato misericordia laggiù, dandomi d'un pugnale nel cuore, innanzi ch'io varcassi la soglia di bronzo! —

Sumàti reclinò la testa sul petto e stette a lungo sopra di sè, corrugate le ciglia e gli sguardi atterrati. Quello che gli facea così grave la fronte era un acerbo rimorso. Tutta egli avea misurata, in quello sfogo dell'ambascia di Ara, la profondità della ferita che egli aveva aiutato ad aprire. Egli, cuor di macigno, s'era intenerito alla vista di quel candido garzone, di quell'animo incauto, così facile, per l'indole sua generosa e fidente, a cader negl'inganni degli ambiziosi e dei tristi. Commosso da quella grazia e da quella prodezza giovanile, s'era adoperato a salvargli almeno la vita, e di ciò appunto, senza saperlo, gli faceva rimprovero quel misero cuore straziato. Lo amava, oramai; si doleva amaramente di averlo condotto a quel punto, vittima innocente di ambiziosi disegni, stromento inconsapevole di alte vendette. Iddio ha seminato il rimorso nell'anima del malvagio, come il filo d'erba nel deserto, come l'amore nella immensa miseria del mondo. Egli è forse per ciò che non siam tristi, o codardi, del tutto. E tale era Sumàti, che, nella schiettezza del suo rammarico, avrebbe voluto alzar quella fronte umiliata e parlare al re d'Armenia in tal guisa:

— Tutto ciò che hai udito, tutto ciò che hai veduto, è menzogna. Nulla è vero di Sandi, e tu, inebbriato da magici filtri, hai creduto di scorgere le sembianze dell'estinto in quel bugiardo aspetto che la nostra arte perversa ti ha mostro. Come sapessimo noi così minutamente del tuo passato, t'è oscuro? Ma torna indietro coll'animo, e rammentati. Non hai tu troppo fatto a fidanza coi silenzi notturni, là, nel sacro bosco di Militta, allorquando, curuccioso di doverti presentare al temuto cospetto di Semiramide, giuravi fede e rapivi la pace del cuore ad Atossa? E ben altro sapemmo, ben altro. Non metter tua fede intera negli uomini, o re! I sensi loro, i desiderii, le ambizioni, i rancori, oggi a te ligii, o tacenti per te, si gioveranno della tua fede, si armeranno del tuo segreto contro di te, solo che un astuto malveggente li possa infiammare a tuo danno. Bared, il tuo fedelissimo Bared, fu colto ai lacci d'una tentatrice leggiadra; tutto egli disse, ciò che a noi mettea conto sapere, per colorirne la fantastica scena che t'è parsa sì vera; e il suo silenzio, la sua complicità, furono compri dalla paura di aver troppo parlato, assicurati alla lega coll'oro, e più assai con minaccie di morte. Egli ha taciuto finora, temendo di avere assiduo al suo fianco il punitore; tacerà, più pauroso ancora, poi che avrà veduto me nel tuo campo. Io solo, dei tre congiurati, mi mostrai a viso scoperto; io solo, il men noto, ti condussi al tuo alloggiamento fuori il baluardo di Nivitti Bel. Tu sei vittima, o re, dell'odio di Zerduste, del più possente tra noi, contro il quale intendevano le mie parole a metterti in sull'avviso poc'anzi. Egli, contrariamente all'utile della causa comune, e non ascoltando che la sua rabbia gelosa, voleva la tua morte; io a fatica ho rattenuta la sentenza fatale, t'ho salvata la vita. Non basta ancora; io debbo far posare la guerra, ridarti la pace del cuore. Quella donna è calunniata; ella e tu, siete involti in una rete d'inganni. Uccidimi, o re; dammi ai più fieri tormenti; ma questa è la voce del vero. —

In tal guisa avrebbe voluto parlare Sumàti La schietta confessione gli turbinava nell'animo, gli faceva impeto alle labbra. Ma quale vergogna non sarebbe ella stata per lui! Apparire al cospetto di Ara un vil mentitore, un artefice di biechi inganni, egli, Sumàti, il discepolo di Manù, l'interprete dei santissimi Veda! E non c'era egli altro modo di tornar utile al re, senza tanto disdoro? Egli ben lo cercava, ma in quel suo turbamento non gli venìa fatto trovarlo.

E mentre così dubbiava tra rimorso e vergogna, s'affacciò all'ingresso della tenda Vasdag, il principe di Tarbazu, con aspetto che già di per sè annunziava rilevanti novelle.

L'occasione era fuggita. — È il destino che lo vuole! — aveva detto Sumàti in cuor suo.

— Che rechi di nuovo? — dimandò Ara al vecchio capitano.

— Un cavaliero, — rispose Vasdag, — è giunto or ora da Lukdi...

E si arrestò, guardando Sumàti.

— Parla liberamente; — disse Ara; — questo pellegrino non è di soverchio fra noi.

— E giunto da Lukdi, — ripigliò allora Vasdag, — e porta novelle dell'esercito babilonese, che ha lasciato il campo di Assur ed è tutto in marcia verso di noi. Le sue ali si stendono all'orizzonte come i corni d'una luna falcata, e le schiere in moto appaiono numerose come un nembo di locuste, che si rovescino a devastare i campi d'una intera contrada.

— Era tempo; — sclamò il re. — E dove accenna il nemico?

— A sforzare col nerbo de' suoi il passo dell'Eufrate, mentre forse una parte, che s'avanza diffatti sulla riva sinistra del fiume, risalirà alle sorgenti del Tigri. Questa io l'ho per una vana minaccia; del resto, laggiù son munite le strette e poca gente basterà a trattenere gli audaci.

— Sta bene, — disse Ara. — E che faremo noi ora, o Vasdag?

— Mio signore, — rispose il principe di Tarbazu, — lo ha già detto il tuo senno. Li lasceremo penetrare in questa valle, dove, coll'aiuto degli Dei, sarà la lor tomba.

— E t'ascoltino gli Dei; — soggiunse il re. — Ma pensiamoci ancora; egli è accorto consiglio aspettarli qui, o non piuttosto ritirarci più indietro, per modo che non possano così facilmente rifornirsi di gente fresca, destreggiarci, insomma, rigirarci di greppo in greppo, traccheggiare, stancar l'inimico e attendere una migliore occasione? Sappi, o Vasdag; Babilonia si è ribellata e con essa tutta la regione di Sennàar. Quest'uomo che vedi, e nel quale è da riporre gran fede, me ne ha recata or ora la certa notizia. —

E si fece a narrargli partitamente tutto ciò che sapeva, e ciò che aveva cercato di persuadergli Sumàti.

Ma il principe di Tarbazu, o fosse religione vera e profonda, o diffidenza dell'ignoto pellegrino, rispose:

— È tardi oramai. L'oracolo di Peznuni ha parlato, e il tuo esercito, o re, vedrebbe di mal occhio un mutamento di ordini, che oggi, all'approssimarsi del nemico, avrebbe sembianza di fuga.

— Tu l'odi? — esclamò il re, volgendosi, con piglio grave, a Sumàti.

— E sia! — disse questi rassegnato. — Concedimi, o re, di rimanere al tuo fianco e di far mia la tua sorte.

— Ma.... — disse amorevole il re, — se ti incogliesse sventura? E se troppo noto ai nemici....

— Che importa? — interruppe Sumàti. — Non l'hai tu detto poc'anzi? In pugno di Zervane è il destino. —

CAPITOLO XV.

Il canto di Abgàro.

La voce dello avvicinarsi dei Babilonesi al passo di Lukdi si era sparsa rapidamente nel campo aicàno. Il bellicoso popolo aveva salutato l'annunzio con un grido di giubilo.

Il luogo che gli Armeni avevano scelto per aspettare il nemico, era acconcio che nulla più. Ne conoscevano ogni insenatura ed ogni declivio, ogni sentiero, ogni forra; sapevano da qual parte celarsi, da quale altra uscir fuori improvvisi; ove i guadi, ove i passi difficili. Quello era inoltre un luogo consacrato da gloriose memorie. Che più? I platani vocali di Peznuni avevan dato, pochi giorni addietro, un responso: « È in Ajotzor la tomba dei Babilonesi. » E dal labbro dei Sos, venerandi custodi del sacro recinto, s'era diffuso per ogni dove l'oracolo, argomento di speranza alle turbe, nuova esca all'amor patrio delle pugnaci tribù.

Gli Armeni, giusta il culto di tutti i popoli discesi dalle alture dell'Imalaya, adoravano il tempo sconfinato, sotto il nome di Zervane Acherene, donde era uscito Ahura, lo spirito divino ed eterno che penetra l'universo. E vedendolo essi in ogni cosa, erano venuti a grado a grado deificando le forze tutte della natura, siccome avean fatto i popoli affini di Javan, di Iran, e gli altri di Turan, più lontani consanguinei, sebbene più vicini per moleste incursioni. Ed anco ad essi parve di ravvisare nel fuoco, acceso sui monti, la più pura essenza dello spirito eterno, anch'essi popolarono di deità minori lo spazio, le viscere della terra e i flutti del mare. Nè meno aveano essi a sentire dalla vicinanza dei figli di Cus, pe' quali erano confuse in un culto le ingenite virtù della terra e le stelle del firmamento; però avevano anch'essi la loro Istar nel cielo e la loro Militta Zarpanit sulla terra; e quella dicevano Asdlig, questa Anait, ambedue più severe e di più casti riti onorate in quella contrada di assidue nevi e di costumi più rigidi.

Altri riti aveano comuni le due genti vicine e tratto tratto nimiche. Nè tanto era puro negli Armeni il nobil seme ariano, che non vi si scorgesse mescolato alcun che del sangue cussita, o camitico. Dicevasi che lo stesso Aìco, il loro gran padre, traesse l'origine dalla terra di Sennaar; forse non era egli che un figlio di Javan, od anco di Turan, disceso al piano dalle cime dell'Ararat, insieme coi campati dal diluvio, indi tornato alle sue prime sedi. Comunque fosse, in molte cose appariano conformi i due popoli; perfin nella lingua si notavano qua e là i segni dell'influsso straniero; certo, poi, la scrittura degli antichi Armeni era ereditata dagli Accad. E lassù, come tra le genti della pianura, erano magici riti, sortilegi, augurii e superstizioni in buon dato; epperò i platani di Peznuni, reputati faticidi, circondati di venerazione profonda e ciecamente creduti dalle moltitudini. Non aveano essi parlato il vero, profetando sventura pel viaggio del re in Babilonia? Doveano esser creduti dal paro, quando, con dolce lusinga all'orgoglio nazionale, vaticinavano in Ajotzor la tomba delle schiere nemiche.

E il vaticinio stava finalmente per compiersi. I Babilonesi, dopo lunga sosta in Assur, certo necessaria ad ordinare così numerosa turba d'armati, avean levate le tende e s'inoltravano alla volta dei monti. Ancora un giorno, due al più, e sarebbero giunti all'assalto. Venissero pure, si perigliassero in quelle anguste convalli; le aquile aicàne erano pronte a riceverli.

Quel dì fu festa nel campo. S'incontravano i compagni d'arme, gli amici, e si scambiavano parole a vicenda aspettate. A domani! Ci siamo! Finalmente! Farà ognuno il debito suo. E lampeggiavano gli occhi, e una stretta di mano faceva sentire le pulsazioni gagliarde del sangue.

L'esercito aicàno si raccoglieva adunque in quel sereno riposo, che non è ozio, ma aspettazione; posava, ma meditando i colpi imminenti e le prede. Bella, ampia, ben chiusa sui lati era la convalle, e, per ogni ciglione, o pendio, per ogni greppo su in alto, o sentiero nel fondo, brulicava di armati. Era egli possibile che, rimanendo in piedi anco un drappello d'Armeni, l'esercito babilonese potesse aprirsi un varco là dentro?

L'ora delle quotidiane fatiche era scorsa e tutte le cure minute e varie del campo, cessate d'un tratto. Appesi entro le tende i grandi archi e le capaci faretre; a fasci raccolti i giavellotti, lunghesso i sentieri e di rincontro ad essi appoggiate le targhe di rame, e gli scudi lunghi di cuoio. Sciolti dalle pesanti bardature, pascevano liberamente i cavalli nei prati, o si diguazzavano nitrendo nel fiume. Qua e là seduti a crocchi, o lentamente vaganti per le viottole campestri, si davano spasso i guerrieri.

Gran ressa si notava alle falde del poggio, su cui

sorgeva la tenda del re. Attirava la moltitudine in quel luogo una danza militare, passatempo così grato agli Armeni. Ai suoni dei cembali percossi in cadenza da parecchi tra gli astanti, le coppie dei danzatori fingevano assalti di spade, si minacciavano coi giavellotti, s'intrecciavano in molteplici giri, si scioglievano e si assalivano ancora, con impeto più grande e moti più celeri, fino a tanto il ballo non rendesse immagine di una mischia, accompagnata da grida feroci e terminata dagli applausi del popolo spettatore.

Dopo le danze, i canti. Si riposava facendo cerchio in mezzo alle tende, dov'era più libero il campo, e sedevano al centro i poeti, venuti a far gara di maestria gli uni cogli altri. Eglino, di solito, accompagnando il finir d'ogni strofa con parecchi colpi di cembalo, cantavano antiche tradizioni della stirpe aicàna; ognuno, secondo l'umor suo e la feracità della fantasia, mutando alcuna cosa al racconto, e fiorendolo d'immagini proprie; del che pigliavano gran diletto gli uditori e faccano paragone tra i varii rapsòdi. La poesia, non la storia, si vantaggiava di questo continuo raffazzonamento, che venìa di mano in mano trasformando le cronache paesane in finzioni mitologiche, e queste rinfrescava poi di nuovi colori e apparenze di storica vita.

— « Ancora, — cantava uno di essi, — ancora nella terra dei due fiumi non era edificata la torre, testimonio dell'umana tracotanza, nè lo sdegno celeste avea corrotte e moltiplicate le lingue, allorquando erano principi della terra Zeruano, Titano e Jafeto.

« Appena si divisero essi l'impero del mondo, che Zeruano si levò padrone degli altri due. Titano e Jafeto si opposero alla sua tirannia e gli ruppero guerra. Imperocchè Zeruano pensava a fare che i suoi figli su tutti regnassero.

« E già Titano aveva rapita una parte delle terre di Zeruano; ma Asdlig, loro sorella, frappose le candide braccia e quetò gli spiriti irati.

« Acconsentirono regnasse Zeruano, ma patteggiarono giurati di far morire tutti i maschi che di Zeruano nascessero, perchè egli non regnasse su loro sempre ne' posteri suoi.

« Perciò posero alcuni Titani robusti, che vegliassero ai parti delle donne di Zeruano. E già due maschi sono uccisi, per ossequio al patto giurato, quando la pietosa Asdlig, secondata dalle piangenti donne, commuove i barbari cuori.

« Vivano i figli di Zeruano, e valide braccia li portino in occidente, sulla vetta di un monte. E sia come un altro Ararat, donde la nostra stirpe discenda a popolare la terra. »

Tacque, ciò detto, il cantore, e un altro gli sottentrò non meno caro alle turbe.

— « Dopo la navigazione di Chisutro alle terre alte e il suo approdo alle ultime vette dell'Ararat, uno dei suoi figli, per nome Sim, va verso tramontana e ponente. Tratto da vaghezza di conoscere i luoghi, s'inoltra egli a tramontana e ponente.

« Qua giunge, e mette sua stanza a' piedi d'un monte dalle lunghe falde, solcate dai fiumi che scendono nelle terre degli Accad. Mette qui sua stanza per due lune e chiama il monte Sim dal suo nome; indi fa ritorno verso mezzogiorno, e oriente, verso le contrade donde d'era venuto.

« Ma uno de' suoi figli, Darpan, co' suoi trenta nati e quindici figliuole, coi loro mariti, separandosi dal vecchio padre, si fermano a dimora tra noi. E Sim, dal nome del figlio, chiama il luogo Daron, e la regione ov'egli stesso aveva abitato, chiama Tzeronk, che significa dispersione.

« Imperocchè ivi si separò il suo figlio da lui, e un altro del pari, che va a metter dimora presso i confini della regione di Bakdi. E quest'altro luogo serba tuttavia il nome di Zaruant.

« Questo è il poco della stirpe di Sim, che rimase nelle terre d'Aiasdan, innanzi che il forte Aìco venisse a rallegrarle di sua dolce presenza. Ora, non sì tosto egli apparve, che tutti, discendenti di Sim, tribù bellicose di Javan, e domati figli di Turan, accolsero volonterosi la sua paterna autorità, si confusero in una sola gente, in un solo volere, sotto lo scettro del gigante dagli occhi azzurri.

« Ricordate la vostra storia, o genti aicàne; queste le prime e care memorie domestiche; così fu popolato il suolo che tutti ad una dobbiamo difendere, contro le voglie rapaci dei figliuoli di Nemrod. »

Unanimi applausi e grida fragorose salutarono il bardo; e agli applausi, alle grida del popolo, si aggiunsero amorevoli parole del re. Ara il bello era uscito pur dianzi fuor della tenda e si era seduto all'aperto, sul poggio, in mezzo a' suoi capitani.

— Nobile è il canto di Sempad; — aggiunse il vecchio Vasdag, principe di Tarbazu; — ma nessuno di voi, o poeti, per le cui labbra parlano i Numi, canterà le gloriose gesta d'Aìco? Oscuro è tutto ciò che avvenne prima di lui; sebbene, è da lodarsi la cura che voi ponete a serbare ogni più lieve frammento delle lontane memorie. Ma coll'eroe dai riccioluti capegli ha finalmente nome e vita la patria nostra; da lui comincia la storia; da lui la fama d'Aiasdan. Cantateci Aìco, o bardi, e nelle sue lodi prenderemo gli auspicii delle pugne vicine. —

Gran plauso ottenne il dire di Vasdag; del quale per altro era nota la saviezza. Di lui correva questa sentenza in Armenia, non potere l'antico guerriero dir cosa che non fosse vera e sennata.

— Sì; — gridarono molti facendo eco alle parole del vecchio principe di Tarbazu e incoronatore dei re; — chi canterà le gloriose gesta d'Aìco? —

Esitarono i bardi, guardandosi in viso l'un l'altro.

— Cantare d'Aìco! — sclamò alla perfine uno di essi. — Chi lo ardirebbe, se è qui presente Abgàro?

— Egli il vate divino; — aggiunse un altro; — egli il signore degli inni! L'eroe dal braccio gagliardo non ebbe mai, nè avrà certo negli anni futuri, un più degno poeta.

— Sciogliere un inno ad Aìco, mentre è il soave Abgàro nella corona degli uditori, sarebbe temerità maggiore di quella d'un astro notturno, il quale s'attentasse di splendere quando il sole è spuntato. —

Un vecchio sorrise a quelle parole, un vecchio cui in quel punto erano volti gli occhi di tutti. Era egli vestito di candida lana, alla guisa dei sacerdoti di Van, ma al fianco gli pendeva la spada e all'òmero la capace faretra.

Sorrise egli, e, stesa la destra in atto cortese, parlò:

— Bella è, o giovani, la lode data ai canuti, anco se paia soverchia. Chi onora i vecchi, dà lode agli Dei; imperocchè nei vecchi si esalti il senno maturo, grazia impartita dal cielo, ad ammaestramento e guida delle nuove generazioni. A voi rende grazie, o giovani, il cantore d'Aìco, che, scarso d'ingegno, ha ravvivati coll'affetto i suoi carmi. Beati voi, che, cresciuti a vostra volta in età, còme già siete d'arte doviziosi e di sapere, darete più alti insegnamenti al popolo aicàno, tramandando ai nepoti le imprese e le vittorie di Ara il bello, del generoso figlio d'Aràmo.

— Vivrai tu per cantarle, o maestro; — risposero i bardi.

— In pugno di Zervane è la sorte; — disse Abgàro con accento solenne. — Il guerriero non può dire: « domani »; ed oggi, per la difesa del patrio suolo, tutti gli Aicàni saranno guerrieri, nè i vecchi si mostreranno da meno dei giovani. Ma via, smettiamo gli inutili vanti, che all'opere, non già alle parole, dee misurarsi il potere dell'uomo. Chiedevate il cantico d'Ajotzor? Il vecchio poeta, innanzi di tacere per sempre, vuol farvi oggi contenti. —

Un grido di giubilo manifestò al vecchio il grato animo della guerresca assemblea, e il silenzio che tosto si fece d'ogni parte gli disse altresì con qual religiosa attenzione egli sarebbe ascoltato. A tutti era noto il carme, com'era nota la materia intorno a cui s'aggirava. Senonchè, era consuetudine dei bardi mutar forme, accrescer poetici fregi all'opera loro, e appunto in questo la valentìa d'Abgàro era somma.

Tolto di mano al più vicino de' suoi compagni il cembalo festivo, lo percosse egli con tese palme più volte, quasi ad eccitar gli estri dormenti; volse gli occhi ispirati all'intorno, e così prese, con voce piena e armoniosa, a cantare:

« Abbia da' sommi Dei principio il canto. Terribili per maestà erano dessi, largitori de' massimi beni al mondo, alta cagione d'ogni cosa creata e della moltiplicazione degli uomini. Da loro si separò la schiatta dei giganti, mostruosi di forze, invincibili, di statura colossi, che nel loro orgoglio concepirono il disegno di edificare la torre. Già erano all'opra; un vento terribile e divino, soffiato dall'ira dei celesti, l'edifizio disperse. Gli Dei, dato ad ogni uomo un linguaggio dagli altri non inteso, misero tra loro confusione e scompiglio.

« O il più chiaro tra questi, figliuolo di Thogarma, del seme di Jafet, o Aìco, o principe valoroso, possente ed abile arciero, chi esalterà degnamente il tuo nome? Famoso per bellezza e nerbo di membra, riccioluto i capegli, azzurro gli occhi al pari d'un Dio, gagliardo il braccio, e pugnace, ma pietoso dell'animo e amante del giusto, ti opponesti tu a quanti alzavano la mano dominatrice sopra i giganti e gli eroi. Infiammato da nobile ardire, armasti il tuo braccio contro la tirannia di Nemrod, allorquando il genere umano su tutta la terra si sparse. Era in mezzo a questo un popolo di giganti, fuor di misura robusti e di lor forza superbi; il perchè ciascuno, come da una furia sospinto, immerse la spada nel fianco del compagno; tutti sforzandosi dominare sugli altri.

« Ma la fortuna aiutò Nemrod ad usurpare la terra tutta; Nemrod, figliuolo di Mesdrim, a cui fu padre Cus, della progenie di Titano. E ricusa Aìco obbedirgli; e glorioso come la stella del suo nome, vagante pe' cieli (1), si allontana verso settentrione, menando seco, astri minori, i figli, le figliuole, i nepoti, uomini vigorosi, in numero di forse trecento. Vassene co' figli de' suoi servi, cogli estranei a lui ossequenti e con tutto il suo avere; vassene alle terre alte dell'Ararat, e si pone a piè d'un monte, ove alcuni degli uomini, per lo innanzi dispersi, già avevano messo dimora.

Costoro ei sottomette alle sue leggi; mura edifizi su questa terra e la dà in retaggio a Cadmo, al figliuolo d'Armènago suo

---

(1) Orione, la più lucente tra le costellazioni, è chiamato dagli Armeni Aìco, e così tradotto in Giobbe, canto XXXVIII, v. 31, ed in Isaia, canto VIII, v 10.

« Di là trascorre, il savio gigante, progenitore dei nobili Aicàni; va col resto dei suoi tra settentrione ed occidente e si ferma ad un piano, che oggi ha nome di Harc, ovvero dei padri. Lo rammenti con allegrezza ognuno di voi e lo insegni a' suoi figli; dinota quel nome che lassù abitarono i padri della casa di Thogarma, nel borgo Aicascèno, che suona costrutto da Aìco. A mezzogiorno del piano, vicino ad un monte di larghe falde, s'erano prima alcuni uomini stabiliti. E costoro, tratti da riverenza, spontanei giurarono fede all'eroe.

« Ma il titano Nemrod, raffermato il suo dominio sui leoni della pianura, guata con invidia all'aquile della montagna, si strugge della nascente potenza d'Aìco. Tosto gli spedisce un figliuol suo con buona scorta d'uomini fedeli, e melate parole dissimulano l'imperiosa acerbità del messaggio.

« Tu abitasti finora tra i ghiacci e le brine. Riscalda e tempera il freddo gelido de' tuoi alteri costumi, e a me sottomesso ed amico, vivi tranquillo là ove piace a te, sulla terra del mio soggiorno.

« Regni il Titano sulla terra sua; — rispose il figlio di Thogarma, corrugando le ciglia. — Aìco nulla gli invidia, nulla chiede da lui. Andate, e diteli questa breve risposta: l'arco lungi saettante del cacciatore ha intorno a sè mestieri di spazio.

« All'udire l'altiero diniego, tutto si svela il mal animo di Nemrod. Irato cavalca il Titano alla montagna; cavalca con grande esercito e giunge alla contrada di Ararat, sotto alle case di Cadmo. Fugge questi a ricovero presso dell'avo, e manda avanti a sè veloci corrieri.

« Sappi (manda il figlio d'Armènago), sappi, o il più grande tra gli eroi, che Nemrod sta per rovesciarsi su te, co' suoi sempre gagliardi, co' suoi guerrieri colossi. Com'io il vidi avvicinarsi alle mie stanze, fuggii; eccomi, vengo in gran fretta; tu cura ciò che devi e l'accorto ingegno t'inspiri.

« Come l'impetuoso Arasse, sfondate le caverne delle montagne, corre le valli boscose, varca le anguste gole e gli stretti, e scende, precipita con terribil fragore nel piano, così venìa romoreggiando il Titano, colle ardite e poderose schiere. Confidava egli nel valore e nel numero de' suoi soldati. Ma il cauto e savio gigante dai capegli riccioluti e dall'occhio vivace, raduna tosto i suoi figli e nipoti, guerrieri intrepidi e arcieri valenti, pochi di numero, ed altri alla sua legge ossequenti. Arriva, di e notte correndo, alle salse acque di Van e così parla il cauto e savio gigante alle schiere:

« Ad util segno soltando si tende l'arco del cacciatore esperto, e sempre decisivo è il suo colpo. Nel riscontrare l'esercito di Nemrod, sforziamoci di giungere ov'egli sta, da molti suoi guerrieri circondato. O morremo, e le nostre salmerie cadranno in sua mano; o la destrezza del nostro braccio mostrando, disperderemo la sua gente e avremo frutto della vittoria.

« Tosto superato quell'intervallo di lunghissimo tratto, i guerrieri d'Aìco arrivano in una convalle tra erte montagne; poscia, a destra del fiume, si trincierano sopra una altura. E in quel mentre, alzati gli occhi, videro la confusa moltitudine dell'esercito di Nemrod, spinta qua e là da audacia feroce e su tutto il terreno diffusa.

« Nemrod, tranquillo e fidente, con forte drappello si stava alla sinistra dell'acque, come alla vedetta, là su quel poggio ch'io vedo. Aìco riconobbe il drappello dov'era il Titano innanzi alle sue torme, con iscelti e ben armati guerrieri. Ed era tra lui e l'esercito suo grande spazio di terra.

Elmo di ferro cingeva il possente; elmo di ferro ampiamente crinito. Corazza di rame portava al dorso ed al petto; schinieri e bracciali gli chiudeano le membra. I fianchi accinti; al sinistro spada a due tagli; nella destra gran lancia, saldo scudo a sinistra; da un lato e dall'altro eragli il fiore de' suoi.

« Aìco, vedendo il Titano così tutto lucente nell'armi, mette in ordinanza le schiere. Armènago ed altri due figli alla destra; Cadmo e due altri della sua prole a manca, perchè erano esperti in trar d'arco e in maneggiare la spada. Egli poi, fattosi avanti, dispone dietro a sè in cuspide di lancia le sue genti e le fa ordinatamente procedere.

« Orrido scontro! Di qua, di là, serratisi i giganti gli uni sopra degli altri, coll'urto scambievole facevano rimbombare la terra e col furor degli assalti spargevano mutuo timore e spavento. Ivi, molti giganti robusti, quinci e quindi colpiti dalle frecce e dalle spade, stramazzavano al suolo; tuttavia il combattimento pendeva incerto dall'una parte e dall'altra.

« Bene si avvide allora il figlio di Misdraim di aver troppo confidato nella sua vecchia fortuna. Sbigottito dallo imminente pericolo, fece ritorno sul colle dond'era poc'anzi disceso; chè pensava in mezzo alle sue schiere affortificarsi vieppiù, fino a tanto che, giunto tutto l'esercito, potesse in larga fronte ridar la battaglia. E dietro a lui salivano l'erta i suoi guerrieri colossi, per fargli scudo e difesa, maledicendo alla gagliarda resistenza del nemico e invocando con rabbiose grida il soccorso de' cieli.

« Già erano al colmo e respirava finalmente il monarca. Ma in quel mezzo, Aìco, il forte arciere, cui erano noti i più ascosi sentieri, apparisce sovra un poggio, che lo mette a pari del fuggente nemico. Lo ravvisa Nemrod, alla prestante alterezza della persona, alla vellosa pelle che pende dagli òmeri del montanaro, alle penne d'aquila che gli fanno orrido cimiero sull'elmo di ferro lucente; lo ravvisa e trema forte in cuor suo, il possente cacciatore di popoli. Fremono, poi che l'hanno veduto a lor volta, i giganti, i sempre valorosi guerrieri di Nemrod; già stanno per muovere contro di lui, sperando vendicarsi sovr'esso dei danni patiti.

« Ma invano; già il figlio di Thogarma ha teso il grand'arco lungi saettante, e, tolta la mira coll'azzurro occhio infallibile, scocca poderosamente una freccia a tre ale diritta al petto di Nemrod. Romba in aere la corda, vola sibilando lo strale, rompe la corazza come fosse di tenero cuoio e trapassando il petto riesce pel dorso. Cadde a terra il Titano; indarno tenta strapparsi l'acuto ferro dal seno e fiotti di sangue e bestemmie gli gorgogliano dalle fauci; dà un tratto, indi un altro, cerca degli occhi il sole e rende lo spirito invitto.

« Un grido di gioia, grido possente, si eleva. È il grido di Aìco, che fa restarsi sospese e attonite le pugnaci coorti. Si addensano intorno al caduto i suoi prodi. Egli è spento. Che fare? Ecco, nuovi dardi fischiano per l'aria, seminano la morte intorno al riverso Titano. Terribile, implacato come il Dio della folgore, Aìco saetta. Fuggono allora, compresi d'alto spavento, fuggono i guerrieri colossi; invano schermendosi coi larghi scudi sonanti sugli òmeri, senza più volgersi indietro.

« Gloria al tuo arco, o nobile Aìco! Posi esso eternamente sospeso alla sacra parete del tempio di Peznuni. Braccio mortale non varrebbe a tenderlo oggi; e il potesse anco, avrebbe forse compagno l'infallibile sguardo azzurro del fortissimo arciere?

« Sangue bagna la collina di Kerezmanc; sangue allaga tutta l'ampia convalle di Ajotzor; sangue scorre l'Eufrate, ancor povero d'acque. Odorano i corvi la preda e calano in fitto stuolo alla pastura. Ma il forte è magnanimo e pio; dà sepolcro onorato ai cadaveri e la collina ha il nome suo dalle tombe. Il gran corpo di Nemrod, plasmato entro e fuori di balsami e di sontuose vesti recinto, lo portano le vittrici aquile montanare in Harc, alle sante sedi de' padri. Colassù, alla vista della regal casa di Thogarma, dorme gli eterni sonni il nemico delle libere genti aicàne. »

Così cantò il vecchio Abgàro, tra l'ansia, il fremito e la commozione profonda delle migliaia che l'ascoltavano. E un grido di ammirazione, di gioia, di gratitudine immensa, si levò tutt'intorno, poi ch'egli ebbe finito.

Ardevano tutti i cuori, e bene a ragione, per quei gloriosi ricordi. Quello era appunto il luogo della memoranda pugna; quella pianura che si stendeva dinanzi ai loro occhi, era Ajotzor; in vista del poggio di Kerezmanc era cantata la vittoria di Aìco.

— Mai così grande si palesò il vecchio Abgàro, — dicevano ne' loro crocchi i guerrieri.

— Il suo canto, — soggiungevano alcuni, — ha dissipati i tristi presagi.

— E quali?

— Nol rammentate, il resposo dubbioso dell'oracolo di Peznuni? « È in Ajotzor la tomba dei Babilonesi. » Sicuramente, ella c'è; ma degli antichi seguaci di Nemrod.

— Orvia; troppo chiare parole si chiedono agli oracoli. I sommi Dei vonno lasciare alla fortezza del nostro braccio l'adempimento dei vaticinii felici.

— E in Harc, l'altra notte, non s'è egli udito un sordo rumore nelle viscere del monte, come d'armi percosse? Il feroce Titano s'è desto e si solleva sul cubito.

— Stolto consiglio sarebbe il suo. Là presso riposa colui che l'ha vinto ed ucciso. Se Nemrod si sveglia, non temete; anche Aìco non dorme. —

Intanto che questi ragionari si facevano nella moltitudine, Ara il bello erasi avvicinato ad Abgàro e nell'impeto della sua ammirazione lo aveva abbracciato. Il vecchio bardo, commosso, tenne lungamente stretta sul seno venerando la bionda testa del principe, tra gli applausi di tutti gli astanti. Grande è la maestà, come la potenza dei re; ma l'ingegno, raggio dell'anima, in sè racchiude alcun che di divino; donde un'arcana virtù che penetra i cuori e soggioga.

— Prode figlio di Aràmo, tu rinnoverai, — disse allora il bardo, — gli alti prodigi del valore d'Aìco.

— Ah, non lo spero; — rispose il giovine re; — ma le tue parole mi staranno qui dentro e farò d'imitarlo ne' generosi propositi.

— Già cominciasti, — entrò a dire Vasdag, — scegliendo il tuo campo. Qui pugneremo; di qui ci avventeremo sulle schiere elette della superba regina. O morremo, e le nostre salmerie, le nostre fortune tutte cadranno in sua mano; o la destrezza del nostro braccio mostrando, disperderemo il suo esercito e avrem frutto della vittoria.

— Verrà ella sulla prima fronte, audace al pari di Nemrod? — chiese, con piglio d'incredulo, uno tra gli ufficiali del re.

— Certo, ella verrà! — rispose Ara, fremendo. — Forte guerriera è costei. —

Nè altro disse, che gli faceva ostacolo l'interno ribollir degli affetti.

— Forte sì, e superba, — soggiunse Abgàro, — come se nelle vene le scorresse il sangue dei Titani. Ma non è tralignato il seme aicàno e la fortuna lo ha sempre assistito fin qui. Armènago, fondatore di Aracaz, ed Armais, che diede il suo nome alla città d'Armavir, non estesero sempre più l'avito dominio? Amasia, il padre del fortissimo Kegam, del valoroso Parok e del giocondo Tzolag, non si fe' egli padrone di tutta la catena dell'Ararat, detto Masis da lui? E Kegam non signoreggiò egli in breve ora tutta la felice contrada cui bagna l'Arasse? Ed Arma non dilatò d'ogn'intorno il reame? Che dire di Aràmo, del glorioso tuo genitore? Questo guerriero, amante della fatica, voleva piuttosto per la patria morire, che scorgere i figli dello straniero calcare il suolo natìo, sopra i suoi fratelli imperando. Narro storia a noi molto vicina e presente all'animo di tutti. Aràmo, pochi anni innanzi l'impero di Nino, molestato dalle vicine nazioni, raduna tutta la moltitudine de' suoi valorosi, abili a trattar l'arco e a scagliare il giavellotto, giovani, nobilissimi, di gran destrezza e bellezza notabile; esercito che per coraggio, e nell'atto, vale cinquanta migliaia. Sui confini d'Armenia incontra il fiore dei Medi, condotti da Niucar, detto Matès, superbo e bellicoso guerriero; gli piomba addosso improvviso, innanzi lo spuntar del sole, e stermina la sua gente; lui, fatto prigioniero, conduce ad Armavir e in cima alla gran torre, forata la fronte con lungo palo di ferro, comanda che sia inchiodato, a terribile esempio per tutti gli oppressori e scorridori delle contrade d'Armenia. Nino istesso se l'ebbe per detto, Nino che, avendo in cuore una memoria d'odio pel suo progenitore caduto in Ajotzor, meditava lungamente vendetta. Celò egli i suoi tristi disegni, sebbene potentissimo fosse e mandò messaggieri ad Aràmo; conservasse il suo dominio, portasse liberamente la benda di perle, e secondo regnasse, dopo di lui, tra i re della terra. Aquile aicane, salvete; è vostro l'impero dei monti. —

CAPITOLO XV.

La regina guerriera.

Così s'apparecchiavano le genti aicàne alla prova dell'armi. E frattanto, dal passo di Lukdi si avanzava l'esercito di Semiramide, facilmente respingendo i drappelli armeni colà posti in vedetta, e tacitamente distendendosi su per le circostanti alture. Buon nerbo di cavalieri e di fanti s'erano volti ad oriente, accennando a risalire verso le sorgenti del Tigri, siccome gli esploratori avean riferito ad Ara; ma poco oltre una mezza giornata di cammino, i cavalieri avean fatto sosta, e i fanti, scelti tra i più destri arcadori dell'esercito, aveano piegato non visti a settentrione, inerpicandosi per le ripide coste ed addentrandosi a gran fatica nelle impervie forre delle montagne.

Bene era Semiram quella eccelsa guerriera che il re d'Armenia, nella onesta schiettezza dell'animo suo, erasi affrettato a riconoscere. Mai donna degli antichissimi tempi era stata più addentro di costei nelle gravi cure e nelle aspre discipline della guerra, nè altra che potesse ragguagliarsi a lei avevano a darne le età più recenti.

Nata d'arcane nozze in Ascalona di Siria, nutrita nel

tempio di Derceto e cara (dicevano le favole del volgo) siccome figlia alla Dea, le grazie nascenti d'una sovrumana bellezza l'avean fatta sposa a Mènnone, prefetto e governatore, pel re degli Accad, di tutto il paese di Palastu, sulle rive del Mar d'occidente. Ora il re degli Accad era Nino, figlio d'Arbel, della stirpe di Nemrod, che allora, con tutte le forze del suo impero, si disponeva ad invadere la Bakdiana.

Chiamato era Mènnone al campo del re; nè potendo egli lungamente rimanervi senza la donna dell'amor suo, che colla leggiadria delle incomparabili forme e coll'avvedutezza del consiglio sì l'avea soggiogato, mandò alcuni suoi famigliari a chiamarla, che, come più presto poteva, si riducesse al suo fianco. E l'ebbe come desiderava, mentre l'esercito, corso tutto il paese dei Medi, stringea Bakdi, la capitale, vanamente d'assedio.

D'ingegno acutissimo e d'animo pronto, la donna leggiadra aveva colta quell'occasione per far mostra di sua grande virtù. E per poter con più sicurezza fare il viaggio, ch'era di molte giornate, aveva indossata una stola, per la quale non potesse distinguersi se fosse uomo o donna, chi n'era ammantato; giovandole inoltre quel vestimento, cosi a difesa delle candidissime carni contro gli ardori del giorno, come a farla più snella, in ogni occorrenza, o pericolo. E tanta fu la grazia di quel suo modo di vestirsi d'allora, che i Medi poscia, e gli Assiri, e da ultimo i Persi, insignoritosi dell'Asia, vollero portare la stola di Semiramide.

Intanto, giunta ella al campo, considerando come l'assedio era condotto, aveva visto tutta la forza del nemico rivolgersi contro i luoghi campestri ed ovvii alle irruzioni, ma nissuno frattanto custodire la rocca, che per natura e per arte era fortissima. Presi pertanto uomini che sapessero inerpicarsi sulle rupi, e valicata con essi una certa valle, ascese alle opposte eminenze ed occupò una parte della rocca, ed ai suoi, che combattevano nel piano, sotto le mura, diede il segnale. Fu allora che i difensori della città, colti da terrore improvviso per la rocca presa, non avendo più speranza di difendersi, abbandonarono le mura,

Volò il nome di Semiramide per tutte le bocche. La vide il re e, preso da tanta bellezza, ne innamorò vivamente. — Abbi, diss'egli a Mènnone, quanta sostanza del mio tesoro vorrai, e mi appartenga Semiram.

— Nulla sono le ricchezze del tuo regno, — rispose Mènnone al re, — nulla sarebbero quelle dei mari lontani al paragone di lei.

— Sii secondo appo me, — ripigliò Nino infiammato; — abbiti in moglie la mia figliuola Sosane, per cui tanti re della terra sospirano, e mi appartenga Semiram.

— No; — disse a lui di rimando il marito. — Io ti rendo grazie, o re dell'onor singolare, che ogni altro mi invidierebbe per fermo. Che mi varrebbe esser secondo appo te, quando io non fossi più il primo e l'unico nel cuor di Semiram? Vada la tua gentil Sosane ad un possente, che sia degno di così alto parentado; nessuna figliuola di re mi pagherebbe la perdita del vago fior d'Ascalona.

— E sia; — gridò Nino, corrugando la fronte e mettendo lampi dagli occhi; — rinunzia alle ricchezze; rinunzia agli onori; ma io giuro per Nisroc, che in questo mentre già libra le tue sorti, tu non vedrai più il vago fior d'Ascalona. Con ferro rovente ti si sfonderanno le pupille tra un'ora; chè più non ti concedo di tempo a consigliarti di ciò. —

Preghiere, pianti e scongiuri, non valsero; bisognava obbedire. Mènnone, pel timore delle minaccie del re, e per la gelosia che era possente in cuor suo, montato in furore, corse alla sua tenda e s'uccise. Per tal modo, sebbene riluttante, Semiramide era fatta consorte di Nino.

Il fiero Cussita nulla tralasciò che giovasse a medicare l'acerba piaga, aperta da' suoi desiderii in quel giovine cuore. Unica sua compagna la volle; regina la pose su tutte le genti tra il Mar d'occidente e le terre dei Medi. Ma, più che il regio fasto e l'obbediente affetto dell'ammansato leone, valse il grand'animo desideroso di grandi cose, a lenire la sua cura. Indi a non molto, il suo possente signore moriva, lasciandola madre di Ninia. E fu allora che la sua mente gagliarda si palesò tutta quanta. Spiaceva agli Accad, perchè donna e straniera; ma la sua grandezza, superiore a quella di tanti uomini portatori di scettro, li vinse. E non si dolsero d'essere caduti in balìa d'una mano di donna, allorquando videro quella mano impugnare la lancia e lentar le redini del corsiero, che volava sempre dov'era più aspra la pugna.

Un giorno (e fu dei primi del suo regno), la rivolta era scoppiata nelle vie di Babilonia. La regina sedeva nel suo spogliatoio, in mezzo alle ancelle, intenta a rassettarsi le lucide chiome. Udire il molesto annunzio e balzare in piedi fu un punto. Scese nella corte del suo palazzo, ove stavano poche schiere adunate, e così scarmigliata come era, accesa in volto di sdegno, montò subitamente a cavallo, corse a furia dove più spesseggiavano i rivoltosi, entrò di lancio nel mezzo e con fiere parole li rampognò di lor fellonia. Sbigottiti gli uni, commossi gli altri da tanto ardimento, tutti soggiogati da una così felice mistura di sublime bellezza e di regale corruccio. posarono le armi, la gridaron regina e veramente figlia di Dea..

Abbellita in singolar modo la città e quasi riedificata da lei; la Media domata, e il suo vecchio re Ossiarte costretto a tributo; signoreggiata tutta la terra degli aromi, che si stende dal paese degli Aribi infino al mare di mezzodì; temente ed ossequioso il popolo altero di Mesraim; le insegne degli Accad condotte di vittoria in vittoria per l'estremo oriente, fino alle rive dell'Indo; erano questi i diritti di Semiramide alla obbedienza ed alla venerazione delle genti del Sennaar. E là sull'Indo, recata la guerra contro il re d'innumerevoli schiere, Staprobate, non aveva ella fatto prova d'altissimo ingegno, pari a quello dei più insigni condottieri d'esercito? Assai prima di Alessandro Macedone, non aveva ella provveduto al guado d'un largo fiume, con migliaia di barche, in tal guisa costrutte, che si potessero agevolmente scomporre e portare sui carri? E laggiù s'era ella mostrata grande nella prospera, più grande nella avversa fortuna, allorquando, fallita in sul meglio l'impresa, perchè i suoi soldati non erano avvezzi a combattere gli elefanti, condusse il suo esercito al ponte e lo ridusse in salvo, ultima a ritirarsi davanti al nemico e pronta a recidere le funi che teneano le barche congiunte.

Donna invero eccelsa per grandezza d'animo e per felice accoppiamento di virtù virili e di grazie femminee, a tutto intendeva, di tutto si pigliava gran cura, e in pace maturava gli accorgimenti di guerra, in guerra assicurava le arti della pace, senz'altro pensiero, fuor quello della felicità del suo popolo. Il monte Bagistano da lei foggiato a monumento della sua gloria, città nuove, templi, strade militari, canali portatori di acqua ai campi infecondi, tutto recava l'impronta del suo genio multiforme. Per lei la stirpe degli Accad fu grande e avventurosa, come non era stata mai; lampada che

Semiramide. 15

dà guizzo di più splendida luce, quando ella è presso a mancare.

E ben meritava la pace e la contentezza per sè, lei che cotanto aveva fatto per la prosperità del suo popolo. Ma, pur troppo, egli non v'è tregua al dolore, pei nati dalla creta. E appunto allora, quando ella sperava rifarsi dalle molte fatiche ne' taciti gaudii del cuore, in gloriosa quiete, confortata dal più nobile affetto, un'altra guerra le appariva necessaria. Il delicato sentir della donna e la maestà della regina erano stati offesi del pari. E da chi? Da un re tributario; dall'uomo in cui aveva ella riposto sua fede, a cui s'era data in balìa, con quel sublime abbandono, con quella piena dimenticanza di sè che accompagnano e dimostrano le profonde passioni, le sole vere e desiderabili della vita.

Stava ella al passo di Lukdi, siccome si è detto, e le sue schiere, passate in rassegna, a mano a mano si avviavano ai luoghi assegnati.

Giusta il costume suo in simiglianti occasioni, la regina aveva fatta sul piano un'alzata di terra, a guisa di poggio, su cui vedevasi eretto il suo trono, sotto un padiglione di bisso divisato a colori. Sorgeva a manca un'antenna, dal cui sommo sventolava una striscia di porpora, insegna del comando che tutti potessero agevolmente vedere da lunge, e a destra lo stendardo degli Accad, che era un leone alato, dalla faccia umana, tutto d'oro massiccio, annestato sulla punta di un lungo giavellotto.

A' piedi dello stendardo e distribuiti sul pendìo di quella eminenza, trecento sceptùchi, o portatori di scettro, vegliavano, tutti nobilmente vestiti di bianca e corta tunica, frangiata d'oro, sotto di cui apparivano le anassìridi di cuoio colorato, che s'attagliavano alla gamba e la facevano più salda al cammino.

Dall'altra banda, ove sorgeva l'antenna colle insegne del comando supremo, stavano a custodia trecento portatori di lancia, terribili a vedersi nelle corazze di rame e negli elmi criniti.

Alle falde del poggio era il carro di guerra della regina, tutto di bronzo, con aurei fregi, che simulavano soli fiammanti. Otto poderosi cavalli di Media erano fermi al timone, tutti bardati a squamme di ferro e muniti d'un'ampia rotella sul petto, dal cui mezzo sporgeva un minaccioso spuntone. Succinti valletti erano di fianco ai cavalli, per tenerne le redini e frenarne i moti impazienti; l'auriga stava immobile al suo posto, aspettando la regina, mentre lo scudiero disponeva in bell'ordine, sulla proda del carro, l'arco, la faretra, i giavellotti e lo scudo.

Semiramide intanto stavasi ritta sul trono, in nobile atteggiamento, con una lancia nel pugno. Indossava una tunica di porpora, del color d'amatista, e una bianca sopravveste, serrata ai fianchi da un'aurea cintura, donde pendeva la spada, col fodero tempestato di gemme. Non avea collana o monile; per contro, al sommo del petto appariva fuor della tunica una gorgiera di ferro lucente, segno che tutta la persona era catafratta del pari. Un elmo alato le cingeva le tempie, lasciando libero il passo alla chioma nera che scendeva in larghe anella sugli ómeri.

Così chiusa nell'armi ed altera, i Greci l'avrebbero tolta per Minerva discesa tra gli uomini, e si sarebbero prostrati a' suoi piedi, adorandola. Il pastore di Frigia l'avrebbe piuttosto creduta Venere, rivestita delle spoglie di Marte, e a lei pur sempre, a lei sola, avrebbe dato il vanto della bellezza. Severa bellezza era per altro la sua; una torva luce, come lampo per notte buia, rischiarava il profondo di quegli occhi stupendi; erano chiuse, irrigidite da acerbo dispetto, quelle labbra di corallo, che agli umili riguardanti facevano sognare la ineffabile ebbrezza d'un bacio.

Ai fianchi della regina, ma alquanto in disparte, si vedevano i primi uffiziali dell'esercito, vecchi e sagaci consiglieri di guerra. Sui gradini del trono stavano immoti i portatori di flagello, vivi emblemi delle pene imminenti ai ribelli, ai trasgressori de' comandi reali. Dietro a lei gli eunuchi, riconoscibili alle guance imberbi e alle fattezze muliebri, ardevano soavi aromi e scuotevano flabelli di candide penne.

Nella pianura sottostante, l'esercito si scorgeva tutto in moto, e in ordine così lungo, che l'occhio non poteva abbracciarlo d'un tratto. S'inoltrava quella moltitudine immensa, balenando, ondeggiando, siccome campo di spighe. Nitrivano i cavalli scalpitanti; sonavano con alto fragore i carri, dando frequenti sobbalzi lunghesso il sentiero; strepitavano i timpani, gli oricalchi e gli strumenti della musica guerriera. Gli scudi, le loriche, gli elmi e le lancie, luccicavano al sole, confondevano lo sguardo. Pareva di scorgere Sam, nell'ora che si mostra sull'orizzonte, e fa scintillare in mobili pagliuole d'argento le creste del mare agitato.

Qua e là, per mezzo allo sterminato piano di elmi e di punte lucenti, si rizzavano le lunghe cervici dei dromedari sabei, le doppie terga dei cammelli di Bakdi, le immani teste orecchiute degli elefanti indiani, colle lor proboscidi erette e le torri barcollanti sul dorso, e trofei, bandiere, pennoncelli di cento colori; tutto in moto verso le falde del poggio, innanzi al quale dovea passare ogni schiera,

Colà diffatti si scorgeva un ampio e lungo steccato, entro al quale i guerrieri, poichè tutto l'aveau colmo, si fermavano un tratto, indi proseguivano speditamente la via. In quel modo si noveravano allora le forze degli eserciti. Capace era lo steccato di una miriade, cioè di diecimila uomini mandati innanzi su d'una fronte di cento; epperò, a mano a mano che i guerrieri varcavano lo spazio misurato e una o più schiere addensate giungevano a riempirne i limiti estremi, lo scriba segnava un numero nel suo papiro, e così via via fino all'ultimo, per poi cavarne la somma.

Quel dì lo scriba reale aveva a segnare settanta numeri e più, imperocchè tante miriadi conduceva seco la regina degli Accad; cinquecentomila fanti e dugentomila cavalli. Il primo novero già era stato fatto nel campo di Assur, ed in altra maniera anch'essa in uso a que' tempi. Secondo quella, ogni soldato passando gittava una freccia entro una cesta, a tal uopo preparata. A mano a mano che le ceste si riempivano, eran chiuse col regio suggello e si riponevano in luogo da ciò. Finita che fosse la guerra, si rimettevano in ordine e, rotti i suggelli, ogni soldato di là passando ripigliava una freccia. Le ultime rimaste, come di leggieri s'argomenta, davano il numero dei perduti in battaglia.

E passavano i guerrieri, passavano lieti e superbi dinanzi al poggio reale, facendo suonar l'aria di lor grida discordi.

Primi erano i soldati delle contrade a mezzogiorno di Babilonia; sessantamila di numero. Si riconoscevano gli uomini di Mahabu e di Karbaniti, sui confini di Mesraim; gli Arìbi e i Kidri, i Nabati, i Curassiti e i Sabei, fieri abitanti della vasta penisola che s'immerge come ascia lucente nel mare lontano. Guidavano innumeri torme otto principi di quelle ultime regioni che son presso alla aurifera spiaggia di Ofìr; i capi delle tribù di Caldìli, di Rapiati, di Magalani, Cadascì, Dihtani, Ihilu, Gahpani, Guzbièh. Tutti costoro, valenti arcadori, vestiano succinte tuniche e portavano calzari intessuti con fibre di palma; cingevano il capo di bende a più giri ravvolte e corte spade recavano al destro lato sospese. Nel sembiante della più parte di loro erano impressi i segni della stirpe camitica; breve la fronte, il naso piatto, corti i capegli e crespi, la carnagione abbronzata.

Seguivano gli uomini delle regioni d'occidente, di Martu, di Aharru e di Hatti. Erano costoro duecento migliaia, tutti della progenie di Sem. Numerosi tra essi i Dimaskiti, quei di Birtu, la città bianca sul monte, di Laki, di Sinari, alle falde del Libano, di Arvada, che è sul mare, di Bit Buruta, di Sidunnù, la trafficante di porpora. Mancavano quei d'Izcaluna, avendo Semiramide liberati i suoi concittadini dall'ufficio dell'armi. C'erano in quella voce i fieri abitatori di Palastu, armati di fionda e di accette di selce. Seguivano del pari le insegne i popoli marinari di Yatnana, che è Cipro, e delle altre isole, di Idibal, Kitusi, Silina, Pappa, Aprodissa, poste sul mare del sole occidente; questi armati di scure e diligenti artefici di macchine da espugnare città; gli altri tutti, nominati più sopra, arcieri gagliardi e destri nel maneggiare la clava nodosa.

Veniano dopo questi i guerrieri delle regioni settentrionali di Nahiri e di Assur, di Urusu e di Urumi, di Nazibi e di Arbel, di Tusan e di Amida, che è sulla riva sinistra del Tigri, di Ninua, la futura rivale di Babilu, di Tuhani e di Izama, di Kabsu, nei pressi di Nipur, le cui abitazioni son fabbricate in alto sui greppi come nidi d'uccelli, di Haran e di Resen, di Tadmor e di Reoboth. Tutti costoro discendenti di Assur, Semiti, fuggiaschi dalla terra di Sennaar ai primi tempi della dominazione cussita, ed ora assoggettati da Nino e da Semiramide all'impero babilonese. Forti guerrieri son essi e nel combattere corpo a corpo valenti. Portano corazze a sette doppi di lino, macerato da prima nell'aceto, donde si fa più tenace e più saldo; imbracciano tondi scudi, e cingono elmi di bronzo; spade, archi e mazze ferrate, son l'armi loro. Di essi una parte è a cavallo, e gli uni e gli altri ascendono a cento migliaia.

Quarto in ordine di cammino veniva il forte popolo d'Elam, che è di là dai monti orientali. Si notavano per la bella presenza gli uomini di Susan, città reale, di Rasu e di Hamanu. Seguivano i Madai, nobilissima schiatta, i Parsua, gli Ariarvi, i cittadini di Muru e di Bakdi, tutti della antichissima e pura stirpe di Javan, e di sangue, ma non più di memorie e d'affetti, congiunti agli Armeni. I Parsua attiravano più d'ogni altra gente lo sguardo, per le loro bionde capigliature inanellate e per gli occhi bigi, che li faceano parer quasi una famiglia al tutto separata dalle altre. Elamiti, Medi, Persi, Ariani, Margiani e Battriani (che così, lievemente mutati, giunsero i nomi loro alle età susseguenti) erano duecento migliaia; metà de' quali a cavallo con archi sugli òmeri, corazze di ferro a squamme, elmetti e scudi parimente di ferro. Destri erano costoro a trar l'arco cavalcando e a tòr la mira fuggendo, colla fronte ed il petto rivolti all'indietro. I fanti vestiano di cuoio; portavano come i cavalieri, le anassìridi di pelle a difesa delle gambe; armi da offesa aveano i giavellotti, ascie a due tagli e spade di ferro alla cintura.

A queste genti tenevano dietro gli abitatori del Sennaar, i fieri Cussiti, gli Accad, i Sumir aspro favellanti, tutta, insomma, quella mescolanza di popoli diversi, che furono i fondatori di Babilu. Cinquanta migliaia erano i cavalieri, con loriche ed elmi di forbito rame, lancie ritte sulla staffa e mazze ferrate pendenti all'arcione. Più numerosi i fanti, tutti vestiti di cuoio; parte fiondatori, con bisacce sull'òmero, che recavano selci, ghiande di piombo, o d'argilla e bitume; parte arcadori, dalle cui spalle pendevano le capaci faretre.

Si avanzavano poscia le artiglierie, torri, uncini e macchine da trarre, con cammelli carichi di munizioni, dardi intrisi di nafta, palle di bitume e di zolfo. Seguivano quaranta elefanti, smisurati animali condotti dalle rive dell'Indo, ognun de' quali portava il suo custode sulla negra cervice e una torre sul dorso, con dieci uomini armati di giavellotti e di frecce. Ultimi quattrocento carri di guerra, con scelti guerrieri, armati d'aste poderose e accompagnati da esperti cocchieri.

Chiudevano la marcia diecimila uomini di scelta cavalleria. Militava in quella schiera il fiore e il nerbo della gioventù babilonese, tutti usciti dalle prime famiglie del Sennaar. Era gran lustro lo entrarvi, imperocchè s'avevano a comandanti dei drappelli uomini di regio sangue, o congiunti di parentado colla discendenza di Nemrod.

Le fogge e l'armi rispondevano per lo sfarzo loro alla dignità di quel nobilissimo corpo. Sulla lorica di ferro temprato portavano il candi, tessuto di bisso, di latteo colore, con fregi di porpora, cosparso di soli fiammanti in oro. Sul capo aveano la tiara, i cui lembi si raccoglievano a soggolo, lasciando scoverta appena la metà delle guance. Ricche cinture sostenevano le lunghe spade dalle lucenti guaine, ed archi e faretre pendeano dagli òmeri. Bianchi erano come neve i cavalli, cresciuti pur essi nelle regie mandre di Sippara. E così bianchi sulle bianche cavalcature, rutilanti d'oro e di porpora, era una vaghezza a vederli.

Diceansi i cavalieri di Belo, o, con altre parole, la

sacra miriade. Accompagnavano l'esercito, quando esso stava sotto il comando del re, e in battaglia non erano adoperati che ne' momenti supremi. La conscia nobiltà del sangue e l'obbligo dei forti esempi, li facevano valorosi a gara su tutte le schiere. Andavano contro il nemico a corsa sfrenata, lasciando le redini sul collo ai destrieri; quando si scorgeva quella moltitudine incalzare a galoppo, coi brevi mantelli e le criniere svolazzanti in mezzo a un nembo di polvere, egli parea di vedere una legione di spiriti celesti, scesi a combattere le miserande pugne degli uomini.

Passando di sotto al poggio, i cavalieri di Belo acclamarono con alte grida la possente regina, che d'un gesto cortese ricambiò loro il saluto; indi ella pure si mosse, per salire sul suo cocchio di guerra, che l'attendeva nel basso.

Dietro a lei scendevano a cercare le loro cavalcature i suoi uffiziali, gli sceptuchi e i melofori; quindi gli eunuchi, i serventi, i custodi del tesoro. E postosi in moto il corteo, si affrettarono sull'orme i bagaglioni colle salmerie, e una grossa compagnia di cavalieri, che doveva proteggere le spalle dell'esercito e impedire lo sbandarsi ai codardi.

Al passo di Lukdi non era stata quella confusione, che in tanta moltitudine d'armati era agevole immaginare. Gli ordini della regina erano stati avvedutamente distribuiti, e i comandanti, aiutati da guide esperte dei luoghi, avean prese le vie a ciascuno assegnate.

I fanti s'inerpicarono per le costiere e per le viottole alpestri; i cavalli seguirono le strade che correvano lungo le rive del fiume. Sulla più vasta, che risaliva la sponda destra, s'avanzavano preceduti da buon nerbo d'arcieri, i carri di guerra e la sacra miriade. Tenean dietro a questa le macchine, gli elefanti e i bagaglioni, che ad un certo luogo doveano far sosta, per non riuscire d'ostacolo ai movimenti dell'esercito.

Ogni cosa per tal modo disposta, la marcia che dovea condurre l'esercito babilonese in vista del campo d'Ajotzor, fu recata a buon fine in quel giorno. Gli Aicàni aveano udito dalle loro scolte l'avvicinarsi del nemico, e, come s'è detto, erano pronti a riceverlo.

L'alba del giorno seguente salutò i due campi, l'uno in presenza dell'altro.

CAPITOLO XV.

Ajotzor.

Videro le aquile aicàne da quanta moltitudine di combattenti fossero minacciati i lor nidi. Le cime dèi monti, le digradanti costiere, i poggi, i declivii, erano coperti di armati. Ancora non si distinguevano le insegne, nè poteano noverarsi i manipoli; ma si notava da lunge, e diceva più assai allo sguardo il brulichìo delle innumeri schiere.

— Per l'anima dei padri nostri! — esclamò Sempad, guatando in giro le aperte colline, in mezzo alle quali si dilungava scorrendo l'Eufrate. — Qual fitta selva d'armati!

— Numero sterminato, non forza! — disse di rimando Vasdag, alzando superbamente le spalle. — Calano dai monti e fuggiranno dal piano, siccome è lor costume ne' sabbiosi deserti. Assai più molestia mi dànno quegli altri, che io vedo inoltrarsi laggiù, sulla riva sinistra del fiume. —

Così dicendo, il principe di Tarbazu additava una frotta di cavalieri, che compariva allora alla svolta d'una rupe, in fondo alla valle. Era l'antiguardo dell'ala destra dei Babilonesi, che doveva, per l'angustia de' luogi, avanzarsi da quella banda, lasciando tra sè e il centro dell'esercito il corso dell'Eufrate.

— Dividono le forze! — notò Sempad, con aria di trionfo.

— Possono farlo; — rispose con amarezza Vasdag. — Molto maggior nerbo di gente avranno incamminato sulla riva destra del fiume, dove sono i lor movimenti più agevoli. Mirano a pigliarci in mezzo, e accortamente preparano i cerchi; ma per gli Dei, innanzi che siano calate quelle miriadi senza nome dai monti avremo fatto un profondo squarcio nelle schiere del piano, e i tronchi del serpente dureranno fatica a ricongiungersi.

— Ti ascolti Zervane! — disse Ara il bello, che stava poco lunge da lui, ritto sull'arcione e il collo teso, guardando nel fondo. — Ecco diffatti, la prima fronte si avanza, è già presso alla macchia di Rezduni. —

Non s'ingannavano gli occhi del re. Mentre l'ala destra dei Babilonesi, che era composta di cavalleria meda e di arcadori di Martu, s'inoltrava dall'altra parte del fiume mollemente accennando a cercare un guado, il centro e l'ala sinistra si facevano speditamente innanzi su quel campo più vasto, che le alluvioni dell'Eufrate aveano formato sulla sua sponda destra. Grossi drappelli d'arcieri cussiti precedevano, misti a frombolieri di Palastu, che si veniano sparpagliando dinanzi alla fronte di battaglia, colle fionde tese dietro alle spalle e pronti a rotolarle in aria al primo apparir di nemici. Dietro a costoro si muovevano grosse squadre di cavalieri. I carri, che venivano in terza linea, erano celati allo sguardo da quella profonda siepe d'armati.

— Orbene, mio re, che faremo? — disse Vasdag, poi ch'ebbe osservato a sua volta il grosso dell'esercito contrario. — Lascieremo che s'inoltrino ancora e si dispongano in battaglia ordinati?

— No, certo! — esclamò il re. — I fiondatori di Van sono appostati a piè della macchia di Rezduni. Eglino, che numerosi sono e valenti, prenderano a sfrombolare i cavalieri babilonesi, e noi compiremo l'opera loro, facendo impeto dei nostri cavalli, entro le sgominate ordinanze. Cotesto non dee parer dubbio, — soggiunse il re, alzando la voce, perchè tutti intorno lo udissero — a chi per la sua patria ha risoluto di affrontare ogni più grave pericolo. Egli è piuttosto da stare in pensiero per quegli altri che s'avanzano laggiù e si fermano ad ogni tratto e mandano cavalli a tentare il guado del fiume.

— Stratagemma! — notò sorridendo il vecchio principe di Tarbazu. — Guadando il fiume laggiù, farebbero ingombro alle lor medesime schiere.

— Sì, ben dici, o savio Vasdag. Coloro vorrebbero trarci in inganno, perchè facessimo inutil ressa più avanti, lasciando più debole il campo nostro, dove certamente, al momento opportuno, si sforzeranno di giungere. Io dunque penso che a questa altezza si debba aspettarli. Vadano gli arcieri di Tarbazu e si appiattino sotto a quella triplice fila di pioppi. Colà, non altrove, tenteranno il guado i nemici. Ad ogni costo vuolsi impedirlo. Tu stesso, noto alla tua gente e diletto, veglierai in quel luogo. È il nostro lato debole ed ha mestieri del capitano più valoroso ed accorto. —

Così parlò il giovine re, di senno maturo; e Vasdag, bene intendendo come in quel luogo, che aveva detto il re, fosse necessaria la sua presenza, s'incamminò a quella volta, per disporre i suoi arcadori lungo le vincaie del fiume e un buon nerbo di cavalieri e di fanti al coperto, dietro la selva dei pioppi.

Ciò ch'egli aveva argomentato, e che il re aveva detto con lui, era vero. I Medi, comechè lentamente, s'avanzavano pur sempre, e senza mai risolversi al guado. Aspettavano, per ciò fare, che la pugna fosse sull'altra riva ingaggiata, e con manifesto vantaggio pei loro compagni.

Ora, a che i lor voti andassero vani, si affaticava il re d'Armenia con provvedimenti solleciti. Per fermo, pensava egli, su quel po' di pianura stesa dinanzi a lui tra le colline ed il fiume, dovea venire la piena delle forze nemiche. Certamente era laggiù Semiramide, coi migliori dell'esercito e coi più terribili ingegni di guerra. E diffatti, da un poggio alla sua destra, su cui si era prontamente condotto, egli aveva potuto scorgere i carri, nascosti dietro le profonde ordinanze della cavalleria babilonese.

E si avvicinava frattanto l'antiguardo nemico. Ad un tratto il suo balenare irresoluto, il cader di parecchi, e un nuvolo, come di negra polve per l'aria, mostrò al re d'Armenia che i nemici erano giunti nelle vicinanze della macchia di Reznuni, e che i fiondatori di [Van mettevano ai loro passi impedimento gagliardo.

Un tal po' di sgomento erasi sparso nelle file degli arcieri cussiti, a quell'improvviso assalto di fianco. Tosto aveano poggiato dalla parte del fiume, e, postisi al coperto degli alberi, scagliavano frecce agli appostati nemici; ma con pochissimo frutto, essendo questi in parte nascosti agli occhi loro da una fila di massi scoscesi, che faceano orlo alla macchia.

Veduto il frangente, furono pronti i Babilonesi al riparo. Una mano dei loro, con scudi imbracciati, giavellotto in pugno e corte spade al fianco, si gittarono di lancio alla costa del monte, per inerpicarsi lassù e sloggiarne i fiondatori molesti.

Ara, ciò vedendo, non ne fu punto turbato. Egli ricordava che al comando dei fiondatori era preposto Dicrann, forte e risoluto guerriero, e non dubitava che i Babilonesi non avessero a pagar tosto il fio della loro temerità. Diffatti, le pietre seguitavano a piovere, e gli alberi sotto cui si riparavano gli arcieri, ne erano sfrondati, come per rovescio di grandine. E i soldati che avevano pur dianzi tentato l'assalto, se ne tornavano in grande scompiglio sul piano, dov'erano fatti segno a quella rovina di sassi, non potuta rintuzzare dalle valide risposte dei frombolieri di Palastu e degli arcieri cussiti. Trasvolando in aria, fitte a guisa di nuvole, le frecce, le pietre, i globi d'argilla e di piombo, fischiavano, rompeano le spade in pugno ai guerrieri, sfondavano le corazze, rimbalzavano sugli scudi, facevano schizzar gli occhi dall'orbite, le cervella dalle infrante cervici.

Grida di giubilo per tutto il campo aicàno salutavano questa vittoria dei fiondatori di Van. Ma che avviene egli mai? Fumanti globi si levano da tergo alle squadre babilonesi, fendono l'aria, piombano sulla macchia di Reznuni.

Semiramide, scorgendo che i Medi non hanno ancora guadato il fiume, nè possono perchè il nemico ha deluso il loro accorgimento e veglia certamente al passo pericoloso; pensando inoltre che la sua cavalleria e i suoi carri di guerra non potrebbero impunemente passare sotto quella rovina di sassi, ha fatto incontanente sul fianco sinistro avanzar le sue macchine. L'assalto dei guerrieri alla macchia non era che un infingimento per guadagnar tempo e sviar l'attenzione degli Armeni. Ed ecco, le sue macchine, in acconcio luogo collocate, scagliano dardi intrisi di nafta e palle di bitume acceso sulla costiera. S'appicca il fuoco alla selva; cigolano le piante investite dalla fiamma; vortici di denso fumo s'innalzano, ingombrano l'aere, acciecano i combattenti, di cui di mano in mano si rallentano i colpi.

Vide Ara il pericolo che da quella impotenza dei fiondatori di Van sarebbe derivato all'esercito, e si affrettò a scendere dal poggio.

— Suvvia, cavalieri di Armavir! — gridò egli con voce tonante, — il momento è venuto di dar dentro alle ordinanze nemiche. —

Alte grida rispondono al comando del re. I prodi d'Armavir, lentate le redini sul collo, strette le ginocchia nei fianchi ai poderosi corsieri, appuntate le frecce sulla corda degli archi, galoppano. Quel tratto di strada che li divide dallo incalzante nemico, è superato in brev'ora. Si traggono in disparte, fuggono, si rovesciano gli uni sugli altri i fanti babilonesi, non potendo resistere a tanta rovina. Conoscono le amiche insegne i fiondatori di Van, e calano solleciti al piano; dietro a loro s'avanzano i montanari d'Urarti, che portano punte di ferro annestate al sommo di lunghi bastoni.

Semiramide, dall'alto del suo cocchio di guerra, ha veduto il nembo di polvere che sollevano i cavalieri d'Armavir. Tosto comanda che la sua cavalleria si divida in due ale e lasci aperta la via. Avanti i carri! Pesanti come sono, muniti di ferrea cuspide al sommo del timone, riusciranno più saldo ostacolo all'impeto dei cavalieri aicàni.

E si muovono i carri, con alto fragore vanno a dar di cozzo in quella mobil muraglia di petti anelanti. Ma gli Armeni hanno scorto da lunge il mutamento; sviano i cavalli e piombano sui lati, si ristringono addosso ai cavalieri di Babilonia. Dietro a loro, apron le file i fiondatori di Van, si stringono a densi manipoli i montanari d'Urarti; e quelli fan piovere una grandine di sassi sui carri che passano, questi fan selva di picche nei fianchi ai cavalli. D'ogni parte è aspra la zuffa; si confondono gli ordini, e, trattenuti i carri nel corso, incomincia la strage. I cavalli feriti s'impennano; questi infrangono il giogo; quelli rovesciano i carri; gli uni, acciecati, vanno a rompersi la cervice contro le ruote dei cocchi vicini; gli altri, sbuffanti, con erette criniere, trascinano morto l'auriga.

Così ridotti a mal partito i carri babilonesi (chè pochi poterono aprirsi la via nelle schiere avverse, nè uno tornò più indietro a raccontare il suo trionfo), si volsero i montanari di Urarti in aiuto dei cavalieri di Armavir. Destramente rigirandosi in mezzo ai combattenti, sforacchiavano il ventre delle cavalcature nemiche, tagliavano le cinghie, recidevano i garretti; come tigri si scagliavano in groppa, si avvinghiavano ai fianchi dell'avversario, lo trascinavano a terra, sotto le zampe dei cavalli, entro laghi di sangue. Rotti, sbaragliati da quell'impeto non preveduto, impossenti contro i feroci assalti di quelle belve rabbiose, tentano i Babilonesi divincolarsi dalle strette, e come possono, e quando possono, si danno alla fuga. Grida, urla selvaggie, sono il cantico di vittoria della gente aicàna.

Cuoceva frattanto al buon principe Vasdag di rimanersene là inoperoso, all'ombra dei pioppi. E i suoi soldati, udendo le grida dei compagni, che sempre più si allontanavano per la valle, incominciarono a dolersi altamente.

— I nostri incalzano il nemico, gli dànno la caccia colle spade nel tergo, e noi resteremo qui senza gloria!...

— Ad udire le voci di trionfo che salgono al cielo!...

— A contemplare quei cavalieri sull'altra riva del fiume!...

— Que' simulacri di pietra, che non si muoveranno mai più!...

Semiramide.

— Pazienza, miei prodi! che farci? — diceva amorevole, ma non meno scontento, il principe Tarbazu. — Queste sono le sorti della guerra. Se noi volassimo laggiù, dove il re nostro combatte, gli porteremmo inutile aiuto; e frattanto quelle squadre di cavalieri, che mi hanno l'aria di farsi sempre più numerose, guaderebbero impunemente il fiume e piglierebbero i nostri valorosi alle spalle. —

Laggiù frattanto, dove i soldati di Vasdag si dolevano di non essere, continuava, non più la pugna, il macello. Ara infuriava nel mezzo, pari al Dio delle stragi. Ma finalmente, vedendo sgomberarsi il campo davanti a lui, da capitano prudente, fe' suonare a raccolta. Temeva egli infatti non si sbandassero i suoi nel tripudio del sangue e non si perdesse in tal guisa il frutto di quella vittoria, che, a dir vero, non gli pareva anche sicura.

E ben gliene incolse. Difatti, un nembo di polvere si solleva da lunge. Sono i bianchi cavalieri di Belo, che giungono alla riscossa. Trema la terra allo scalpito dei cavalli accorrenti; la nuvola cresce, s'approssima, par l'uragano che rovinoso s'avanzi.

Ara comanda a' suoi di ritrarsi. Una macchia di arbusti, dalla parte del fiume, nasconderà in parte i cavalieri d'Armavir. I carri rovesciati dei Babilonesi faranno serraglia in mezzo alla strada; dietro essi staranno a riparo gli arcieri di Zikartu, i fiondatori di Van, i montanari di Urarti.

Grida sinistre accolgono gli assalitori, e una tempesta di freccie, di pietre e globi di piombo, si disserra sovr'essi. La prima fronte della sacra miriade è disfatta; sottentra la seconda ed egual sorte l'attende. Nuovo ostacolo fanno i cavalli caduti: altri s'impigliano tra le ruote dei carri, inciampano nelle redini sparse, stramazzano al suolo. La lotta a corpo a corpo ripiglia più acre, più furibonda che mai, si calpestano i feriti, e su monti di lacere membra i sopravvissuti combattono. È pugna di Titani, non d'uomini della comune misura. Guaiscono i caduti, bestemmiano i moribondi, urlano gli incolumi, e si van provocando mutuamente a battaglia. Con voce pari a mugghio di tuono, Balsam, il capo dei bianchi cavalieri, va chiamando Ara dovunque, lo dimanda avversario, giura di tracannare il suo sangue. E l'ode il re d'Armenia e tenta col cavallo di farsi strada alla volta del fiero Cussita. Ma in quel mezzo, Dicranu ha fatto rotar la sua fionda, il sasso ha colto l'orgoglioso provocatore nel petto e lo ha trabalzato d'arcione. Svelto come un leopardo, si cala Dicranu da un monte di cadaveri e per mezzo ai cavalli nemici corre ad impadronirsi delle spoglie di Balsam, seguendolo nell'audacissima impresa i fiondatori di Van. Gli si attraversano i seguaci del caduto; la mischia non è più per vincere da una parte o dall'altra, bensì per contendersi la nobile preda. Per lungo tratto non si discerne più nulla in quel brulichìo, in quella confusione, in quell'agitarsi disordinato di membra. Ma ecco, finalmente, appare Dicranu sulla groppa d'un cavallo; egli stringe, acciuffata nei capegli, la testa recisa di Balsam; la mostra ridendo ai compagni, che gli si serrano intorno; cade a sua volta; un dardo ha fischiato nell'aria, gli s'è ficcato nella strozza, troncandogli ad un punto i superbi dispregi e la vita.

Ara intanto, poichè l'impeto della sacra miriade si è franto, comanda ai cavalieri d'Armavir di uscir dalla macchia. Accorrono essi e colgono le profonde coorti di fianco, vi fanno per entro uno scempio. Rotte così le ordinanze, i montanari d'Urarti, cui il sangue ha reso sitibondi, si gittano alla carnificina, come stuolo di corvi rapaci. Orribile! orribile!

Belli ed alteri nelle candide spoglie, erano venuti i generosi all'assalto. Niente resisteva al loro urto giammai; nelle convalli di Elam, sui campi di Bakdi, sulle rive dell'Indo, que' fulmini di guerra avean sempre sgominate e disperse le più valide schiere. Ed ecco, qui, in una stretta d'Armenia, impacciati, confusi, dovevano essi venir meno alle loro gran fama, alle più grandi impromesse! Già non erano più una falange ordinata; sibbene una torma cieca, ondeggiante, lacera e pesta, per entro a cui s'aggiravano belve con faccia umana, mostri usciti dai regni tenebrosi, che sventravano le cavalcature e riversi li faceano cadere colle inutili armi, per trucidarli nella mischia, diromperli sotto le zampe ferrate, affogarli nel sangue.

Guatava dinanzi a sè la regina, dall'alto del suo cocchio di guerra. E diceva intanto in cuor suo: o come non vanno più innanzi i cavalieri di Belo? come non hanno ancora sgomberata la via?

Bene ella sapeva forti guerrieri gli Armeni, ad essi propizio il luogo e ministro d'armi nuove il furore; tuttavia non s'aspettava una così gagliarda resistenza.

— Per fermo, — ella disse, — il re loro combatte laggiù.

— Sì certamente; — notò Faleg, uno de' suoi uffiziali, — non si pugnerebbe con tanto accanimento, dove egli non fosse a capo de' suoi. Ah! la sua testa è poco, a rifar Babilonia di tante vite mietute. —

Semiramide non rispose parola a quella acerba considerazione di Faleg.

— E i miei cavalieri, — gridò ella invece, — morranno così, senza che io sia con loro e corra gli stessi pericoli?

— Possente regina, — entrò a dire un altro dei suoi, — lo sguardo tranquillo ed onniveggente del duce è necessario alla comune salvezza.

— Ah! così pure avranno parlato a lui le timide lingue de' suoi consiglieri. Cionondimeno, egli è nella mischia, come l'ultimo de' suoi combattenti. Orvia, Faleg; sian pronti gli elefanti ad ogni occorrenza; noi ora andiamo, corriamo, dove si pugna per noi. —

Si mosse il cocchio regale, rapidamente trascinato da otto generosi corsieri, verso il luogo del combattimento. Ma l'esito non rispose ai voleri della regina. La sacra miriade era respinta e i fuggenti travolsero il cocchio nella ritirata, invano chiamati, invano ripresi dalla voce di Semiramide. Tutto intorno a lei era un indescrivibil tumulto; cavalli senza cavaliere, anelanti fuggivano, con le viscere penzoloni fuori dal ventre squarciato; altri, imbizzarriti, si traevano dietro il morente signore, co' piedi impacciati nella staffa; molti, compresi d'alto spavento, volgevano al fiume, quasi temendo di non essere più in tempo ad evitar l'urto dell'incalzante nemico.

La regina guatò un istante con torvi occhi quello stuolo di femmine imbelli; indi, comandò che gli elefanti uscissero a lor volta, protetti da quanti uomini rispondessero in quel punto all'appello.

— Avanti, orsù! — gridava la fortissima donna, che, già discesa dal cocchio, era balzata a cavallo, brandendo il suo giavellotto. — Avanti, generosa prole degli Accad! Ricordate che tributari vostri furono sempre questi montanari orgogliosi, e che voi siete i vincitori del mondo! Era difficile il passo; ecco perchè i nostri cavalieri hanno dovuto piegare davanti ad un pugno di mandriani armati di fionda. Animo, via; non fate che ridano di voi le donne di Armavir, torcendo il fuso nelle veglie invernali! Vedete! Già calano le nostre migliaia dai monti; appariscono dal sommo dei poggi; scenderanno tra breve a ruina. Ancora uno sforzo, valorosi Cussiti, e la vittoria è per noi! —

La battaglia è al suo momento supremo. I prodi Armeni s'inoltravano, irrompevano sul piano, come gonfio torrente che abbia rotti i suoi argini. Ma ad un tratto i cavalli si arrestano, nitriscono, s'impennano, sbuffano, non sentono più lo sprone dei cavalieri. Che è ciò? Negre moli si affacciano sulla strada. Son gli elefanti; nuovi arnesi di guerra, che Semiramide ha condotti seco dalle rive dell'Indo. I montanari d'Aiasdan non hanno mai combattuto contr'essi.

Accorrono sulla prima fronte e scagliano dardi gli arcieri di Zikartu; ma, contro a quei colossi coperti di ferro, fanno mala prova gli strali. S'inoltrano minacciose le negre moli, e il valore aicàno è di bel nuovo arrestato a mezzo il suo corso.

Il re d'Armenia volge lo sguardo all'altra riva del fiume. I Medi, accalcati colà, non dànno segno di volersi muovere ancora. Tosto egli manda messaggi a Vasdag, che tolga dalle sue file quanti più uomini può, senza suo nocumento, e li avvii lunghesso la sponda dostra del fiume, per cogliere gli elefanti di fianco. Egli intanto fa testa co' suoi; ma invano. Gli smisurati animali, incitati dagli spiedi de' guardiani che siedono loro sul collo, galoppano contro le sue schiere mal ferme, scuotono gli orecchi, larghi come ali di enormi vipistrelli; cogli acuti barriti sgomentano i cuori più saldi.

Qualche freccia più fortunata si ficca tra le giunture dei pettorali di ferro ed essi colle curve proboscidi strappano le canne innocenti, le gittano sul volto ai nemici. Stizziti dalle punture, si scagliano entro le file, mentre dall'alto delle torri che recano in groppa, guerrieri babilonesi scaraventavano sabbia e bitume infuocato. I larghi petti, muniti di sprone, già sono addosso ai cavalli; come prore di navi fendono il mare, così essi la calca; e intanto le proboscidi guizzano in aria, scendono nella mischia, afferrano, strizzano, lanciano in alto le vittime. Pallidi, esterrefatti, i soldati armeni dànno le spalle, s'incalzan fuggendo davanti ai negri colossi.

Infiammato di sdegno, coi primi che gli giungono in aiuto dalle schiere di Vasdag, il re d'Armenia fa impeto nel fianco dei mostri. I più audaci de' suoi si cacciano sotto, tentano di strappare le cinghie che tengono ritte le torri, di tagliare i garretti e di squarciare il ventre alle belve. Un elefante cade, ma schiaccia nella caduta i suoi uccisori. Avanti! avanti sempre! Un altro, per mano del re, ha recisa la proboscide ed agita urlando il moncherino sanguinolento; infuria coi denti d'avorio e trafigge chi non è pronto a cansarsi, indi si volta indietro, mette a scompiglio le file. Sollecito il guardiano, perchè non abbia a recar danno maggiore tra' suoi si toglie da fianco un lungo scalpello e, appuntatolo sulla giuntura della cervice, tanto vi picchia su col maglio ferrato, che spezza il cranio e fa stramazzar l'elefante.

Ma, caduti quei due, altri molti ne restano e menano strage all'intorno. Per colmo di sventura, mentre gli arcieri di Tarbazu cercano di farsi più innanzi, si abbattono nelle macchine, che la regina ha fatto avanzar prontamente di costa agli elefanti, e sono sfolgorati da una pioggia di fuoco.

Ora, mentre il grosso delle forze aicàne è arrestato da quei baluardi animati e da quelle macchine che scagliano fuoco, Semiramide è salita sopra un'eminenza, per abbracciar d'uno sguardo l'intiero campo di battaglia Dalla tenda di Ara infino al luogo ove s'infrange l'inutil valore del re, la pianura è seminata di strage, ma libera, vuota di combattenti; soltanto le schiere di Vasdag sono visibili là in fondo, dalla parte del fiume, imboscate all'ombra dei pioppi. Poche migliaia d'uomini stanno ancor dietro le tende, alla guardia del campo aicàno.

Il momento le sembra opportuno per mandare ai Medi, ai Persi, agli Ariarvi, il segnale stabilito. Un dardo acceso fischia nell'aria e va a cadere nel mezzo del fiume. Tosto quel fitto stuolo di cavalieri si muove, affretta al guado, sotto gli occhi di Vasdag.

Un nembo di frecce accoglie il movimento dei Medi. Il principe di Tarbazu non ha voluto perder tempo, e i primi che si sono perigliati nell'acqua, vi trovano tosto la morte. Si allegrano nel profondo del cuore i destri arcadori, e raddoppiano i colpi. Ma, pur troppo, essi non basteranno a impedire il passaggio. Vasdag, al cui vigile occhio nulla sfugge di ciò che si tenta sulla riva sinistra, ha veduto che i Persi e gli Ariarvi si dispongono a guadare in altri due punti l'Eufrate. Non si smarrisce d'animo, tuttavia, e manda incontanente per le riserve, raccolte dietro alle tende; le guida egli stesso, appena giunte, le colloca ne' luoghi più acconci, lungo la destra del fiume.

— Guerrieri d'Aiasdan! — egli grida. — Qui bisogna far l'ultimo sforzo e con quanto vigore ci è dato. Noi non avremo più patria, se non ributtiamo gli assalitori nell'onde. —

Aspro è il combattimento: i soldati di Vasdag fanno prodigi di valore. Ben sette volte i cavalieri nemici afferrano la sponda, e sette volte son respinti nel fiume. L'Eufrate è sparso di cadaveri. Nei luoghi ove il letto è meno profondo e più facile il guado, si ammonticchiano gli uni sugli altri i caduti, fanno argine alla corrente, che intorno ad essi ribolle, s'innalza flottando e straripa.

Da due ore il sole avea varcato il meriggio, nè cessava ancora lo strepito dell'armi, il clamore dei combattenti. Per quanto era lunga la valle, dai poggi di Ajotzor alla collina di Kerezmanc, la quale signoreggiava il luogo dello azzuffamento tra il re d'Armenia e le macchine babilonesi, non era più un breve spazio di suolo che non fosse coperto di cadaveri, o d'armi infrante, o di lacere membra; e un odor crasso di sangue, un leppo arsiccio, misti ad una nube di polvere, saliano alle nari.

Un messo del re giunge galoppando e chiede nuovi aiuti a Vasdag.

— Che avviene egli laggiù? — dimanda il vecchio soldato.

— Che intorno agli elefanti, — risponde il messo, — abbiamo perduto il meglio dei nostri; che la via sulla riva del fiume è sbarrata dalle macchine, vomitanti fuoco; che non possiamo romper la diga nemica, se non abbiamo sussidio di gente fresca e animosa.

— Non è ferito il re? — chiese Vasdag.

— No, grazie sien rese agli Dei.

— Sta bene. Va alle tende di Ajotzor; ancora due migliaia d'uomini rimangono a noi. Pensavo di chiamarli io, a custodia del fiume; — soggiunse sospirando il vecchio guerriero; — ma che farci? Li abbia il re, che forse ne ha maggior bisogno di noi.

— Che debbo io dirgli di te? — chiese il messo, già in atto di partire.

— Che il vecchio è alla meta del suo viaggio sulla terra; — rispose Vasdag, — che, qualunque cosa avvenga, nessun Medo potrà vantarsi, me vivo, d'avermi vedute le spalle. —

Ciò detto, il buon cavaliere si allontanò verso la riva, per respingere un nuovo assalto dei Medi. Ma ormai l'impresa era superiore alle forze de' suoi. Durò a lungo lo scontro, sulla riva contrastata; finalmente, perduto gran numero dei loro, i nemici giunsero a piantarsi saldamente sul greto e fu libero il guado.

Vasdag non sopravvisse alla rotta. Slanciatosi col cavallo nelle schiere dei Medi, ebbe morte degna di sè, combattendo da forte, coll'ultimo colpo della sua spada fendendo l'elmo ed il cranio del capitano nemico.

Accesi di sdegno, furibondi, si gettarono i suoi nella mischia, per difenderne il corpo e vendicarne la morte. Fu lotta disperata; bisognò ucciderli tutti, ad uno ad uno, e l'impresa fu lunga e difficile, costò ai vincitori gran sangue.

Così mantenne la sua fede Vasdag, il vecchio principe di Tarbazu, che è sulle rive dell'Eusino. Esperto condottiero d'eserciti, era stato compagno ad Aràmo, nelle sue guerre fortunate contro i Medi e i Turani, d'onde aveva meritato d'esser secondo nel reame, e incoronatore del re d'Armenia. Epperò a lui era concesso portare la corona fregiata di giacinti, due òrecchini, il calzare rosso ad un piede, e il diritto altresì di bere in coppa d'oro. Biondo in giovinezza i capegli, colorito il viso, gli occhi grigi, robusto le membra, largo le spalle, il piè bello e saldo alle fatiche, fu sobrio sempre nel bere e nel mangiare, nei piaceri temperato. Per lungo ordine di secoli, i memori bardi, a suon di cembali lo cantaron prudente, moderato nei desideri, pieno di senno, eloquente, utile in tutti gli umani negozi. Sempre giusto nelle sentenze, pesava con bilancia a tutti eguale, senza studio di parti, gli atti d'ognuno. Non invidiava ai grandi, nè i piccoli sprezzava; non altro voleva che stendere su tutti il manto delle sollecitudini sue.

Ignaro della fine di Vasdag, ma udendo le grida di vittoria e notando l'affrettarsi dell'ala destra dei Babilonesi nel passaggio del fiume, Ara meditò un ultimo colpo; sforzare il passo, non più dove infuriavano le macchine, ma dall'altro lato, dove sorgean le colline. Scelti a tal uopo i più animosi dei suoi, si condusse a volo verso le alture. Lo seguirono primi, al sommo di un poggio, Bared, lo scudiero, Sumati ed Abgàro; Abgàro che pel lungo combattere vedevasi lordo la bianca tunica di sangue e di polvere.

— È questo il colle, — disse con accento d'amarezza il cantore, — d'onde il fortissimo Aìco saettò l'orgoglioso Titano. Vedi, o re; quello che ci sta dinanzi è il poggio di Kerezmanc. Colà noi dobbiamo giungere, calarci di là, piombare alle spalle di quei luridi cani! Ma che vedo? O m'inganno, o il duce dei Bâbilonesi è lassù. Destro arciere, suvvia, chè non adatti uno strale alla corda e non gli mandi il saluto della morte? —

Trascinato dalle aspre parole di Abgàro, il re impugnò l'arco e si fece a togliere la mira. Dal poggio di Kerezmanc il suo aspetto fu conosciuto e l'atteggiamento notato.

— Ah! — gridò Semiramide. — Lui! —

E spronato il cavallo, si avanzò imperterrita sul ciglione, ad attendere il colpo.

Faleg e gli altri che l'accompagnavano, veduto il pericolo a cui ella si esponeva, furono solleciti a correre, per farle scudo colla loro persona. Ma la fortissima donna li rattenne con un gesto imperioso.

— Non ardirà! non ardirà! — soggiunse ella poscia, con un altero sorriso.

E stette immobile, guatando il suo avversario; ben lieta e largamente vendicata di lui, se avesse potuto scorgere il tremito che gli invadeva tutte le fibre in quel punto.

Rimase egli incerto un tal poco, quasi volesse aggiustar la mira, e sperimentare la tensione della corda. Ma questa per fermo non doveva essere la cagione dell'indugio, poichè tosto, con atto disperato, gittò l'arco e lo strale lungi da sè.

— Non posso! — gridò egli. — Non posso!

— Ma potrò io! — disse Abgàro.

E raccolse l'arco da terra. Il re lo rattenne, che già stava per poggiare la cocca sul nervo disteso.

— No, no, mio vecchio Abgàro! A qual pro? —

Abgàro lo guardò trasognato; indi, come parlando a sè stesso, acerbamente rispose:

— Ah! invero nessuno saprebbe più tender l'arco di Aìco. Ma nessuno ama più la sua patria come il figliuol di Thogarma. Gli occhi d'una maliarda hanno virtù perniciosa su noi, come quelli del serpe. Oh, dimmi ciò che vorrai, re d'Armenia; — soggiunse il vecchio cantore, notando il corruccio che balenava dagli occhi del giovine; — uccidimi, se t'aggrada, e togli un altro soldato alla misera terra dei padri.

— No; — rispose gravemente Ara; — io nol farò. Risponderò invece al tuo cieco amore di patria che questo inutil colpo contro una donna potrebbe aggravare la sorte del popolo nostro, che non avrà più noi per difenderlo. —

Nulla rispose il vecchio; ma un amaro sorriso d'incredulità gli sfiorò le labbra; e fu risposta peggiore. Trasse indi la spada; gittò la guaina al basso, dove in quel punto si vedeano apparire i nemici, e giù di lancio, come se avesse al piede le ali della giovinezza, si scagliò incontro alla morte.

— Tu solo? — gridò il re, con accento disperato. — Vecchio Abgàro, non disprezzare i giovani, perchè essi hanno un cuore e non amano combatter le donne. —

E impugnata la sua larga spada a due tagli, si avanzò per seguire il vecchio sdegnoso.

Ma in quel mezzo, Abgàro cadeva. Una torma di arcieri sbucava da un colmo di arbusti, sulla destra degli Armeni. Erano i primi che calavano dai monti. Non che la fronte dell'esercito aicàno, già più non eran sicure le spalle. E il medesimo accadeva dall'altra banda del fiume. Quella parte dell'esercito babilonese che davanti al passo di Lukdi avea piegato a destra, verso le sorgenti del Tigri, per inaccessi e mal guardati sentieri, riuscita era alle spalle di Ajotzor, tagliando la via di ritirata verso Armavir, e piombando sulle tende del campo di Ara, innanzi che i Medi, i Persi e gli Ariarvi avessero distrutto gli ultimi avanzi delle schiere di Vasdag.

Il re d'Armenia non vide la morte di Abgàro. Egli era appena a mezzo del declivio, che una freccia lo colse, penetrando là dove la corazza si allacciava alla gorgiera. Sul punto non s'era avveduto di nulla, attribuendo la caduta all'aver posto il piede in fallo. Senonchè, tentando di rialzarsi, sentì una trafittura, come un bruciore al sommo del petto. Recò istintivamente la mano colà e trovò la canna infissa nella giuntura; la strappò con violenza e un umor caldo gli spicciò sulla mano. Era sangue, e appariva copioso.

— Ah, grazie! — esclamò, alzando al cielo le pupille smarrite.

E ricadde, ma non più sul terreno, bensì tra le braccia di uno de' suoi. Riaperse gli occhi a guardarlo e riconobbe Sumàti.

— Santo vecchio, — diss'egli con voce spenta, — che avviene di noi?

— Mio dolce signore! — rispose amorevole e triste l'Indiano. — Scendono innumeri schiere dai monti; già ci romoreggiano da tergo.

— E il fiume?

— Guadato!

— Ah! È dunque morto Vasdag. Povero amico! Povera terra d'Aiasdan! Uccidimi, te ne prego, Sumàti! Toglimi ai miei rimorsi, al mio disonore, finiscimi! —

Sospirò profondamente il vecchio Sumàti e chiuse gli occhi come per raccogliersi nei suoi dolorosi pensieri. Anch'egli sentiva il rimorso, che gli lacerava il profondo dell'anima.

In quel mentre s'avvicinavano a passi concitati, e feroci nell'aspetto, i nemici.

— Rattenete le armi! — gridò Sumàti, poichè li ebbe veduti salir minacciosi per l'erta. — È il re d'Armenia ferito. Oscuri soldati, ardirete dar morte ad un re?

— Ah! — sclamarono giubilanti i guerrieri. — Il re d'Armenia! il re prigioniero?

— Non si uccida, pel dio Nergal! non si uccida! — gridò il capitano, accorrendo tra i primi, colla spada sguainata. — Arrendetevi, figli d'Aìco, e giù l'armi, o tutti pagherete col vostro sangue ogni scalfittura che tocchino i miei. —

Erano in piedi sul fianco del poggio, Sumàti, Bared, Sempad, e pochi altri guerrieri aicàni. La resistenza sarebbe stata impossibile; posarono le armi.

— Dobbiamo prenderlo vivo; — proseguiva il capitano, parlando a' suoi, che s'erano fatti intorno al ferito. — La regina ha promesso un lauto premio a chi le condurrà vivo il nemico. E siete voi, voi, uomini di Birtu, la città bianca sul monte, i fortunati!

— Gloria a Birtu! — gridarono i soldati, levando in aria gli archi e le spade. — Gloria al paese di Libnan, dove sorgono i cedri!

— Il vinto re farà bello il trionfo alla possente signora degli Accad; — dicevano alcuni di essi. — Pagherà egli il fio di tante migliaia di uomini che questa orrenda giornata ci costa.

— Che farà di lui la regina?
— Lo darà in pasto ai leoni.
— Lo farà configgere con chiovo di rame nel fronte alle porte della sua reggia. —

Così semivivo, il re fu adagiato sull'erba. Sumàti, sciolgoli prestamente l'usbergo, gli veniva astergendo la ferita e con una fascia, che s'era tolta dai fianchi, s'apparecchiava a stringere il sommo del petto, perchè il sangue stagnasse.

Intanto Semiramide, discesa dal colle di Kerezmanc, affrettava il cavallo lassù.

— Vivo! — gridarono i guerrieri di Birtu, muovendole incontro. — Possente signora, egli è in nostre mani, il tuo crudele nemico. —

La regina, severa in volto, accigliata, come chi si sforza di nascondere la tempesta dei contrari affetti che gli freme nel cuore, comparve sul luogo, tra le grida e le acclamazioni delle sue schiere affollate.

Sumàti torse le ciglia da lei, ripugnandogli di vedere su quella fronte la gioia dell'ottenuto trionfo. Ma vide in quella vece Bared, lo scudiero, il fido di Ara, che gli stava tutto confuso e tremante da lato.

— Ah, Bared! — susurrò nell'orecchio all'Armeno il vecchio della Triade. — Tu lo vedi? Il tuo tradimento ha perduto l'Armenia; ha perduto il suo re. —

Un singhiozzo venne a morir sulle fauci di Bared.

— E tu? — diss'egli di rimando.

— Io? — sclamò il vecchio. — Io non ero de' vostri, nè conoscevo quel nobile cuore. Ma ora, mi assista l'Eterno, io salverò la sua vita.

— Che vuoi tu fare? Tradirci? — balbettò, impallidendo, l'Armeno.

Sumàti crollò alteramente le spalle e non gli rispose che una sola parola: — codardo! —

La vittoria di Ajotzor era stata piena ed intiera. Saviamente scelto il campo di battaglia dall'esercito aicàno; ma egli sarebbe bisognato, per vincere, che il re d'Armenia avesse avuto più gente, per custodire la sinistra riva del fiume e asserragliare le gole circostanti. Non erano in quella vece che cento migliaia di valorosi; valorosi, sì certo, dappoichè tutti giacevano sul campo. Povere donne di Aiasdan! esse non doveano più rivedere gli amati.

Le perdite dei Babilonesi erano gravi; si potea noverarle ad occhi veggenti. Duecento migliaia tra morti e feriti; la sacra miriade distrutta; poche centinaia i superstiti.

Il' vecchio della Triade s'era ingannato. Semiramide fu triste, assai triste, quel giorno.

CAPITOLO XVIII.

Il Talismano.

Il dì seguente, che fu il settimo di Garmapada (così il costume dei popoli medo-ariani; ma presso i Caldei era detto Tana, o mese del fuoco), l'esercito babilonese entrava in Armavir.

Profondo squallore, silenzio di tomba, accolsero le schiere dei vincitori nella capitale dell'Aiasdan. La maggior parte del popolo, donne, vecchi e fanciulli (chè d'uomini acconci alle armi già non ve n'era pur uno) aveano presa la fuga all'avvicinarsi del nemico, e sconsolati per la morte dei loro diletti, più sconsolati per l'eccidio della patria, quali tementi le orrende vendette del vincitore, quali rifuggenti dal solo pensiero di doverlo vedere orgoglioso ed insolente padrone in mezzo alle vie della loro città, s'erano rifugiati sulle montagne d'Urarti, chè tale avea nome presso gli Armeni la catena dell'Ararat. Non rimanevano nella città che i decrepiti, gl'infermi, i mendichi.

Colpita da quel doloroso aspetto della città principale, e volendo con esempio di magnanimità chetare gli spiriti nell'altre provincie del regno, Semiramide inviò pronti messaggieri ai fuggiaschi. Tornassero senza timore, liberi nella loro tristezza. Bene ella sapeva non esser tra loro uomini validi al maneggio delle armi; per altro, non voler prigionieri, salvo i pochi fatti in battaglia. Bastarle la sua piena vittoria, le spoglie e i tributi di guerra. Aggiungeva, non sarebbe torto un capello ad alcuno; sè esser donna e voler rispettate le donne dei vinti. Tornassero adunque: sacro alla gente degli Accad il dolore di un popolo soccombente; Belo e tutti i sommi custodi di Babilonia non esser gelosi del culto che alle loro deità avrebbero liberamente segnitato a prestare gli Armeni.

Generose parole, a cui, ne'feroci tempi di allora, non erano avvezzi per fermo gli abitanti delle soggiogate contrade. Insolite erano; parvero soverchiamente umane, incredibili. Ma i messaggieri della clemenza portavano in pegno di loro sincerità il suggello di Semiramide; li accompagnavano alcuni superstiti di Ajotzor, che giuravano di avere udite le sante promesse dal labbro medesimo della possente regina. Credettero i derelitti, e a lenti passi, come chi sa di non andare a lieto ritrovo, finalmente tornarono.

Intanto, alle città e provincie più lontane del regno, a Tarbazu, che è sull'Eusino, a Sarda e Zihartu sui confini d'oriente, a Mildis e a Masciag dove il sole s'asconde, erano spedite numerose coorti, per levar tributi e recar provvigioni all'esercito. L'oro, le gemme, le pelli preziose, i viveri, e quant'altro chiedeano i superbi, tutto fu dato in silenzio, prontamente, con quella severa alterezza che sdegna di piatire, o d'implorare condizioni più miti. A che contendere del più o del meno cogli oppressori? Comunque fosse, non esisteva più Armenia.

Pure, la gran donna non meditava di soggettare la vinta contrada all'impero. Più giusto sarebbe il dire che nessun concetto aveva ella ancora in mente formato. S'era chiusa nella ròcca di Van, rupe foggiata dalla natura a baluardo, sull'acque salse del lago, cosicchè poco aveva dovuto aggiungervi l'arte degli uomini. E là rinchiusa, mostravasi a pochi.

Il suo ferito nemico era in una camera appartata della ròcca e vegliavano al suo letto indovini Caldei, esperti di farmachi e di erbe salutari, i quali seguivano sempre l'esercito. Sumàti, essendo stato fatto prigioniere insieme col re, aveva potuto seguirlo fin là. Bared, mal sopportando l'aspetto dell'Indiano, e lacerato dal suo rimorso, era andato a confondersi cogli altri prigionieri, spiando con animo intento una occasione di fuga.

Egli non si sarebbe detto per fermo, al vedere l'aspetto desolato della ròcca di Van, che fossero vincitori i suoi ospiti e giorni d'allegrezza per le schiere babilonesi. Una nube di atra mestizia incombeva sul luogo; triste e taciturna la regina; pensierosi, come fastiditi, i suoi uffiziali.

Dicevasi nei sommessi parlari che il negro umore della regina derivasse dalle gravissime perdite che avea toccate l'esercito. La distruzione della sacra miriade, in particolar modo, e la morte di tanti prodi, congiunti di sangue alla casa di Nemrod, erano invero cagione di alto dolore non che per lei, per tutti i guerrieri di Kiprat Arbat, veri sostegni dell'impero degli Accad e partecipi alla sua smisurata fortuna. Tanto sangue sparso, e del migliore di Babilonia, non era egli un argomento di profondo rammarico? ma come, altresì, e con che inusitato rigore, non avrebbe fatto Semiramide le sue vendette e quelle de' suoi nella progenie d'Aìco! Certo, quel cupo silenzio, il lampo sinistro degli occhi regali, prometteano tempesta. Bene doveva egli risanare, il vinto re degli Armeni, ma per abbellire, entro le mura di Babilonia, il trionfo della possente regina e pagare il fio di tante nobili vite mietute. Tale era il costume degli Accad. Mozzata la lingua a chi aveva spergiurato la sua fede; tronche le mani che aveano impugnate le armi della ribellione; cavati gli occhi, che più non erano degni di vedere la luce di Belo; questa sì, questa era la sorte dell'orgoglioso Aicàno.

Frattanto, egli giaceva nel suo letto di dolore. Stremato di forze e non al tutto ritornato in sè medesimo, egli non aveva ancora aperte le labbra a parlare. Hurki, il capo degli eunuchi regali, era quasi sempre nella camera del ferito, e ad ogni tanto ascendeva alle stanze della regina, per recarle notizie di lui. Ma erano tristi nuove, e poco ancora l'una dall'altra dissimili. Era sfinito il garzone, pel molto sangue perduto; gli ardeano le membra per febbre; il seno, tutto intorno alla ferita, tumido sempre e infiammato. Cibo non voleva, nè conforto; i farmachi apprestati dai Casdim a stento gli erano ministrati, e non da altri fuorchè da quel suo vecchio fedele. Gli atti, i moti increciosi del volto, mostravano l'interno fastidio d'ogni cosa e di sè; la vita che gli rimaneva, parea volesse comprimere nel profondo, nella speranza di soffocarla e di sottrarsi al suo fato.

Ciò turbava sempre più la regina A notte colma, tutta chiusa nel suo manto bruno, scese furtivamente la scala interna, che metteva alla camera dell'Armeno. Nessuno vigilava colà, tranne Hurki, che ravvisò la sua signora e fu pronto a ritrarsi nelle stanze attigue, dove gli altri si ristoravano con poche ore di sonno.

Un fioco lume rischiarava la camera, lasciando il letto del ferito in una mite penombra. Ara mostrava il petto scoverto, ma una larga benda, addoppiata intorno al torace, nascondeva la piaga.

La regina si avvicinò, dal lato dell'ombra, tirandosi sul volto i lembi del velo. Colà, ritta daccanto alla proda del letticciuolo, stette lungamente guardando. Il cuore le palpitava forte nel seno; gli occhi mettevano lampi di sotto alle ciglia contratte; aspra battaglia di pensieri le travagliava lo spirito.

Egli era là, il traditore, il leggiadro straniero, così facilmente impadronitosi di lei nel sacro bosco di Militta, Ara il bello, il benvenuto alla reggia, l'ospite inebriato, che celava la perfidia nell'anima! Egli era là, il superbo dispregiatore, il primo che l'avesse mortalmente offesa, lei, la signora del mondo! Egli era là finalmente, il tributario ribelle, per cui tante migliaia di guerrieri aveano incontrata la morte, il feroce, l'immemore, che aveva osato tender l'arco e toglier di mira un cuore, già da lui con più crudele arma ferito. Destro e audace a colpirla nel più intimo degli affetti, non gli era bastato l'animo a squarciarle il seno in battaglia! Ella, una donna, era stata più intrepida, più forte, più generosa di lui. Però giusti gli Iddii ed ella vincitrice a buon dritto; egli là, vinto, disonorato, morente forse!...

Si accostò al suo capezzale. Il ferito dormiva, d'un sonno greve, affannoso. Allungò peritosamente la mano su lui. La fronte gli ardeva; grosse stille di sudore bagnavano le tempie, rapprendevano i capegli. Tremò tutta a quel tocco e ritrasse la mano.

— Ma che gli ho fatto io? — mormorò nell'angoscia del suo cuore. — Perchè è egli fuggito? Perchè m'ha fatta vergognar di me stessa? È orribile, orribile! E m'odia egli, dopo avermi sprezzata. Io ho saziata la collera mia; non l'odio più; l'ho mai odiato? O Militta, o protettrice, m'avrai tu condannata per sempre? E sia; ma io darei me stessa, il mio regno, la mia fama nel mondo, tutto darei, per rattener questa vita che gli sfugge dal seno. —

Così disse, piangente, perduta dell'animo, e tratta dalla piena del dolore, caddé ginocchioni daccanto a lui, lo baciò d'un bacio sommesso, ma intenso, ma lungo, bacio di donna amante che tutta all'amor suo si concede.

— Risorgi, adorato, — esclamò, — ed odiami pure! —

I singhiozzi poteano tradirla, risvegliare il sopito. Si tolse prontamente di là, e andò a ricadere dietro lo stipite dell'uscio per cui era venuta. Si vergognava de suo pianto, la possente regina, la sventuratissima donna. Pure, quelle erano le più nobili lagrime che avesse mai versato creatura mortale.

Inginocchiata, colle palme tese, pregò.

— Anu, o soccorritore, tu che dài la costanza ed esaudisci le preci, non allontanare il tuo sguardo da me. Bel, padre supremo, che tempri lo scettro ai reguanti; Auv, guida e custode, signore del mondo; Nisroc, che governi le unioni, signor dei misteri e re degli abissi inesplorati, ascoltatemi. Sam, o reggitore del cielo e della terra, tu, cui ho innalzato un tempio, facendolo splendido come il tuo astro, coll'oro di cento popoli vinti; Adar, tu che sperdi ogni resistenza; Nergal, che hai data a me la vittoria della spada; Nebo, o sapientissimo, che leggi nel profondo dei cuori, come nell'immenso dei cieli, nume pietoso, che risani e conforti; uditemi voi, soccorretemi, per l'amore delle vostre spose immortali; date voi luce e forza al mio spirito, risollevatemi voi, fate che quest'uomo non muoia; o uccidetemi con lui! —

Confortata dalla preghiera e rasciugate le lagrime,

tornò ancora la misera donna, al letto dell'amato, e lui baciò in fronte più volte.

Ma in quel punto, o fosse che la presenza di lei, avvertita nel sonno, riscuotesse il ferito, o ch'egli altrimenti dolorasse per la medesima acerbità della piaga, il supino mosse la testa sul guanciale e diede un gemito fioco. Temè ella non si destasse d'improvviso e la vedesse in quell'atto; però fu pronta a ritrarsi e, ravvoltosi il manto sul capo, con un passo leggiero si involò dalla camera.

Quella visita l'aveva spossata. Il sonno discese sulle sue palpebre; ma fu sonno affannoso, febbrile, turbato da dolorose visioni.

Sognò che l'uomo diletto era presso a morire, e che a lei sola era dato di camparlo da morte. Ma come? Facendo sua la sorte del giovine, partecipando alla sventura di lui. Ara aveva perduto il suo regno; anche ella dovea perdere il suo.

La regina possedeva una negra gemma, con caratteri incisi, d'una lingua sconosciuta, intorno ai quali il più dotto dei Casdim aveva affaticati vanamente gli occhi e l'ingegno. Quella piccola pietra, tonda, levigata ed opaca, era dono della sacerdotessa di Derceto, in Ascalona; di quella severa e malinconica sacerdotessa che l'aveva educata presso di sè, ed amata a guisa di figlia, lei oscura bambina, raccolta sui gradini del tempio. Per anni ed anni, la ignara fanciulla aveva creduto che quella donna fosse sua madre; ma un giorno le avevano detto che ciò non era; che, giovanissima ancora, Astarte era stata consacrata agli altari e di madre non aveva per lei che l'affetto.

Ora il dì che Semiram, fatta sposa a Mènnone, usciva dal tempio di Derceto, la mesta sacerdotessa l'aveva chiamata a sè, e dopo averla lungamente stretta al suo seno e bagnata delle sue lagrime, così s'era fatta a parlarle togliendosi quella negra gemma dal collo:

— Arcani caratteri sono incisi su questa pietra, o figliuola, e d'alta virtù l'hanno dotata gli Dei. Essa custodisce dai pericoli ed esalta chi la possiede. Io non l'ebbi che tardi! Ma non mi esalta, non mi giova ella forse, poichè tu l'avrai nell'uscire di qui, e la sentenza della tua vita non è ancora impressa nelle tavole del destino? In te io rivivo, o Semiram; in te, che io amai, come se tu fossi carne della mia carne e sangue del mio sangue. Tu abbila cara, custodiscila gelosamente; essa ti recherà ventura in ogni cosa che imprenderai; donna d'umile stato, ti renderà felice nelle pareti domestiche; salita ad alte fortune, ti guarderà dai rovesci, ti conserverà ciò che avrai per essa acquistato. —

Nè la promessa era stata fallace. Non lieta ne' suoi affetti, Semiramide avea pure ottenuto quanto a creatura mortale è dato di conseguire, nella prosperità delle imprese e nella altezza del grado. Il talismano si chiariva acconcio alle grandi ambizioni. E ad esso ascriveva la regina il suo continuo inoltrarsi di trionfo in trionfo, la felice intrapresa di Bakdi, il diadema regale, la gloria, i popoli vinti e raccolti sotto il suo scettro potente. Tutto, come signora di genti, erale andato a seconda; quel talismano l'aveva preservata nei pericoli, esaltata nelle prosperità, sottratta quasi alla legge delle umane vicende.

Però, in ogni impresa a cui s'accingesse, soleva la regina portare la negra gemma sospesa al collo, incastonata nel mezzo ad un monile di perle. E quel talismano le venne mostrato dal sogno. — Gittalo in mare! — le bisbigliava una voce arcana. — Tornino le perle alle conchiglie natali; torni la pietra a confondersi coi negri sassolini del fondo. Tu pure tornerai donna in tutto simile all'altre. Forse la sorte, che ti fece avventurosa sul trono, si muterà; ma per fermo avrai fatto felice il tuo cuore. Essere ogni cosa non è dato ai mortali; o il regno, o il tuo diletto; o la possanza o l'amore. —

Ed ella non esitava pure un istante. Toltosi il monile dal collo, con pronta mano lo gittava nei flutti. Con quelle perle s'inabissava ne' gorghi la sua fortuna ed ella, sereno il ciglio, l'avea veduta perire.

Ecco, ad un tratto, tremava sui cardini, si sfasciava il suo fortissimo impero. — Regina, — diceva un nunzio, accorrendo ansioso con occhi smarriti, — il re di Mesraim vien meno alla fede giurata e aduna le sue schiere contro di te. — Regina, — soggiungeva un secondo, ancora lordo di sudore e di polvere, — i popoli del lontano occidente hanno occupate le tue isole, distrutte le tue colonie; già scendono alle spiaggio di Martu, donde finora imperasti felice sui mari. — Regina, il tuo regno è caduto; — gridava un terzo piangendo; — I Medi e i Persi, ribellati, calano dalle montagne; il tuo popolo, il tuo popolo fedele, si è collegato coll'inimico e gli ha dischiuso le porte. —

Frattanto, negli oscuri penetrali del suo pensiero, un'ombra cresceva, si condensava, assumeva umane parvenze. Avea volto a lei noto quel sinistro fantasma; eppure in quella negra barba, in quella fronte spaziosa, in quegli occhi profondi, ella non sapea più discernere il ricordato sembiante. Ma poco lunge, seduto sul trono di Nemrod, il figliuol suo, l'amato suo Ninia, regnava, e una gran luce di contentezza era diffusa sul volto adolescente; ma Ara, il diletto del cuor suo, non posava già più sul triste giaciglio; ma una rosea nube li accoglieva ambedue, li alzava da terra, li portava con soavissimo impulso per le vie dello spazio. Candide colombe, volate infino a loro dal recinto sacro a Militta, guidavano la rosea conca perlata, su cui riposavano essi, l'uno nelle braccia dell'altro.

— Oh, quanto io t'amo! — le susurrava egli, baciandole il viso e colle dita errabonde accarezzando le sue morbide chiome. — Odiai la regina, ma amo, ho sempre amata la donna. Atossa, mia divina Atossa, perdonami; sorridimi, o diletta; io son tuo. —

Un senso d'inusitata dolcezza le corse per tutte le fibre, a quelle soavi parole. Ella era felice, intensamente felice, com'era stata un'ora sola in sua vita.

Si svegliò in quel mezzo, e per le ciglia semichiuse le apparvero i primi chiarori dell'alba, che tingeano d'azzurro le nevose vette di Urarti. Ahimè! la povera Semiram, dal vaporoso reame dei sogni, faceva ritorno alle orride asprezze della vita. Ma ancora nell'aria le parea di sentire la fragranza ineffabile di quel bacio, e un ultimo soffio di quella voce carezzevole che le ripeteva: Atossa, io ti amo; son tuo.

Sorse dal letto e fe'chiamare alla sua presenza il capo dei Casdim. L'indovino fu pronto a comparirle dinanzi.

— Possente regina, vivi in perpetuo. Che posso io fare, che ti sia grato?

— Il re d'Armenia?... — dimandò ella con ansia.

— Riposa. La sua notte fu calma, più ch'io non credessi. Siamo oggi al punto fatale....

— E speri? — incalzò Semiramide, figgendo gli occhi suoi scrutatori in quelli del Casdim.

— Negli Dei è ogni nostra fidanza; — rispose egli, chinando la fronte. — Ho sognato poc'anzi che essi lo serbavano in vita, perchè tu avessi liberamente a disporne, o regina.

Semiramide lo guardò stupefatta.

— Hai sognato! — esclamò. — E credi nei sogni?

— Sono gli Dei che li mandano; — disse, con accento di sicurezza l'indovino; — però sta scritto: « Dai « sogni infausti, o re del cielo, difendici; o re della « terra, difendici! » A noi recano le notturne visioni gli spiriti, che si muovono per voler degli Dei nel profondo de' cieli e della terra; a noi le recano, perchè in esse leggiamo gli eccelsi avvertimenti. Non ci consente la vita della carne di sollevarci agli Dei; soltanto nella notte, quando l'anima s'è disgiunta dal corpo, ci è dato di comunicare con essi.

— Eccelsi avvertimenti! — ripetè Semiramide. — Sta bene; io li ho per tali, e obbedisco. —

S'avvicinò, così dicendo, a uno stipo che contenea le sue gemme; ne tolse il monile di perle, contemplò il talismano, lo baciò e si mosse verso il verone, che dava sulle acque.

Il Casdim la guardava attonito e tremante. Imperocchè egli non intendeva perchè lo avesse fatto chiamare la regina a quell'ora; nè perchè, dopo le strane domande, avesse cavato fuor dallo stipo il suo monile di perle.

— Dimmi ancora: — ripiglio Semiramide, volgendosi a lui, dal vano della finestra, ove si era recata; — non è egli vero ciò che ho sempre udito dai savi, che l'acque di questo lago son salse?

— Sì, mia signora; epperò questa gente lo chiama il mare di Van. Fu un tempo che quest'ampio lago e i mari lontani eran tutti una sola mistura.

— Al mare, dunque, al mare! — proruppe la regina senza ascoltarlo più oltre.

E gittò incontanente il talismano nel vuoto. Volò in aria il monile, e tratto dal suo peso andò veloce al basso, diè un tuffo nelle onde azzurro e disparve.

Ora le perle di Semiramide erano note al popolo delle quattro favelle, per l'arcana virtù attribuita a quella pietra nera che vi era incastonata nel mezzo.

— Che fai, regina? — gridò esterrefatto il Casdim. — Quel talismano che ti ha sempre custodita, che ha sempre esaltato il tuo regno....

— È là nei gorghi profondi; — interruppe la regina con fervido accento. — Non m'hai tu detto, o saggio indovino, che egli s'ha da credere ai sogni? Un sogno m'ha ingiunto di gittarlo nel mare. L'eccelso avvertimento è stato seguito da me. Vanne, ora, e se vorrai dire: « son cadute le perle di Semiramide in mare, » aggiungi che esse tornarono là dond'erano uscite, e nessuno potrebbe oramai discernere il luogo.

— Io tacerò, possente regina; — balbettò l'indovino, chinando la fronte e le spalle in atto umilissimo. — Te certo inspirano gli Dei; ma il volgo non dee sapere ogni cosa; chè potrebbe cavarne presagi funesti e intiepidir nella fede.

— Va dunque, ritorna al re d'Armenia. Vivo lo voglio! — aggiunse ella, con tale intensità di desiderio che parve furore e trasse in inganno la mente del Casdim. — Semiramide è grata a chi interpreta i suoi voleri e secondo l'opera sua. Chiedi ciò che vorrai, se egli è salvo da morte.

— Possente signora, — rispose il Casdim, — l'uomo farà quanto è in poter suo. Ministrerà i farmachi salutari e implorerà con fervido preci il soccorso di Nebo. Se cessa quell'ardore ond'è tutto invaso il ferito, se egli riapro gli occhi alla luce e dal suo parlare si fa manifesto che nessuna parte del cavo petto fu lacerata dallo strale de' tuoi, scioglierò un cantico di lode agli Eterni, imperocchè egli sarà risanato. Ora io vado obbediente al tuo cenno, o regina. Unico premio alle mie fatiche, desidero sia prospero sempre e avventuroso il tuo regno. —

Partì, ciò detto, meditando in cuor suo, ma non intendendo per fermo, che significasse quella furia improvvisa della regina, e lo aver essa gittato il suo talismano nelle acque. Bene avrebbe voluto sapere del sogno; ma oltre che non era costume d'interrogare i monarchi, egli giustamente pensava che in quel momento la sua curiosità avrebbe potuto tornargli dannosa. L'essere Casdim non bastava ancora a salvare un uomo dai flagelli e dai chiovi del patibolo. Superstiziosi, ma feroci, erano i re della stirpe di Nemrod; temevano a volte gli Dei, ma non pativano libere parole dai sacerdoti. Soltanto dopo che il popolo delle quattro favelle, e tutti con esso i figli di Assur, ebbero sperimentata la tirannide forastiera, e una seconda dinastia nazionale fu innalzata dai Casdim, questi sacerdoti, indovini, osservatori degli astri, diventarono una setta potente e temuta, che fu la gloria da prima, indi la rovina del più nobile tra gli antichissimi imperi.

Uscito il Casdim, la regina rimase a lungo assorta ne' suoi turbinosi pensieri. Quel giorno, quell'ora, decidevano della sua sorte; da quella di Ara, la sua vita pendeva. Nè già più si ricordava del regno; il talismano gittato non le tornava alla mente, in quel punto, che come argomento di dubbio. Può ella chiudersi (diceva) in una vil pietra, questa favoleggiata virtù che incateni gli eventi e governi a sua posta il futuro?

Un rumore di passi la scosse. Era Hurki, il fido guardiano, che compariva sul limitare.

— Orbene? — gridò ella, balzando in piedi, e della mano comprimendosi il petto, quasi volesse impedire al suo cuore di battere.

— Signora, — disse Hurki, — i Casdim ti stanno mallevadori della vita del re d'Armenia. Egli è salvo.

— Ah! salvo! ripetilo!

— Sì; ogni timore è svanito, — ripigliò il capo degli eunuchi; — l'ardor delle membra è cessato; il re d'Armenia ha aperti gli occhi ed ha ringraziato di lor cure pietose gli astanti, sebbene egli ha soggiunto, avrebbe meglio amato non risvegliarsi più mai. —

La fronte di Semiramide si ottenebrò, a quelle amare parole, e un freddo acuto le corse per tutte le fibre. Ma da lunga pezza oramai ella era temprata al dolore, e, passato quel primo istante d'angoscia, ricuperò l'impero di sè medesima.

— Sta bene; — diss'ella crollando alteramente la testa; — egli è salvo; amerà ancora la vita. Ma dimmi; come è egli avvenuto che in quel momento, dopo tante dubbiezze dei Casdim....

— Regina, neppur essi lo sanno, e vedono in ciò un prodigio dei Numi. —

Semiramide non aggiunse altre dimande. Il suo voto era stato esaudito.

— O Astarte, madre mia, perdonami! — mormorò ella tra sè. — Ho gittato il tuo dono; ma egli è salvo, il crudele! Non avresti tu fatto il medesimo, se l'ignoto re del tuo cuore avesse aspettato da te la vita, o la morte? —

Si volse allora per congedare il servo fedele. Ma in quel mezzo uno scriba dell'esercito chiedeva licenza di entrare al cospetto della regina. Fu subitamente introdotto.

— Possente signora, — disse lo scriba prostrandosi a terra, — il novero dei prigioni, giusta il tuo comandamento, fu fatto. Tra i pochi che furono colti insieme col re d'Armenia, uno ve n'ha che disertò le tue schiere dal campo di Assur. Egli è un Indiano, e l'hanno riconosciuto parecchi; nè egli, or ora interrogato, lo nega.

— Faleg conosce i miei voleri; — disse brevemente la regina; — tratti in servitù i prigionieri aicàni; a morte i disertori.

— Egli è l'unico disertore, e innanzi di soggiacere alla sua pena, chiede di esser condotto a te. Qual fede meriti il suo dire, non so; ma egli giura di possedere alti segreti e di non poterli svelare che alla regina degli Accad. —

Il cuore le si strinse a quell'annunzio dello scriba. Sinistro presagio! Il getto del talismano portava già forse le sue conseguenze fatali?

Stette così per pochi istanti silenziosa, pensando, chiedendo a sè stessa che mai volesse dirle quell'uomo. Forse era un codardo, che non sapeva morire, e mendicava un pretesto per prolungar la sua vita. Ma no! Disertore, colto coll'armi in pugno, al fianco di Ara, forse diceva il vero, alti segreti chiudeva in cuor suo. Ma quali, che non risguardassero il re d'Armenia, fors'anco la sua fuga da Babilonia e gli alteri dinieghi che lo avevano condotto, lui e il suo regno, a così misera fine?

— Venga, — esclamò la regina: — lo aspetto. —

CAPITOLO XIX.

Gli arcani della triade.

Poco stante, condotto dallo scriba, entrò nella camera della regina il vecchio Sumàti, stretto i polsi dietro alle terga da catene di ferro. Chinò egli il capo davanti a Semiramide; indi rimase immobile, in attesa d'essere interrogato da lei, triste, ma fermo, nell'abbronzato sembiante.

— Chi sei tu ? — dimandò la regina, a cui quel volto non ricordava nulla di noto.

— Un indiano; — rispose il prigione. — Mi chiamo Sumàti. Discepolo di Manù, ho consumata la mia giovinezza sui Veda, santissime pagine dettate da lui per la salvezza degli uomini.

— Com'eri tu nelle mie schiere?

— Fui fatto prigione sull'Indo, mentre io davo alla patria mia, al buon re Staprobato, l'aiuto che per me si poteva, il mio braccio e quello dell'unico figliuol mio, contro le tue armi invaditrici. Vissi un anno in Babilonia; da ultimo, intimata da te la guerra agli Armeni, mi giovai della presenza de' miei fratelli di patria nel tuo numerosissimo esercito; viaggiai coi custodi degli elefanti, e giunto con esso loro fino al campo di Assur.

E di là, perchè hai tu disertato, riparando in mezzo ai nemici?

— È il mio segreto; — rispose gravemente Sumàti; — ed io tel dirò. Ma tu mi giurerai, innanzi tutto, o regina, che il re d'Armenia avrà salva la vita. Tristi voci corrono nel tuo campo; — continuò il vecchio, senza por mente agli atti di Semiramide, cui tanto ardimento aveva compresa di stupore e di sdegno; — si dice che tu pensi farlo morire di crudelissima morte e che per ciò solo i tuoi Casdim si travagliano a risanarlo della sua grave ferita.... —

Semiramide si contenne a stento.

— E se tal fosse l'animo mio? — domandò ella con piglio superbo.

— Faresti orribile cosa, — disse a lui di rimando Sumàti, — e a te di danno certissimo; imperocchè io tacerei, io, tuo prigioniero e condannato a morte, che pure, per capriccio della fortuna, ho la tua vita nel pugno.

— Ah, credi! — replicò la regina, con aria di sommo disprezzo. — Io frattanto ho la tua e vo' darla ai tormenti.

— Io medesimo te la offersi; — ripigliò tranquillamente Sumàti, — chiedine al tuo Faleg, ed egli ti dirà ch'io mi son posto in sua mano. I tormenti non fanno paura ai seguaci di Brama; uscir di vita non mi duole per fermo. Fin dal momento che non v'ebbe più speranza per l'armi aicàne, avrei potuto darmi la morte; nol feci, perchè anzitutto mi premeva la salvezza del re. E certo, se la tua collera non si fa ella a colpirlo, io l'ho salvato stamane....

— Tu? in qual modo?

Semiramide.

— Io, sì! Ho qui meco un'ampolla; ma le mie mani non possono cavarla fuori dal seno, impedite come sono di ferri... —

Hurki, ad un cenno della regina, si avvicinò al prigioniero, e frugatolo, gli tolse dalla cintura un'ampolla, dal cui seno traspariva un umore verdognolo, e la recò a Semiramide.

— In quell'ampolla, — proseguì Sumàti, — è un liquore possente, stillato da piante arcane della mia terra. Una metà di questo liquore basterebbe a dare la morte; lenta morte e soave, ma certa. Una goccia sola, stemperata nell'acqua, rinfranca, ravviva gli spiriti languenti. Così ho io richiamato nelle vene del re la vita che sembrava fuggirgli; e credano pure i tuoi Casdim ad un prodigio del cielo, o alla efficacia dei farmachi loro. Ieri appena e stamane, mi fu dato di rimanere solo un istante con lui, per ministrargli la portentosa bevanda. Ora egli è fuor di pericolo, ed eccomi a te, o regina degli Accad, per espiare i miei falli, narrarti il passato e il futuro, senz'altro compenso per me, tranne questo: la vita e la libertà di quell'uomo.

— Il futuro? E il passato, hai detto? — sclamò la regina, guardandolo fiso negli occhi, come volesse penetrargli nell'animo.

Il prigioniero le rispose con un ripetuto cenno del capo, che voleva dire: l'una cosa e l'altra saprai.

Tosto la regina si volse allo scriba e di un gesto lo accommiatò. — Hurki, — diss'ella poscia al capo degli eunuchi, — esci sull'atrio ed attendi. —

Rimasero soli nella camera, ella e Sumàti.

— Parla! — gridò Semiramide allora, muovendosi ansiosa verso di lui. — Per gli Dei che il popolo delle quattro favelle ama ed onora; per l'acqua dell'Oceano, donde emerse Oanne, il pesce dio, ad insegnare la sapienza ai mortali; per tutto ciò che splende nello spazio azzurro; pei sacri elementi delle cose create; per gli spiriti eccelsi, che presiedono alle stagioni; pei divini serpenti; che più? pel capo di Ninia, lo giuro; il re d'Armenia vivrà, nè gli sarà torto un capello. Se io fossi così malvagia donna da venir meno al mio giuramento, Anu, il regnatore de' cieli, non sorregga più il fianco della mia regia autorità; non m'illumini più la mente inferma il veggente occhio di Nebo; Militta Zarpanit non ascolti più le mie preci. Ecco, io pongo la mia mano su te, in pegno della mia fede; ma parla, in nome del tuo Dio, dimmi tutto quello che sai.

— Grazie, regina! — rispose prontamente Sumàti. — Ora il mio supplizio incomincia; e il tuo, povera donna, non sarà meno acerbo, pur troppo! Odimi; tu sei tradita. Tu vivi sicura, trionfi in Armavir, e Babilonia da sette giorni s'è ribellata, già maledice il tuo regno.

— Ah, per gli Deil — proruppe Semiramide accesa in volto di sdegno. — La tua lingua ha mentito.

— Tu non avevi ancora levate le tende dal piano di Assur, quando scoppiò la rivolta: — proseguì umilmente quell'altro. — Non hai tu veduto, per gli alti silenzi della notte, i fuochi che ardeano sui colli, da Assur fino al paese di Nahiri? Per lungo ordine seguivano essi, fino alle alture di Sippara. L'un dopo l'altro accesi, essi davano a me il rapido annunzio, che forse ti giungerà fra alcuni giorni pe' tuoi corrieri; se pure ei non saranno arrestati per via. In tal guisa avvertito, uscii dal tuo campo, corsi alle tende aicàne....

— Ma tu? — interruppe la regina, balzando indietro per alta meraviglia e terrore, mentre venìa guatandolo con occhi smarriti. — Chi sei tu, a cui giungono per tal via, e premono tanto, così gravi novelle?

— Io te l'ho detto, o regina; un Indiano, un vecchio interprete dei santissimi Veda. Non hai tu tentato, o Semiramide, di sottomettere la diletta mia terra, di spingere il tuo cocchio regale fino entro le mura della sacra Ayodìa e di assoggettare i nostri Dei a quelli della stirpe di Cus? Dominare su quante son terre dalle isole del mar occidente infino alle inesplorate rive del Gange, far tuo il mondo, gittarlo in pascolo ai desiderii immani del popolo delle quattro favelle, era questo il tuo sogno. Orbene, mostruoso era il disegno, e bisognava sgominarlo, anzi che tutti imprigionasse nelle insidiose sue fila. Tre uomini si congiurarono contro di te; tre uomini soli, ma ognuno d'essi era legione, era popolo, moltitudine immensa. Uno di questi tre uomini t'è innanzi, umile e dappoco per sè, ma grande, ma forte, per ciò che egli metteva in moto, a tuo danno, i sospetti, gli sdegni e le vendette dell'India. Contro di te sorse un altro, Manete, della nazione di Mesraim, che la tua potenza minacciava, e che già i figli del deserto, obbedienti al tuo cenno, hanno tentato d'invadere. E venne un giorno che questi due collegati s'abbatterono in un odio, più feroce a gran pezza e più profondo del loro, rinvigorito da tutte le sorde collere che il rancore, la gelosia, l'amaro struggimento dei patiti dispregi, possono addensare nel cuore d'un uomo. Si congiunsero a lui; la Triade era formata; avea un braccio possente e sicuro, per ferire i suoi colpi.

— Quest'odio avrà un nome! — ruggì Semiramide.
— Il suo nome io ti chiedo.

— E il cuore non te l'ha egli mai detto, o regina? Quel senso delicato che soccorre alla più debole ed alla più leggiadra delle creature di Erama, non t'ha egli avvertito che chiudevi nella tua reggia un serpente? Sei donna, ed ignori che amore negletto si cangia in odio mortale, siccome inacidisce, se obliato in disparte, il soave liquor della palma?

— Zerduste! — esclamò la regina, a cui un lampo di tarda luce balenò nella mente. — Ma potevo io darmi pensiero dell'amor suo? Chi può avvedersi di ciò che non cura? Ero io donna così volgare, da gittare il mio tempo in questi vani compiacimenti del mio sesso? Di donna ebbi il corpo, non l'anima. Zerduste, adunque? Zerduste ha nome quest'odio?

— Sì, — ripigliò Sumàti, — Zerduste, al quale incauta commettevi l'adolescenza di Ninia. Povera madre! Egli ha foggiata a suo talento la molle cera, e tuo figlio non t'ama più, nè ti teme; tuo figlio è ribelle. —

Qui trattenne Sumàti il suo dire, poichè la regina non avrebbe potuto udirlo più oltre. A quelle parole: « tuo figlio è ribelle, » che compendiavano per lei tutto il lento e coperto lavorìo del nemico, Semiramide avea dato un grido, grido di fiera che torna al covo e più non vede i suoi nati, e si era abbandonata, singhiozzando, contro la spalliera del suo trono, a cui le mancava la forza di ascendere. Si riebbe finalmente, e quando volse la faccia a Sumàti, già non era più quella.

— Il cuor della madre ha toccata una acerba ferita; — diss'ella gravemente, poichè si fu posta a sedere sull'alto suo scanno. — Ti udrò ora con calma; prosegui! —

L'Indiano s'inchinò davanti a quella semplicità maestosa.

— Ti obbedisco, — soggiunse. — Tu scenderai, com'io penso, a Babilonia, e troverai chiuse le porte della tua grande città. Questa rivolta indugiò lo scoppio fino a tanto che tu non avessi condotto lungi dal

Sennaar e impegnato in una guerra pericolosa tra i monti il tuo fortissimo esercito. Ad assicurarne l'esito, era mestieri che qui ti fosse ritardato il trionfo, e fu stabilito perciò di avvisare l'Armeno, le cui lentezze e i destreggiamenti, agevoli in queste gole, avrebbero procacciato la nostra vittoria e la sua. Io stesso mi proffersi messaggiero, e venni nel tuo campo ad aspettarvi il segnale, per andarne dal re. Animo generoso, respinse egli il consiglio. Regnerebbe ancora se lo avesse ascoltato, e te, o regina, intenta a dargli caccia faticosa per queste montagne, l'annuncio della rivolta e della perdita del tuo regno, avrebbe fatto ristar dall'impresa

— Lo credi? — tuonò la regina, con sarcastico piglio.
— Ai vicini prima, ai lontani più tardi, e Semiramide avrà tempo per tutti. Ma dimmi, piuttosto; per quali vie si è impadronito colui della mente di Ninia?

— Del cuore anzitutto; — notò prontamente Sumàti. — Il cuore di Ninia si era da breve tempo dischiuso all'amore, e già questa vampa era fatta un incendio. È sangue di Nino, e fortemente vuole tutto ciò ch'egli vuole. Ma la bellissima giovinetta che l'aveva infiammato, di repente morì, e tu già indovinerai di qual morte. Ella risusciterà nel tempio di Belo, quando per placare gli Dei, corrucciati contro l'Armena...

— L'Armena! — esclamò Semiramide.

— Sì! così chiama Zerduste la donna che, per castigare un fuggitivo tributario, mette a rovina l'impero. Egli ciò dice, non io. Or dunque, ella risusciterà, la fanciulla di Ninia, nel tempio di Belo, quando, per placare gli Dei corrucciati, il giovinetto, ribelle a sua madre, abbia cinto corona di re; morrà tosto, se egli la depone; così hanno decretato gli Dei.

— Orribile! orribile! Ma egli, l'astuto malveggente,

morrà! E morrai tu, suo complice infame; tra i più feroci tormenti, morrai!

— Non li temo! — disse a lei di rimando Sumàti. — Mi sono dannato a morte io medesimo; che puoi tu farmi di peggio? Ben più feroci, più acerbi, ne infligge a questo mio cuore il rimorso. Ma io ho la tua fede, o Semiramide! Tu non incrudelirai nel sangue innocente, e il vecchio Sumàti morrà forse perdonato del turpe inganno, in cui cadde il più prode, il più nobile, il più generoso degli uomini. Tutto ancora non ti è noto, o regina.

— Ah! — gridò Semiramide, alla cui mente si affacciava un atroce sospetto. — E che altro rimane, per cui debba velarsi il casto raggio di Sin? Parla, o vecchio; dovessi io pure concederti, per tua maggiore vergogna, la vita! Non mi nasconder nulla, sai? Son grande ancora e possente per te; ogni parola che tu dirai ti frutterà un tesoro, se io mi appongo al vero, se il mio cuore presago ha indovinato di che ti resta a parlare.

— Sì; — disse il vecchio, a cui tanta veemenza d'affetto inaspriva i rimorsi nell'anima, — sì, o regina, il tuo cuore ha precorso la mia confessione. Ella sarà piena ed intera. Ma tu non mi darai in premio tesori nè mi farai grazia altrimenti della vita. Non mi dire il contrario! Alla mia età, gli occhi della mente vedono lunge, assai lunge, e il pensiero, ammaestrato dalla triste esperienza, non si pasce di vane speranze. Ma ecco, io ti ragiono di me, laddove di un altro mi chiede, di un altro, quell'ansia mortale che ti scolora la faccia. Sì, sventurata! Un giovine di regio sangue, di cuor generoso e di sovrumana bellezza, era venuto alle mura di Babilu. La Triade, che spiava ogni passo, ogni moto d'una donna tanto odiata quant'era bella e possente, lo incontrò sulla sua via, lo circuì, lo strinse, insieme con quella donna, ne' suoi lacci invisibili. Ella si credeva sicura laggiù, ignota ad ogni altro, siccome a lui; ma orecchi tesi e sguardi acuti vigilavano nelle tenebre. Ella per fermo non s'attendeva agli ingiuriosi sospetti ond'egli flagellava la sua dignità mentre implorava l'amor suo e le giurava eterna costanza; nemmeno pensava colei che il dubbio sarebbe da altri sfruttato, e l'amore suo prepotente fatto arma terribile contro di lei. Nostro il garzone, ella era nostra del pari. Fu compro coll'oro, vinto, ammaliato dalle lusinghe d'una facil bellezza, il più fedele, il più caro de' suoi compagni, e quanto occorreva ad ordire il più nero degli inganni, si seppe. È orribile, tu dici? A noi parve giustissima guerra, e tale forse mi parrebbe ancor oggi, se oggi io non amassi quell'uomo, quel fidente eroe, che, uscito a mala pena dalle ebbrezze d'un regio convito, fu dalla voce d'un estinto chiamato a profondi misteri nelle viscere della terra. La Triade sapeva evocare le ombre dei trapassati.

— Evocar l'ombre!... — ripetè Semiramide, con ironico accento.

— Credi almeno, — ripigliò il prigioniero, — ch'ella sapesse mentirne l'aspetto e la voce. Chiamato da magiche cifre, scese il garzone per una segreta apertura, dischiusa nella sua camera.... La camera dei leoni alati, o regina! Essa era delle antiche e più care ai re di Babilonia, innanzi che la tua magnificenza, allargando la reggia, vi edificasse una più sontuosa dimora. Il tuo gran maggiordomo, ora al fianco di Ninia, ne conosceva i segreti. Egli assegnò quella camera al biondo ospite Armeno; nè fu opera del caso, o innocente consiglio.

— Prosegui! — incalzò la regina. — E laggiù, nel sotterraneo?...

— Parlò, o credette parlar coll'estinto. I suoi felici

amori con quella donna; indi il cuore mutato di lei, da ultimo la barbara morte in un abisso dischiuso a' suoi piedi, tutto narrò partitamente il fantasma, e fu facilmente creduto. Possono i morti mentire? E quello era Sandi, il suo Sandi, l'amico della sua fanciullezza, non ombra vana, creata dal sogno. Se egli ancora avesse potuto dubitarne, le livide labbra del morto, che si posarono sulla sua fronte, avrebbero dissipato quel dubbio. E credette, l'incauto, e giurò; giurò che sarebbe fuggito da quella donna, non l'avrebbe veduta più mai, avrebbe patito la morte, anzi che un altro bacio dell'impudica, che allettava e uccideva gli amanti. Sopito da filtri, come da filtri era stato indotto in ebbrezza, affinchè i suoi sensi medesimi aiutassero dove più manchevoli appariano gl'inganni, fu trasportato per la via sotterranea (da te scavata, o regina) al suo alloggiamento di Nivitti Bel. Colà, per sollecita cura del servo infedele, erano già sellati i cavalli e i cavalieri in arcione.

— Ah scelleraggine inaudita! Il negro abisso v'ha rigettati, o malvagi? Gli spiriti delle tenebre si vergognarono dunque di voi? Anima incauta, che hai fede nel bene, che il male ignori, o disprezzi, che solo metti ad eccelse cose tua mira, ecco, ciò si trama intorno a te nel silenzio; il livido serpe striscia nel buio a' tuoi piedi, ti schizza la sua immonda bava sulle candide vesti. E non avvedermi dell'insidia! E non sentirmi alle nari il lezzo della vostra presenza! Ah, tu l'hai detto, o vecchio; il tuo pensiero non può nutrirsi oramai di vane speranze; di mille morti sei degno. E senti rimorso, tu? Merita il tuo spirito impuro questa rugiada de' cieli? —

Così parlò Semiramide, sopraffatta dall'ira, e fiamme le usciano dagli occhi.

— Io t'odiavo: — le rispose freddamente Sumàti; —

nè t'amo oggi, nè, pure volendo, il potrei. La tua grandezza, o regina, è minaccia perenne alla libertà del mio popolo, il più antico, il più illustre che sia comparso mai sulla terra. Nemici siamo; tu forte troppo; noi deboli. Alla forza risponda dunque l'astuzia. Ogni arma è buona, purchè ferisca il nemico. Di che ti lagni, tu, cui la fortuna concesse le parti del leone? Noi dunque i serpenti, e nelle nostre spire morrà soffocata la progenie di Cus. Ella deve sparire dal mondo, questa orgogliosa schiatta di feroci Titani. Saranno i Medi dapprima; sian pure più tardi gli Assura, i Persi, e quanti altri, soverchiato l'antecessore, s'argomenteranno di esercitare l'impero a lor volta; essi tutti cadranno e la tua Babilonia dovrà tutti inghiottirli. Io non ho mai letto così chiaramente nelle tavole del futuro, come in questo momento. Son sacro alla morte e mi attende l'altissimo oblìo, la confusione dello spirito nella increata sostanza di Brama. Accolga egli il mio rimorso; imperocchè, io lo confesso, l'opera mia sorpassò la misura, ferì a morte il più nobile cuore. Io lo vidi, quel generoso, là, solo, perduto nell'orrore infinito de' tuoi sotterranei, tra ignoti pericoli, formidabili apparizioni, bagliori sinistri e voci di morte, imperterrito, sereno ed altero come Crisna, il divino figliuolo della vergine di Madura. Così era prode, così animoso nelle armi, Naroda, l'unico figlio, che i tuoi soldati m'hanno ucciso sull'Indo. Il suo dolore mi vinse, e lo amai. Voleva spegnerlo Zerduste, mentre egli era fuori dei sensi, e lo avrebbe fatto, se io non lo avessi impedito; lo avrebbe fatto, tanta era la sua gelosa rabbia, ma avrebbe in tal guisa distrutto l'opera sua faticosa, rinunziando al trionfo del comune disegno. Da quel giorno Zerduste ebbe odio contro di me, com'io contro lui, soltanto la necessità ci tenne sulla medesima via. Ed ora ogni cosa t'è chiara.

Regina, tu sei perduta; Ninia regna e Zerduste trionfa. Checchè tu faccia, o tenti, l'impero è distrutto. I Medi, e l'altre nazioni del sole oriente, non tarderanno a separarsi da te; Mesraim scuoterà il giogo della paura; i popoli di Martu, le città marinare e le isole del sole occidente ripiglieranno la loro libertà. Lo intento della Triade è raggiunto; a te, minacciosa signora delle genti, più nulla rimane. Felice ancora, se ti basterà di regnare nel cuore di lui, che un oscuro prigioniero, un vecchio condannato, ti rende. Egli t'ama, o Semiram. Nella pugna che il destino ha suscitato tra voi, egli, generoso, si elesse la sconfitta e la morte. Egli t'ama! Poteva colpirti de' suoi dardi, e non ne ebbe la forza; bensì l'ebbe per rattenere il braccio degli altri, già pronti a togliergli la mira. Egli t'ama, o Semiram; t'ama pur sempre, d'un amor disperato. Sgombra da' suoi occhi l'errore, tutto parte a parte fagli noto l'inganno che Zerduste ha tessuto nell'ombra, ed egli cadrà pentito a' tuoi piedi.

— Che? — sclamò Semiramide. — Non gli hai tu già disvelato ogni cosa?

— No; — rispose Sumàti, chinando raumiliato la fronte; — non ho ardito di farlo.

— Ma penso che gliel dirai! — incalzò la regina. — Tu hai parlato de' tuoi rimorsi, o vecchio. E che? credi tu che il tuo Dio abbia ad usarti misericordia, se non t'umilii nel tuo rossore davanti a chi hai ingannato, se non diffondi la verità dove hai seminato la menzogna?

— Ah! e credi tu, — disse a lei di rimando il prigioniero, con voce impressa d'ineffabile angoscia, — che avrei scelto di offrirmi alla tua presenza se mi fosse bastato l'animo di aprirmi d'ogni cosa con lui? Bene era questo il mio primo disegno; confessargli ogni cosa, bere un sorso da quell'ampolla liberatrice e morire. Fui una volta sul punto e non ne ebbi la forza.

Il veleno mi avrebbe tolto la vita, non la vergogna di quel temuto colloquio. Inoltre, egli era già tardi. Sopravvenne la pugna; indi, egli ferito e fuori dei sensi, agonizzante forse; io disperato per tanta rovina d'ogni cosa a lui cara; da ultimo con un più acerbo dubbio nell'anima, non forse l'inganno nostro, dopo avergli fatto perdere il regno e la pace del cuore, gli procacciasse morte da un tuo barbaro comando, e morte non degna di re. Semiram, io muoio consolato, pensando che tu l'ami. Tu, non colpevole, tu avrai forza di palesargli il vero. Ne sarà la mia morte il suggello, e mi meriterà il suo perdono.

— Tu parlerai! — gridò la regina con inflessibile accento. — Sarai condotto al suo capezzale e tutto egli udrà dal tuo labbro.

— No: — rispose tristamente Sumati, — la mia vita ti ho offerto; altro non puoi chieder da me.

— Poche parole soltanto, poche parole ti chiedo. Mio re, gli dirai, la Triade t'ha mentito; hai veduto una larva creata da noi....

— No, regina, non l'ardirei. Guardarlo in faccia e parlargli in tal guisa?... È impossibile. Vedi; io mi sono umiliato davanti a te, a te che non amo. Ma tu sei donna; e la donna è per noi la creatura debole; ci facciamo più facilmente codardi con lei. Ma al cospetto di un uomo.... dell'uomo che amo!... Ah perchè, eterno Iddio, questo vecchio mio cuore sente e palpita ancora? Credevo che ei fosse morto, quel giorno che il mio povero Naroda perì. E vive, tenace, ed ama tuttavia; il paterno affetto ha trovato ancora cui dare i suoi ultimi ardori. Perchè? Come avviene egli ciò? V'hanno piante, le quali, recise m sul tronco, pure non sanno rassegnarsi a morire, e, non potendo più farsi ramo, frondeggiano dal ceppo rugoso e mettono un fiore....

— Bada, o vecchio! — esclamò Semiramide, la cui voce in quel momento assumeva alcun che di solenne. — Tu m'hai svelato poc'anzi la più orrida trama in cui possa pericolare un impero; tu m'hai mostrato l'abisso in cui sono già per cadere. Nè di questa minacciata rovina, nè di quel danno mi curo. Avvenga che vuole; io so questo soltanto, e mi basta, che, dove io comparisca, farò ancora tremare i miei congiurati nemici, e che, se io pure debba lasciarvi la vita, il mondo, per quanto duri lontano, ricorderà come Semiramide è morta. Tu mi hai addolorata, abbattuta non già, nè sorpresa. Stamane, dopo aver veduto io stessa, con questi miei occhi, il re d'Armenia nel suo letto di dolore, pallido, stremato di forze, languente, ho pregato gli Dei, ho votato ogni mia fortuna per la salvezza di quella nobile vita. Odimi ancora! Io avevo un talismano, impresso d'arcane cifre, che fu sempre con me, fin dai miei anni più verdi. Era fama che le sorti del mio regno, la mia grandezza, la mia gloria, la mia esaltazione su tutti i potenti della terra, fossero incatenate a quella negra gemma da virtù di magici incanti. Orbene, vedi; laggiù, in quelle acque profonde, io l'ho gittata stamane. La via è lunga, ed io ho veduto il mio talismano percorrerla intiera; nè mentre esso cadeva, ho sentito pur uno spasimo, una trafittura, una stretta di pentimento nel cuore. Misura da ciò l'amor mio per quell'uomo! E credi tu che, giunta l'occasione di apparirgli qual sono, di riconquistare quel cuore che è mio, potrò lasciarla fuggire? Dovrò io umiliarmi, arrossire, perchè tu, il colpevole, il traditore, il codardo, non avrai osato di farlo? —

Il prigioniero, che con ansiosa cura avea seguito il discorso della regina, chinò la testa sul petto e non rispose parola.

— Bada ancora! — soggiunse ella, con accento quasi amorevole. — Tu m'hai fatto più male che regina e donna non siano use a patire. Ciononondimeno, io ti concedo la vita. Ricco e potente sarai; ma a te si spetta parlare col re. —

Sumàti taceva ancora.

— E sia di te ciò che tu stesso hai voluto; — ripigliò Semiramide. — Sarai dato a' tormenti. Ve n'ha di terribili, che fanno rizzare i capegli per raccapriccio sulla fronte ai più saldi, che trarrebbero i gemiti perfin dalle pietre. V'hanno bronzi lentamente scaldati, in cui frizzano le membra, e l'aria vien grado grado mancando, e si sente soffocare, senza poter anco morire. V'hanno strappi di tanaglie, che lacerano e traggono via a lunghi brani la pelle. V'hanno aculei che si ficcano tra le unghie e le carni, e pungono senza tregua, fanno desiderare che l'anima se ne voli in un grido. Ma la morte è più lenta a venire e l'orgoglio rintuzzato chiede finalmente mercè.... Olà, Hurki! — diss'ella, avvicinandosi al limitare, su cui fu pronto a comparire il fedele. — Vengano i tuoi; sia consegnato quest'uomo ai flagellatori; ma non prima, — soggiunse incontanente, — non prima di esser condotto alla presenza del re d'Armenia, per udirsi a ripetere laggiù tutti i suoi tradimenti. —

Sumàti, che era stato fermo alle minaccie, muto alle promesse, imperterrito alla descrizione degli atroci tormenti serbati alla sua pervicacia, diè un grido a quell'ultime parole di Semiramide, un grido che fece sobbalzar la regina e tornare Hurki sollecito sopra i suoi passi; indi, rapido a guisa di tigre, si volse indietro, corse alla finestra, e così impedito com'era dalle catene che gli stringeano i polsi alle terga, spiccò un salto sul davanzale di pietra.

— Regina, io tel dissi; — esclamò egli allora: — è questo il solo supplizio di cui temesse Sumàti. Mi sottraggo al dolore ed espio la mia colpa. Dov'è piombata la tua fortuna, piomberà la mia vita. Iddio riceva il mio spirito. —

Chiuse gli occhi, ciò detto, si spinse all'indietro e si lanciò nello spazio.

— Ah! si salvi! si salvi! — gridò la regina, correndo a guisa di forsennata, con palme tese, là, dond'era scomparso l'Indiano.

Ma come salvarlo? Affacciata al davanzale, Semiramide potè scorgere ancora il corpo brancolante che piombava veloce nel vuoto. Esso ad un tratto diè un tonfo; le acque percosse schizzarono in alti zampilli dintorno; spumeggianti gorgogliarono un tratto, indi sbattute ancora, divallate per lo squarcio improvviso, finalmente si chiusero.

Con occhi intenti, trascinata da un'istintiva cura, come di voler trattenere coll'alito una cosa che fugge, la regina guatava quell'onde che avevano inghiottito la sua fortuna da prima e l'ultima sua speranza in quel punto.

Alcuni isianti trascorsero, e l'affogato ricomparve a fior d'acqua.

— Ah, forse potrà salvarsi! — diss'ella.

— E come, mia signora? — notò Hùrki, crollando la testa. — Egli ha incatenate le braccia. —

Il morente, nella postura in cui erasi riaffacciato alla luce, parve alzar gli occhi verso la regina, e quegli occhi mandarle un addio, chiederle una parola di supremo perdono. Quindi l'inerte corpo si sommerse da capo, nè più oltre fu visto; le onde si richiusero come pietra di sepolcro su lui, si spianarono e scintillarono tranquille a' raggi obliqui del sole.

CAPITOLO XX.

Alla Riscossa.

Sei giorni erano scorsi dopo le gravi rivelazioni e i più gravi annunzi del vecchio della Triade, e il grosso dell'esercito babilonese era già molto innanzi sulla via del ritorno.

Si affrettavano le schiere, veniano senza indugio, a marcie sforzate. Essendo allora nei massimi ardori dell'estate, non viaggiavano che a lume di stelle; però faceano più spedito cammino. Sostavano poche ore dopo il romper dell'alba, e si rimettevano in viaggio al tramonto del sole. Ma dopo il sesto giorno, varcato già dall'esercito il paese di Nahiri, si cominciò a guadagnare altresì qualche ora sul giorno, tanta era la fretta di Semiramide, il suo desiderio di accorciare lo spazio.

Nè, in tanta agonia di corso lanciato, aveva la regina trascurati gli accorgimenti di guerra, in cui era meritamente famosa. Giunte le sue schiere nei pressi di Haran, ella aveva spiccato cinquantamila uomini, mandandoli innanzi per la valle dell'Eufrate. Li comandava Faleg, sperimentato guerriero, fido seguace delle fortune di Semiramide, la quale, da umil grado, lo aveva innalzato ai primi onori della milizia.

Quelle cinquanta migliaia erano l'antiguardo dell'esercito. Il grosso, comandato dalla regina guerriera, doveva tener dietro a due giornate di marcia. Così era detto apertamente, e lasciato credere ai soldati, ma Faleg non ignorava che egli doveva esser solo su quella via; ciononostante, animosamente scendeva verso Baliki e Cabur, a marcie spedite, ma giuste.

Frattanto la regina, con tutta la numerosa sua gente, piegando rapida a manca, andava a cercare la valle del Tigri, a ridosso dei monti di Lallua, ed avviavasi finalmente sulla destra riva del fiume, scendeva, come si è detto, con quanta celerità per lei si potesse.

Quale intento era il suo?

Certo, e non era da dubitarne, i ribelli di Babilonia aveano in quei giorni raunato un esercito. Quanta gente era valida alle armi nella città e in tutta la terra di Sennaar tra Bitdakuri e Larsa, già dovea essere sotto le loro insegne, volente o nolente. E fors'anco d'altri paesi aspettavano aiuto. Scendendo ella, siccome era naturale che facesse, lungo l'Eufrate, i ribelli non le avrebbero opposto resistenza che a Sippara, dove, consentendolo il luogo, si sarebbero fortificati e muniti d'ogni difesa. Laggiù dunque, o poco lungi, lo scontro; indi, se soverchiati da lei, sarebbero corsi a rifugio in Babilonia.

Ora, chiuse ad un esercito assalitore le porte di Babilonia, malagevole al sommo, per non dire impossibile, sarebbe stato lo entrare.

La gran capitale degli Accad era cinta all'intorno di salde mura e fortificata di valli profondi, nè Semiramide ignorava cotesto, ella che aveva innalzate quelle mura, credute universalmente inespugnabili allora. Po-

Semiramide.

teva la gente assediata ridursi per fame? Colmi erano pel logorare di un anno i granai, e tra la prima e la seconda cinta di mura, stendevasi tanto di terreno da cavarne un raccolto che bastasse per tutto l'anno seguente.

Così giustamente pensando, la regina aveva anche nel suo sagace consiglio noverati i giorni di sicurezza che si riprometteva il nemico. Semiramide, anco ad avere in tempo l'annunzio della rivolta, e senza gli indugi che si sarebbe tentato di frapporre ai messaggi, non avrebbe potuto essere avvisata di nulla innanzi il dodicesimo giorno di Tana. E allora, se libera di partire dall'Armenia (che non era nemmanco da credersi, tante erano e varie le sorti di guerra!), ella non avrebbe pure potuto così speditamente raccogliere le sue forze, e rimettersi in cammino, da giungere nel piano di Sennaar innanzi il principio di Ululù (1). Così dovevano pensare i ribelli, e da ultimo confortarsi nella fidncia che, se anco Semiramide avesse usato d'ogni sua sollecitudine, e guadagnato qualche giorno di cammino, eglino, appostati nei pressi di Sippara, l'avrebbero trattenuta colà.

In quella vece, e a danno dei giudizi dell'inimico, che era egli avvenuto? Che la regina aveva risaputo il tradimento nel decimo giorno di Tana; che tosto avea levato il campo dall'Armenia, e il sedicesimo giorno, varcato già il paese di Nahiri, s'affrettava alla pianura

---

(1) Scrivo questo mese come suona in lingua assira, mancando ancora il nome ideogrammatico, ed il fonetico, nell'antico caldeo, a cui i tempi di Semiramide si riferiscono.

Soltanto è noto che il mese chiamato Ululù dagli Assiri (Agosto-Settembre) suona nell'ultima sillaba « na » come il suo precedente Tana (Luglio-Agosto) che è ideogrammaticamente il mese del fuoco; ma ancora nelle iscrizioni cuneiformi non si è potuto leggerne con certezza il principio.

di Babilonia, ma non già per la valle dell'Eufrate, sibbene per quella del Tigri, mentre Faleg, avviato con quel nerbo di forze sull'antico cammino, ne copriva la rapida marcia.

Rapida invero, e quasi fulminea, se i moti degli uomini possono ragguagliarsi agl'impeti delle forze celesti. Certo, così veloce correva oltre col pensiero la regina, e appunto per vincere in parte quelle fastidiose lentezze che il lungo spazio portava, Semiramide aveva comandato di far cammino anche alcune ore del giorno. Nè più era costume di attendere coloro che la stanchezza opprimeva; posassero pure coi loro capi; avrebbero proseguito nella notte e tentato di raggiungere i più gagliardi alla stazione vicina.

Così diceva, ben certa in cuor suo che molti sarebbero rimasti indietro di parecchie giornate. Ma ella, co' suoi migliori, con cento migliaia almeno, sarebbe giunta il ventesimo giorno di Tana alla sua capitale, e senza impedimento di nemici, girando alle spalle della città, dove per fermo non doveva esser buona vigilanza d'armati.

Il regal prigioniero seguiva il corso di quella sterminata falange, adagiato su d'una lettiga, tratta da cammelli, la cui sollecita e dolce andatura, non affaticava punto il ferito. Lo scortavano gli arcadori di Birtu ed era giusto che un tale onore fosse per l'appunto serbato a quei medesimi che avevano ferito e fatto prigioniero il malka delle montagne. Del resto a più certa custodia era Hurki con essi, e lo seguivano trecento melofori, o portatori di lancia della regina.

Dall'altra parte, Faleg, proseguendo la sua marcia lunghesso l'Eufrate, era giunto il diciottesimo giorno in vista delle torri di Sippara. Colà avea fatto sosta e mandato un drappello d'arcadori a sopravvedere il paese. Ma udito poco stante come la terra non fosse guardata, e solo nella notte vegnente si aspettasse una grossa mano di ribelli, prontamente vi si condusse co' suoi, che gli parve grande ventura avere quel fortissimo sito, ricco di vettovaglie e d'ogni maniera sussidii, senza colpo ferire.

Piantatosi colà, e mentre pur le sue schiere attendevano a collocarsi nell'ordine più acconcio sui rialti e nei piani a mezzogiorno delle mura, Faleg inviava messaggi a Ninia, in nome della regina.

Egli infatti non poteva più far le viste d'ignorare la rivolta avvenuta. I cittadini di Sippara gli avevano detto apertamente:

— Regna Ninia in Babilonia e su tutta la terra del Sennaar. Il Saccanàco, vicario dei sommi Dei, lo ha incoronato re nel tempio di Belo, che sta in cima alla torre delle sette sfere. Semiramide, come nemica del popolo di Kiprat Arbat, che ella ha condotto a perire per suo folle pensiero nelle strette d'Armenia, è stata spogliata del regio comando e il suo scettro gittato nell'Eufrate, in mezzo ai cadaveri che il biondo fiume trasporta alla foce. —

Così stando le cose, non tornava difficile a Faleg di argomentare che l'invio dei messaggi niente avrebbe giovato per mutare i consigli dei ribellati. Egli anzi prevedeva in cuor suo che i messaggeri non sarebbero giunti fino alla reggia, forse nemmeno avrebbero potuto varcare le porte della città. Ma egli, per contro, faceva in tal modo avvertiti i rivoltosi della vicinanza di Semiramide, ed otteneva l'intento di trattenerli dalla loro disegnata marcia su Sippara, procurandosi il tempo di affortificare il suo campo e di pigliar lingua, così intorno agli ultimi casi, come intorno alle forze di cui disponea la rivolta.

Tranquilla scorse la notte; ma sull'apparire del veguente mattino, l'esercito dei ribelli si dilagò nella pianura davanti alle torri di Sippara. Ancora non sembrava molto ordinato e bene ad arnese; tuttavia s'inoltrava, accennando ad un subito assalto. Così voleva Zerduste.

Il principe dalla mente profonda e dallo sguardo acuto, aveva detto tra sè:

— La regina è rimasta indietro, a malgrado d'ogni suo desiderio e d'ogni sforzo per affrettare il cammino, impedita com'è dalla stessa moltitudine de' suoi combattenti. Tutto ciò ch'ella ha potuto fare, si è di spingere avanti le squadre più leggere e più pronte, sotto il comando di Faleg. Ascendono forse a cinquanta migliaia; non sono certamente di più; chè i cittadini, fuggiti da Sippara per darcene avviso, non hanno potuto ingannarsi. Or dunque, assaltiamoli con quanta gente è stata da noi raccolta finora o vediamo di vincerli alla spartita, prima che ricevano aiuto. —

Invero, egli si pentiva amaramente di non aver fatto occupare la città nel giorno addietro; chè forse, con una parte degli uomini a ciò destinati, il poteva. Ma, per contro, come arguire una tanta celerità in Semiramide? Da chi e per che modo avrebb'ella risaputi i gravissimi casi di Babilonia, più giorni innanzi chè le fossero riferiti dai corrieri, o lasciati temere da un improvviso difetto delle corrispondenze consuete?

E tuttavia, o notizia o sentore della rivolta aveva ella avuto in Armenia. E come ciò, mentre egli, a mala pena di poche ore, per le vanterie dei messi di Faleg, udiva l'annunzio della pronta e piena vittoria di Aiotzor? Egli era ben lungi dal sospettare di Sumàti, che forse era morto nel tentare di ridursi al campo aicàno. Questa era almeno la conghiettura più ovvia, imperocchè il subito scontro dei due eserciti dimostrava apertamente come al vecchio Indiano fosse fallito il disegno di penetrare fin nelle tende di Ara e persuaderlo a non accettare battaglia. Solo alcuni giorni di poi, doveva egli risapere della presa di Sumàti, colto coll'armi in pugno al fianco di Ara, e della sua morte volontaria nel lago di Van, certo per sottrarsi ai tormenti cui lo avrebbe dannato la regina e al pericolo grande che il dolore gli strappasse il suo segreto di bocca.

Comunque fosse di quella celerità prodigiosa, egli non era tempo di fantasticare sul passato; bensì occorreva di dare, e tosto, nell'antiguardo di Semiramide. E corsero i ribelli all'assalto; ma per quel giorno e per l'altro che seguì, fu opera vana. Nessun vantaggio si otteneva da alcuna delle due parti. Faleg non si perigliava troppo lontano dalle mura, per tema d'esser preso alle spalle. Egli più forte per agguerrite schiere, ma queglino più numerosi d'assai. A lui metteva conto il rimanere colà; agli altri, poichè di vincerlo non era nulla, tornava anco di averlo chiuso in quel luogo, dove, se più tardava la regina, lo avrebbero prestamente affamato. Sentiano in quella vece approssimarsi il grosso delle forze nemiche? E allora correvano a rifugio in Babilonia, aspettando colà i Medi e i Persi, che già a quell'ora dovevano valicare i monti di Elam, e il disperdimento dello stesso esercito di Semiramide, in cui erano tante migliaia di quelle due nazioni oramai sollevate.

Intanto la condizione di Faleg, ottima per assicurare la sorte d'un combattimento, per tutto l'altro era pessima. Nella antica e nobil città che egli occupava erasi sparsa la fama del troppo sangue che la vittoria di Aiotzor era ai Babilonesi costata. Da parecchi giorni il vicino Eufrate non volgea che cadaveri, alla vista di tutte le genti del Sennaar. Inoltre, i soldati suoi, come quelli che si reputavano tornati in patria, non aveano taciuto dei danni sofferti; segnatamente avean detto della sacra miriade, di cui a mala pena poche centinaia erano scampate da morte. Però si udiva già a mormorare contro la regina, nelle mura amiche di Sippara, contro la guerra finita pur dianzi e contro quest'altra che cominciava. Infine, chi era Semiramide, se non una straniera, e, come regina, assai più fortunata che saggia? Laddove Ninia era del sangue di Nemrod; egli o presto o tardi legittimo re; meglio adunque riconoscerlo allora, evitando mali maggiori.

Questo, e il pensiero delle scarse vettovaglie, inducevano tristezza, fastidio, ripugnanza negli animi. Sarebbero essi durati nell'obbedienza più oltre? Per buona sorte, diceva Faleg tra sè, la regina non doveva esser lungi da Babilonia; ad ogni modo, quei due giorni di combattimento a Sippara, le avrebbero spianata grandemente la via.

Nè s'ingannava. Appunto in quella notte che seguiva il secondo assalto di Sippara, la regina giungeva, con poco più di centomila combattenti, alla vista di Babilonia, davanti ad una delle porte che guardavano il sole oriente. Appiattato l'esercito nei campi, dove già cresceano le biade pel secondo raccolto, chiuse con buona custodia d'armati le uscite dei villaggi, perchè nessuno avesse modo di recare l'annunzio alla vicina città, Semiramide si avanzò con uno stuolo di cavalieri lunghesso il canale Libil Higal, per esplorare il terreno.

Sin, il casto pianeta a lei caro, splendeva alto nel firmamento azzurro, illuminando la pianura all'intorno e la via battuta che conduceva ad una delle porte. E mentre Semiramide cautamente s'inoltrava pe' colti, evitando la strada e non perdendola d'occhio, le venne udito da lunge un rumore misurato e crescente, come lo scalpitìo di una cavalcata, che a quella volta spronasse.

Incontanente fe' ristare i suoi cavalieri, e muti, ansiosi, stettero tutti origliando.

Il rumore si avvicinava sempre più. Semiramide, che già meditava un audace disegno, si volse a guardare i suoi cavalieri, se fossero abbastanza coperti agli occhi del nemico. Erano essi dietro un campo di sèsamo, di rigogliosa cresciuta e di larghissime foglie, siccome portava la natura di quel fertile suolo. La regina non si tenne paga tuttavia e comandò che tutti smontassero da cavallo, pur rimanendo con un piè sulla staffa e la mano alla criniera.

Così del tutto nascosti, spiavano l'arrivo della cavalcata nemica. Essa pervenne indi a poco su quel tratto di strada che essi vedevano e veloce trascorse. Erano a mala pena sei cavalieri, e alle fogge, vedute così di profilo a lume di luna, apparivano Medi. Forse erano esploratori, fors'anco portatori di messaggi a qualche luogo vicino.

Semiramide lasciò che andassero oltre a lor posta. Infatti, a mezzo miglio discosto era accampato il suo esercito, nè potevano essi cansare d'esser fatti prigioni.

Ella intanto diè il cenno e l'esempio di risalire in arcione. Dietro a lei tutto il drappello si cacciò a galoppo sulla strada, serrandosi sulle orme dei Medi. Udirono essi l'improvviso rumore alle spalle, e pensando che fossero altri cavalieri usciti di città, per richiamarli indietro, o per altro che loro importasse sapere, si fermarono tosto. E innanzi che avessero tempo a raccapezzarsi, a conoscere d'esser caduti in agguato, erano circondati da un nugolo di fantasmi; chè tali doveano parer loro, in quel luogo, i cavalieri di Semiramide, creduti ancora così lontani, e sulla via dell'Eufrate.

Thuravara, il loro capo, fu condotto alla presenza della regina. Tremò egli, quando ebbe ravvisata Semiramide, e, a mala pena interrogato, disse tutto ciò che a lei mettesse conto sapere. Thuravara, creato di Zerduste, non ignorava qual sorte lo attendesse, ove, con pronta sommissione e con utili ragguagli, non si fosse raccomandato alla clemenza di lei.

La regina adunque udì dal suo labbro che Faleg resisteva da due giorni tenacemente sulle alture di Sippara, ove Zerduste credeva fosse ella per giungere, col rimanente dell'esercito. Per altro, in quella medesima sera, due esploratori erano tornati da Burat, che è sull'Eufrate, a una giornata più in alto di Sippara, nè lassù si aveva fumo di soldatesche vicine. Cotesto aveva confortato Zerduste nel suo primo pensiero, che l'invio di Faleg fosse tutto quanto ella aveva potuto fare, al primo annunzio della rivolta di Babilonia, e che ella fosse, con tutto l'esercito suo, di parecchie giornate più indietro.

Del resto, soggiungeva Thuravara, Ninia e il suo fedele ministro dimoravano nel palazzo della riva occidentale, per esser più vicini alle venute e più pronti alle acconcie difese. Avevano essi un esercito di duecento migliaia; ma la più parte di gente ragunaticcia, nè ancora bastantemente addestrati. Si aspettavano bensì grossi soccorsi dai Medi e dagli Elamiti, già chiamati in arme dal preveggente Zerduste, alla vigilia della rivolta e della incoronazione di Ninia. Egli, Thuravara, andava per l'appunto sulla via di Libil Higal, a vedere se ancora giungessero, e ad affrettarne l'entrata in città.

Armi, poi, e vettovaglie, come alla regina doveva esser noto, in Babilonia abbondavano.

Udì Semiramide i copiosi ragguagli, e come Thuravara ebbe finito, gli disse:

— La tua vita dipende dal parlar che farai. Qual motto hanno ora i custodi delle porte?

— Per Anaìti! — rispose tosto il Medo infedele.

— Che significa ciò? — chiese la regina in atto di stupore.

— È il re, — soggiunse Thuravara, — è il figliuol tuo, mia clemente signora, che in tal guisa ricorda la diletta del suo cuore.

— La risuscitata! — sclamò Semiramide.

— Sì, potente regina.

— E per grazia de' sommi Dei, non è egli vero? — incalzò ella con accento d'amara ironia.

Thuravara chinò vergognoso la fronte.

— Sta bene; — proseguì la regina, senza curarsi della risposta. — Tu, vieni tra le nostre ordinanze; e guai a te se non m'hai detto il vero! —

Poco stante, era dato il cenno all'esercito, che tutto avesse a rimettersi in moto ed accostarsi alle porte. Ella, col suo stuolo di cavalieri, precedeva le squadre.

Giunsero in breve alle mura. Il ponte era alzato davanti alla porta, ma allo scalpitar dei cavalli sulla pianura, le scolte s'erano affacciate alle feritoie, e allo squillar d'una tromba sul ciglione del fosso, furono pronte a chiedere ai nuovi arrivati:

— Chi siete? In nome di chi venite?

— Siamo guerrieri di Ninia; — risposero gli altri. — Usciti dalle porte di settentrione, torniamo da questa, e per Anaìti veniamo. Sbrigatevi; sono i Medi aspettati con noi. —

Il ponte fu tosto calato. Semiramide fu la prima a

spingere il suo cavallo sull'ampio tavolato di cipresso.

— Giungono i soccorsi di Media! — gridavano intanto sotto l'androne i custodi. — Il veggente Nebo ci assiste.

— Egli viene su voi, traditori, per fulminar le sue collere! — gridò Semiramide, menando a cerchio la mazza ferrata entro lo stuolo malcauto. — Per Anaìti custodivate le porte!... Per Semiramide arrendetevi, o tutti di mala morte morrete.

— La regina! sì, è dessa la regina! — andavano ripetendo i malcapitati, mentre, quinci e quindi fuggendo, tentavano schermirsi dai colpi. — Chi l'avrebbe mai detto? Ahimè! c'ingannarono i sacerdoti; non erano per Ninia gli Dei! —

Ben presto fu fatta strage di quella turba fuggente; i più lontani, sentendosi incalzati dai cavalieri, si buttavano ginocchioni, chiedendo mercè, ed aveano così salva la vita. Non uno andò fino al baluardo interno della città, per recarvi la terribile nuova, e prima ancora, prima sempre tra tutti, vi giunse l'audace guerriera, il cui esercito, infiammato dalla portentosa felicità dell'evento, già si accalcava sul ponte, sbucava dal profondo androne, si dilagava nel vastissimo piano tra Imgur Bel e Nivitti.

Non era pugna, nè inseguimento di nemici; era libera corsa sfrenata, in mezzo a spaventati drappelli. Entro il baluardo di Nivitti Bel fu un tumulto indicibile. I primi che videro le negre schiere apparire agli sbocchi delle vie e irrompere nella città, minacciosi come una legione di spiriti d'abisso, si sparpagliarono tosto per le strade minori, quali cercando nelle lor case rifugio, quali fuggendo senza saper dove, non d'altro solleciti che di scansare l'imminente pericolo, tutti levando altissime strida e mettendo a romore e scompiglio la sterminata città. Semiramide! È qui Semiramide alla riscossa! Sventura al popolo delle quattro favelle, su cui la regia vendetta discende!

La tristissima voce per ogni dove s'è sparsa, ha preceduto le squadre degl'invasori. Quanti n'han tempo, o modo, si dànno alla fuga verso l'Eufrate; l'ampia travata del ponte cigola sotto il peso e la furia di quell'onda di popolo, che incalza alla destra riva: uomini, donne, fanciulli, mezzo vestiti, scarmigliati, ignudi, come il terribile annunzio li colse, come la paura li spinse.

Non cura la regina i fuggenti; anzitutto ella mira a impadronirsi della reggia. Sfondano i suoi guerrieri l'ingresso, chiamano per nome, invitano alla obbedienza i custodi. È la loro regina, è Semiramide, che batte alle porte; chi più oltre serberà fede al ribelle, innanzi che giunga il sole al meriggio, penderà inchiodato dai merli.

È l'alba, e già Semiramide ha ricuperato la sua reggia, nobile e forte arnese, dove ella troverà armi, tesori e sicurezza ai nuovi combattimenti. Dall'altra sponda del fiume hanno appiccato il fuoco al tavolato del ponte; [fuoco arde nel valico sotterraneo, per dar tempo ai ribelli di chiuderne più sicuramente lo sbocco. Ma che importa? Semiramide è padrona, con un colpo audace, in poche ore, di tutta la parte orientale di Babilonia.

— Grazie, santissimi Numi! — ella dice. — Voi non avete tolta la vostra mano da me; io sono ancora la regina degli Accad. —

CAPITOLO XXI.

La mano di Nisroc.

La fortuna, che già sembrava avere abbandonato le insegne di Semiramide, tornava ora a farle buon viso. Era pentimento, sommessione all'audacia, o crudelissimo scherno? Risorgeva la regina più gloriosa e più forte dal suo abbattimento, o non era a vedersi altro in quella ardita riscossa che il sollevarsi del guerriero sulle ginocchia e l'ultimo suo brandir l'arme sanguinosa contro il nemico che sta per finirlo? I prossimi eventi doveano dar la risposta.

Intanto, mercè la sua rapida corsa e l'occasione prontamente afferrata, ella era venuta a capo di penetrare in Babilonia e di farla sua fino alla sinistra riva del fiume. Solleciti messaggi avevano mosso Faleg dal suo baluardo di Sippara, e mentre, egli rumoreggiava alle porte della sponda destra, tirandosi sopra una gran parte dell'esercito dei ribelli, la regina tentava con barche e zattere d'otri gonfiati il passaggio del fiume, e finalmente ristorava la travata del ponte sotto una pioggia di dardi.

Ninia e Zerduste, con tutti i loro, si ritrassero in Barsipa, la città sacerdotale, congiunta a Babilonia da un prolungamento del muro esterno, ma forte di per sè stessa e dentro e fuori, acconcia a durare per mesi e mesi un assedio.

Colà, all'ombra del più eccelso tempio di Babilonia e del mondo, incuorato dalla inflessibile baldanza di Zerduste, sorretto dal favore dei sacerdoti, ammaliato dalle carezze di Anaìti, posava il giovin ribelle, o non curante, o inconsapevole del suo delitto. Infine, non era egli il re, unica prole di Nino, ultimo della stirpe di Nemrod? I santi ministri delle sette luci della terra non aveano essi consacrato il suo capo? L'oracolo di Belo non avea egli pronunziato la reità di Semiramide al cospetto dei cieli? Inoltre, conforme al volere dei sommi Dei di Babilonia, non era forse il volere del Dio di Zerduste? Mai tra rivali divinità si era manifestata una simigliante concordia.

Invero l'astuto principe di Bakdi si era rigidamente astenuto dal palesar la sua fede. Da lunga pezza egli solea dire al suo regio discepolo che il tempo non era anche venuto di annunziare il regno di Ahuramazda alle genti; questa essere dottrina eccelsa pei savi; al volgo doversi lasciare intanto le sue idolatrie grossolane. Nessuna prova di loro virtù avevano fatta gli Dei di Babilonia a favore di Ninia; laddove il soffio potente di Ahura gli aveva restituita la sua diletta Anaìti. Egli l'avea pure veduta, là, nel suo casolare tra i palmeti di Gomer, distesa sul letto di morte, le membra prosciolte e fredde; invano avea pianto amarissime lagrime; invano avea chiesto a' suoi numi un prodigio. Ma laggiù ne' sotterranei di Babilonia, ove il Dio vero nascondeva ancora il suo purissimo culto, egli avea pure udito dalla voce di Mazda la cagione per cui era morta Anaìti. « Non tra ozii imbelli doveano poltrire i nati di re; amori e carezze di donna amata esser premio ai valorosi, ai fedeli seguaci degl'insegnamenti celesti, non facil sollazzo, non riposo consentito a mezzo il cammino, quando il debito delle sante opere e la via lunga sospingono. A lui, per ventura, agevole il meritarsi quel premio intercedendo la cara autorità di Zerduste, nè chiedendosi troppo lungo disagio a chi dovea regger lo scettro, moderatore di popoli. Cedesse adunque ai lagni di Babilonia, sdegnata per una stolta e rovinosa guerra e per maggiori danni minacciati al buon seme cussita; cedesse alle voci che il cielo provvidamente spirava sulle labbra degl'idoli bugiardi; cingesse corona di re, ed Anaìti sorgeva dal suo letto funereo. Resa a lui dal favore di Mazda, al suo ardimento, al suo perseverar ne' propositi, era sospesa la vita della fanciulla diletta. »

Ora, a mala pena nel tempio di Belo il credulo adolescente aveva impugnato lo scettro d'oro, non erasi infuso di bel nuovo lo spirito vitale nelle rigide membra di lei? Non aveva egli sentito sotto la sua mano tremante riscaldarsi e palpitare quel bianco seno a cui tre giorni innanzi aveano tentato invano ridar la vita i suoi baci? Così Ninia era stato condotto ai voleri di Zerduste e fatto ribelle, nimico alla maestà di sua madre. Nè già viveva pel regno, di cui lasciava ogni pensiero al sapiente maestro; nè già si curava della sua sconfinata autorità, se non per ricordare che la regia possanza è una piramide al cui sommo sta preparata e colma la coppa di tutte le umane delizie. Viveva allora per Anaìti, per quella fiorente bellezza che si profondeva inconsapevole a lui, tremante di dover morire se egli vacillasse, e per amore, per ambizione, per paura, incatenata al suo fianco. E in lui, il saperla così sospesa tra morte e vita accresceva gli ardori. Si ama, dicono, assai più fortemente ciò che si teme di perdere. Triste sentenza, se vera; ma forse ciò che pei nobili cuori non è, potrebbe credersi vero per l'anima fiacca e per l'indole tutta sensuale di Ninia; di quel lioncello, a cui, per mezzo agl'ingenui moti della tenera età, crescea la ferocia dell'avita natura.

Insignoritosi con tali arti della mente di Ninia, il principe di Bakdi non avea durato fatica ad attizzar gli sdegni del popolo; la mercè di falsi messaggi e di aggranditi pericoli, aveva aggiunto esca al fuoco, e, con l'immagine dei certissimi danni, infiammati gli spiriti a rivolta.

Facili i volghi ad essere trascinati; più facili, se vissuti in lenta ed inerte soggezione, a credere ogni cosa, a farsi stromento docilissimo in mano agli scaltri. Nè manco agevole, pel grado suo e per l'imperio ch'esercitava su Ninia, gli era tornato di vincere la riluttanza dei sacerdoti. Sempre più ardente di giorno in giorno la plebe; impensierite pei lor cari assenti le più ragguardevoli famiglie; tutti contrarii ad una guerra che accortamente si mostrava esser frutto di un'amorosa follia; non avrebbero ardito i sacerdoti far contro alla corrente delle popolari opinioni. Volevasi Ninia per re; meglio averlo tale e dominarlo, come offeriva Zerduste, che osteggiarlo invano, opponendosi ai voti del popolo. Il saccanàco, il gran vicario degli Dei, si faceva schiavo in tal guisa agli eventi, assicurava ai più forti la benevolenza del cielo; vecchio costume degli uomini che si vantano di custodirne i responsi! E maledetta Semiramide lontana, Ninia era incoronato sulla gran torre di Barsipa; armi ed armati si raccoglievano dalle vicine provincie; i Medi, gli Elamiti, e quanti eran popoli soggetti di là dallo Zagro, tutti incitati a scuotere il giogo. L'impero, saldo in apparenza e durevole, si sarebbe sfasciato dopo il trionfo delle schiere ribelli, se pure lo stesso Zerduste, sotto colore di chiamare i Medi a difesa della stirpe di Nemrod, non pensava a disfarsi, per utile suo, di quel malaccorto adolescente, trastullo nelle sue mani, vera larva di re.

E intanto che costui, riparato con Ninia entro le mura di Barsipa, faceva assegnamento sulla irruzione dei Medi, sullo scompigliarsi dell'esercito di Semiramide e sulle ire di Babilonia, cresciute a dismisura per la morte di tante migliaia de' suoi cittadini, la fortissima donna vacillava nei suoi consigli, esitava a condurre innanzi l'opera sua. Il nemico ch'ella doveva combattere, che un colpo malaugurato de' suoi ingegni di guerra poteva stendere al suolo, era Ninia, era suo figlio! Il tradimento dei Casdim la turbava altresì, la faceva più perplessa. Bene erano ossequenti a lei i sacerdoti di Militta e di Nebo, rimasti in città; ma che potevano costoro, contro il maggior numero rifugiato in Barsipa ed anco di là possente sul popolo, tranne il pregare in silenzio?

Fatta accorta del pericolo, confidandosi inoltre che il suo inaspettato trionfo in Babilonia avesse ridotto quei temuti nemici a più miti consigli, diè mano a pratiche segrete con essi, facendo che alcuno dei sacerdoti di Nebo andasse a Barsipa, come a cercarvi rifugio, e, avuto agio di parlare col saccanàco, ogni più larga promessa e giuramento gli facesse, in nome di lei. Frattanto i giorni scorrevano, ed altri dolori le si stringevano al cuore.

Il re d'Armenia andava ricuperando la sanità ad occhi veggenti. La ferita non aveva nulla avuto di grave, tranne forse lo spargimento copioso del sangue. Vinta la febbre mercè il farmaco dell'Indiano, egli era tornato in sè medesimo, e la ingenita vitalità aveva trionfato di tutto, perfino della negra mestizia che gl'ingombrava lo spirito. Il cammino da' suoi monti natali alla pianura del Sennaar non gli era tornato a disagio, dappoichè la sua scorta viaggiava sempre nelle ore notturne, ed egli posava su morbide piume, procedendo leggero e senza scosse, o sobbalzi, al dolcissimo passo dei cammelli battriani. La tacita compagnia giungeva in Babilonia tre giorni dopo il vittorioso ingresso di Semiramide, e la frescura dei pensili orti, l'abbondanza di tutti gli agi del vivere, aveano rinfrancate le membra affralite del giovine, facendo il resto la gioventù, questa medicina incomparabile, che tutti, ahimè! non sempre portiamo dentro di noi. Sbiancato mostrava il volto, già tinto di rosa e ammorbidito da riflessi dorati; una nube di tristezza offuscava il placido lume degli occhi; pure la sua bellezza non avea nulla perduto della prima virtù; simile al fiore che il soffio della bufera ha alidito, ma che un tiepido raggio di sole ravviva.

Semiramide lo aveva veduto. Nel suo breve colloquio con lei, il prigione erasi mostrato ossequioso, ma freddo. Posto di bel nuovo al cospetto di quella sovrumana bellezza che lo aveva rapito, memore di tante angoscie, più ancora di tante dolcezze, combattuto da contrarii pensieri e da immagini di lutto recente, si adirava con sè medesimo, si struggeva di non odiarla quanto avrebbe dovuto.

— Son vinto e tuo prigioniero; — le disse. — Fammi morire; altro io non aspetto oramai. Donna di grande animo ti dice la fama e le imprese tue ti dimostrano. Fanne un'ultima prova per me, affrettando il mio fine, ed io benedirò l'odio tuo.

— Nemico di un giorno, e pensi ch'io t'odii? — replicò nobilmente la regina. — Ho vendicato un oltraggio, ho punito un atto di ribellione; tutto l'altro io non ricordo, non vedo. Son regina per te come per tutti;

ciò soltanto soffri da Semiramide. Ella è soddisfatta; nè pensa ai dolori patiti, o alle profonde allegrezze che si riprometteva dalla sincerità del suo cuore, se non per lagnarsi della sorte, a lei così larga dispensatrice di potenza, e così avara di giustizia nel mondo. Credi tu che di questa potenza m'importi? Credi tu che mi prema del regio fasto, dell'impero accresciuto e di questa Babilonia, che un mio cenno ha creata? Io sono più superba a gran pezza; mi paragono alla stella che trascorre veloce lo spazio e non cura il solco di luce che lascia dietro di sè. Mi spegnerò come ho vissuto, splendendo; ma non vo' che nulla offuschi a' tuoi occhi il mio raggio; non l'amor tuo, la tua stima domando. So quali ragioni t'abbiano mosso alla fuga; Sumàti, innanzi di cercare spontaneo la morte nelle acque salse di Van, mi ha confessato ogni cosa. Tu fosti vittima di un'empia macchinazione, che l'abisso non poteva immaginar la più nera. Per darle a' tuoi occhi colore di verità, un tuo fedele ti ha venduto ai nostri comuni nemici.

— Un mio fedele! — sclamò Ara turbato. — Altri non meritò più questo nome, che Bared. Impossibile! Bared pugnava al mio fianco. Non tradiscono i valorosi. Fatto prigione con me, perchè non lo vedo io al mio fianco? —

Tosto, ad un cenno di Semiramide, fu cercato per ogni dove l'infido scudiero del re. Ma invano. Bared, nel muoversi dei prigioni da Armavir, profittando della confusione in cui era l'esercito, avea preso la fuga, nè più s'era avuta nuova di lui.

— Tu lo vedi, o regina? — disse Ara, con piglio severo. — Anche Bared, l'ultimo testimone, ti manca. Egli pure, come Sumàti....

— Basta! — tuonò la regina, il cui sangue si rimescolò tutto e riarse, come le fosse penetrato un dardo rovente nel cuore.

E furono le ultime parole di lei. Composta negli atti, grave nell'aspetto, ma fieramente combattuta nell'animo, vacillante, smarrita di sensi, uscì la misera donna. Ella non era più Semiramide; non era più la regina. Sì, ben lo sentiva in quel punto; la sua fortuna era fuggita per sempre; la dura mano di Nisroc si aggravava su lei.

A che più combattere? Per quali speranze? A qual pro? È dei giovani il travagliarsi, durare aspre fatiche animosi; dei giovani, che hanno il futuro davanti a sè, per chiamarli colle arcane sue voci, stimolarli colle sue confuse promesse. Ma il vecchio, deserto d'ogni promessa e d'ogni speranza, a che tenderebbe i nervi e l'ingegno, conscio pur troppo che pochi passi più oltre una fossa lo aspetta? Così Semiramide, a cui la gioventù splendeva ancora sul volto, ma più non esultava nel cuore. Vivere, vincere, regnare, perchè? Non è grata fatica, dove manchi la speranza del premio. È vanità rialzare un trono, su cui non abbia a sedere che un'ombra. Cedono allora, cedono le anime grandi ai più profondi sconforti. Gittar l'opera di tante braccia obbedienti, spargere inutilmente il sangue proprio e l'altrui, peggio che errore non è forse un delitto? E varrà egli per avventura, contro queste voci della coscienza, il dire che giusta è la causa per cui si combatte? Sarà scusa bastevole al cospetto del mondo, o conforto per sè, l'aver combattuto per seguire sua generosa natura?

Chiusa nel silenzio delle sue stanze, la regina pensava. Che aveva ella fatto di così reo, da meritarle un tal scempio? Vedova di Nino, aveva, più ancora che colle sue vittorie, colla temuta altezza del nome, formato il più vasto impero che fosse mai; aveva recato un sorriso di grazia nella forza, un raggio di serena maestà nella ferocia di que' prepotenti Cussiti. Luce e bellezza è la donna nel mondo; solo quando ella vi apparve, credettero gl'immortali che Dio avesse compiuto l'opera sua. Tale era stata Semiramide sul trono degli Accad, luce e bellezza all'impero. Ma forse l'alba dei leggiadri costumi non era anche spuntata, ed ella, precoce apparizione, dovea rimanere come un gentile esempio ai venturi, meteora luminosa in quelle tenebre lunghe.

Cionondimeno, era egli forse un delitto lo aver tentato di raggentilire i culti disumani e rozzi, lo avere raunati tanti sparsi popoli in un grande consorzio, lo aver recati i benefizi d'una civiltà nascente su tanta parte della terra? E di che, se Giustizia celeste presiede all'opere umane, di che era ella punita? D'esser donna e pietosa, d'aver confidato negli uomini, d'averli reputati magnanimi e schietti al pari di sè, di non aver creduto alle tenebre perchè essa era la luce, al livore perchè essa era la bontà, all'ingratitudine, alla viltà, al tradimento, perchè essa era la generosità, la grandezza e la fede. Sì, quella era colpa sua, nè doveva perciò muover lagno agli Dei. Ah, come avrebbe voluto mutarsi allora, farsi tutt'altra da quella di prima, esser barbara, incrudelire, operare il male, come tanti nel mondo, per la sola voluttà del male! Ah, se quel tristo adolescente, quel mostro di perfidia precoce, non fosse uscito dal suo grembo, come le sarebbe bastato l'animo di entrare in Barsipa col ferro e col fuoco, e là, al sommo della torre, costringerlo a bere il sangue del suo Zerduste e del gran sacerdote di Belo, confitti a lungo martirio sugli altari bugiardi!

Ma ella era madre; era magnanima e pia; i feroci pensieri trascorreano veloci nella sua mente, a guisa di nuvole rotte in un cielo sereno. La nobile creatura non poteva mentire all'indole sua; doveva struggersi nel suo dolore impossente e cadere, se così voleva il destino.

Gli eventi incalzavano. Medi, Persi, Elamiti, si erano ribellati ai governatori delle provincie. Le torme loro muoveano minacciose dai monti, alla volta del Sennaar; cotesto recavano i frettolosi messaggi, come nel profetico sogno della rocca di Van. Fortuna estrema per lei, che i popoli sollevati non si fossero posti prima in cammino, come, nella veemenza de' suoi desiderii, aveva sperato Zerduste! Frattanto egli bisognava spedire un buon nerbo di valorosi ad affrontarli; ella stessa avrebbe dovuto correr laggiù, coglierli alla sprovveduta e sconfiggerli. Ma come uscire di Babilonia, come sfornire la città di soldati, mentre i ribelli erano così numerosi in Barsipa e dall'alto delle mura certo spiavano l'occasione di rifarsi alle offese?

Inoltre, Babilonia non era sicura, vacillava nell'obbedienza. I grandi, forza e decoro della città, si erano allontanati con Ninia; il popolo rimaneva ma inquieto, cruccioso, sbigottito tra i mali presenti e l'incertezza del futuro. Cessate le feste, rovinati i commerci, rotte le consuetudini d'una vita facile e piana, a cui era necessaria la prosperità di tutto l'impero, ben si scorgeva che il ritorno della pristina pace non era più possibile oramai senza varcare un'altra sequela di durissime prove. E d'ogni cosa (siccome avviene in mezzo alle pubbliche calamità, che fanno gli animi ingiusti) si accagionava l'autorità più vicina, quella a cui sarebbe bisognato dar forza per uscire con essa d'angustie; s'accagionava Semiramide, la regina vera, l'autrice di tanta prosperità passata; non Ninia, il ribelle, delle cui grandi opere, delle cui felici impromesse, null'altro per anche era noto, fuorchè il suo tradimento.

Gran colpa agli occhi del volgo, un'ora di mutata fortuna! A Semiramide niente giovava aver tante cose operato per la felicità di quel popolo. Che era per costoro il passato! Un generoso liquore bevuto a rapidi sorsì, un'ebbrezza, un sogno felice, di cui non si serba gratitudine, e molto è se la memoria rimane. Del presente la si accusava, del triste presente, di ciò che la regina non avea fatto per soggettarsi il destino, di ciò che Ninia, Zerduste, complice il popolo di Babilonia, avevano perpetrato contro di lei.

Intanto lutto, squallore e tumulto per ogni dove. In mezzo all'abbondanza, si pativa difetto d'ogni cosa. Col pretesto della pugna imminente, si smetteva il lavoro; si domandava pane, e avutolo si chiedeva che fossero aperti i granai. Nè di minore ansietà era cagione l'esercito. Tutte quelle migliaia di guerrieri d'ogni nazione, forti e compatte schiere all'aperto, riuscivano colà branchi disordinati e turbolenti, facili a scorarsi, più facili a secondare, che non a contenere ne' suoi vaneggiamenti, la plebe.

Emissarii di Zerduste, fautori di ribellione, correvano di continuo tra le file. Erano popolo, nè poteva sospettarsi di loro.

— Contro chi combattete? — dicevano. — E per chi? Doloroso è morire, quando a nulla giova la morte. Sapete a cui siano propizi gli Dei? Non certo a Semiramide! La sua stella è tramontata, dopo ch'ella ha voluto sacrificare agl'idoli stranieri. Ninia ha da essere un giorno il re nostro; a che combatterlo oggi? Egli è oramai al suo sedicesimo anno, e l'ha educato al regno la savia tutela di Zerduste. Egli è ragionevole che, cresciuto negli anni e nella saviezza il discendente di Nemrod, lo scettro continui ad esser impugnato da una fragil mano di donna? Compagna la fortuna ed auspice la gran memoria di Nino, costei ha potuto condurre innanzi malagevoli imprese, altre lasciarne a mezzo, senza troppo suo scorno. Oggi, abbandonata dal favore dei cieli, esce in mostruose follie. Il miglior sangue di Babilonia s'è sparso inutilmente nelle gole d'Armenia. Il vostro si spargerà inutilmente del pari sotto le inespugnabili mura di Barsipa, con alto rammarico dei vostri cari, che v'aspettano trementi alle case natali. Ninia vi darà pace; egli vi rimanderà liberi e ricchi alle vostre contrade. Che può darvi oramai Semiramide, se non certezza di forsennati assalti e di morte ingloriosa? tra breve incalzeranno alle porte i popoli sollevati dalle regioni orientali. Avremo guerra dentro e fuori, carestia, desolazione, esterminio. Che farete voi, uomini di Elam, voi Medi, Persi, Ariarvi, cavalieri animosi; su cui Semiramide fa assegnamento per distruggere il popolo delle quattro favelle? Uscirete voi in campo aperto, spingerete i baldi corsieri contro i vostri fratelli di sangue, scesi dai monti in aiuto del legittimo re? —

Con arti siffatte era tentata e scossa la fedeltà dell'esercito. Nè più molto occorreva; forse una lieve occasione dovea bastare a disciogliero.

— Viva Ninia, in perpetuo! — già avevano incominciato a gridare i nativi del Sennaar.

— E Anaìti, con lui, la vezzosa regina! — soggiungevano i popolani. — Quella è nostra, nata del nostro sangue più schietto. Felice chi la vedrà, come noi l'abbiam veduta, passare per queste vie, bella come il sole nascente, e dall'alto del suo cocchio d'argento o d'oro sparger sorrisi e saluti, come sparge fragranze il fiore della mandragora. È dessa, Anaìti, la vera rosa del Sennaar; la venturiera d'Ascalona più non usurpi quel nome. —

E scorreva, tra i dissennati, scorreva, versato largamente nei calici, il liquor della palma. Cittadini e soldati, dopo aver maledetto alle regali follie, pianto sui mali presenti e sui temuti danni futuri, gozzovigliavano, infingardivano, tumultuavano insieme.

I capitani delle squadre, giustamente inquieti, andavano a consiglio presso la regina.

— I soldati, sparsi tra il popolo, avranno perduto ogni ritegno ben presto; la licenza e la ribellione son penetrate nel campo. Bada, o regina; se i rivoltosi di Media giungeranno alle porte, con quali forze andremo noi a combatterli? —

Semiramide, oppressa da tanta rovina, perduta nel suo ascoso dolore, non sapeva a qual partito appigliarsi. Dar tosto l'assalto a Barsipa? Sì certo era quello il più saggio consiglio; e là, o vincere, o morire! Ma il suo cuore materno tremava. Infatti, come mai, senza mandare in fiamme il covo dei ribelli, avrebbe ella potuto metter piede colà?

Faleg, sempre costante nella sua fede e ammonito dalla necessità di uscir presto da quella incertezza, propose un suo divisamento alla regina.

— Se tu tentassi di bandire una tregua, e di chiamare a parlamento gli anziani di Babilonia, insieme coi grandi rifuggiti in Barsipa? Tu udresti ciò ch'essi dimandano; essi le tue proposte, o signora. Imperocchè, tu lo vedi, questa inerzia è fatale. O assalire i baluardi, o calare agli accordi, ma subito!

— E sia, come tu saviamente proponi! — rispose la regina. — Vengano a parlamento e dicano l'animo loro qual è. —

Indettatosi d'ogni cosa con lei, Faleg esce sollecito dalla reggia e manda gli araldi per la città. Egli stesso sale arditamente in arcione e s'avvia, con pochi uomini di scorta, a Barsipa. Giunto a' piè delle mura e fatte squillare le trombe, così parla ai ribelli:

— In nome della possente signora degli Accad, cui Nebo ha concesso l'impero dello scettro e la vittoria della spada, a voi cittadini e difensori di Barsipa, tregua è proposta da questo momento fino all'alba di doman l'altro, che sarà il trentesimo giorno di Tana. I soccorsi, che voi attendete dalle terre del sole oriente, non giungeranno prima di sei giorni in vicinanza di Babilu. Così recano i nostri esploratori; vedete voi medesimi se vi confortino più felici notizie. In questo termine, io ve lo annunzio, Barsipa sarà espugnata col ferro e col fuoco. Or dunque, accettate la tregua, e quale di voi l'abbia grato, purchè sia dei maggiorenti di Kiprat Arbat (o principe tra i suoi, se straniero alla terra del Sennaar), venga a parlamento nella reggia, insieme cogli anziani di Babilu. Udrà la regina le proposte de' suoi avversarii e che cosa essi chiedono da lei per far posare la guerra; ella dirà ciò che da loro s'aspetta, o che può loro concedere. Liberi e sacri gli inviati di Barsipa; maledetto dai sommi Dei chiunque, durante la tregua, tenterà cosa alcuna a danno del suo più odiato nemico. —

CAPITOLO XXII.

Il bivio.

Dispiacque la proposta in Barsipa. Che vuole costei? dimandavano i ribelli, radunati a consiglio. Qual nuovo inganno si cela in questa tregua, che ella ci profferisce? Tarderanno ancora parecchi giorni i soccorsi di Media; che importa? Le nostre mura sono salde e ingegni di guerra non mancano a noi, per respingere i minacciati assalti della regina. Alla perfine, di quali speranze si nutre, col popolo avverso e l'esercito mal fido? E non è forse da credere che ella tema più di noi l'esito di quest'ultimo scontro? Di certo, le è giunto all'orecchio che domani, dal sommo della gran torre, i Casdim chiameranno solennemente sovr'essa la maledizione degli Dei, e questa sua profferta è intesa a scongiurare il pericolo. Ella ben sa che il popolo di Kiprat Arbat, servo riverente dei Numi, si solleverà contro di lei, dichiarata sacrilega, e l'esercito, in cui è tanta parte dei figli del Sennaar, piglierà ansa a sostenere le ragioni del popolo. No, si risponda a Faleg, non tregua, nè accordi!

Vinceva per tal guisa il partito di respingere la proposta. Ma Zerduste, che fino a quel punto aveva serbato il silenzio, si oppose.

— Due notti in Babilonia, — egli disse, — sono gran ventura per noi, quale non ci era dato sperare dalla benevolenza del cielo. Ponete mente, o savi consiglieri del re: ciò che a noi tornò così malagevole di ottenere, la mercè di destri emissarii, tenteremo liberamente noi stessi per le vie della città, nelle lunghe ore che ci consente la tregua. Nè così audace è il popolo, nè ancora così pronto ad ammutinarsi l'esercito. D'una propizia accasione è mestieri, e questa occasione è la tregua.

— Ma sarà ella osservata, la tregua? — notarono gli altri, con accento di dubbio. — Non è per avventura da temersi una insidia?

— Semiramide non è donna da tendere insidie! — rispose brevemente Zerduste. — Ciò ch'ella promette fedelmente atterrà. State di buon animo, ed eleggete quali di voi dovranno recarsi alla reggia. Io medesimo, che più d'ogni altro avrei cagion di temere, scenderò in Babilonia cogli inviati del re e col venerato collegio dei Casdim. —

Ora, Zerduste era l'anima della rivolta e a lui tutti facevano capo, come al vero monarca. I Casdim medesimi, ai quali l'astuto prometteva tanta possanza nell'impero, erano a lui vincolati. La proposta fu dunque accettata.

Tosto, recatosi alle porte della città, il principe di Bakdi venne a parlamento con Faleg.

— La regina ascolterà dunque i voti dei Casdim e dei grandi rifuggiti in Barsipa?

— E degli anziani di Babilu; — aggiunse Faleg. — Il popolo rimasto in città è sempre il maggior numero; nè il suo voto, qualunque esso sia, va lasciato in disparte.

— Sta bene; — disse Zerduste. — E che intendi tu

per altri dei ribelli, purchè siano principi delle loro nazioni? Son io dunque del numero?

— Tu primo, — rispose l'inviato di Semiramide, — e le mie parole indicavano te. Non fosti tu il consigliero della ribellione? Non comandi tu, non fai ogni cosa a tuo talento appo il re? Vieni dunque, se ti aggrada; la tua persona, come quella d'ogni altro, ci è sacra. —

Così minutamente convenuti di tutto fu giurata quel medesimo giorno la tregua nel tempio di Nebo. Giurò Zerduste per Ninia e pei ribelli; Faleg per la regina e per l'esercito suo; Abdenago, il primo degli anziani, pel popolo delle quattro favelle.

Babilonia si rasserenò come per incanto, dopo che gli araldi ebbero bandita quella sospensione d'arme, altrettanto gradita, quanto era inattesa. Gli animi, riaperti alla speranza, intravvidero la pace imminente. A che si sarebbe fatta la tregua, se non fosse parso ai combattenti di poter giungere ad utili accordi? Del resto, l'esser chiamati in mezzo gli anziani della città, quasi arbitri del litigio, affidava il popolo che in un modo o nell'altro, per la madre o pel figlio, gli sarebbe restituita la calma.

In sull'ora del tramonto, schiuse le porte di Barsipa, scesero i grandi e i sacerdoti in Babilonia. Sulle orme loro si affrettarono molti altri, che pure non dovevano andare alla reggia, guerrieri e cittadini, a cui premeva di vedere i congiunti o gli amici. Nè Faleg si oppose a questo lor desiderio. Così, largheggiando di generosità e di clemenza, volea Semiramide. Non erano che un solo i due popoli; soltanto le sorti della guerra intestina li avean separati; tornassero quelli di prima, finchè durava la tregua.

La mattina del giorno seguente, che fu il ventesimonono di Tana, gli anziani di Babilu, condotti da Abdenago. i capi della rivolta, e i maggiori tra i Casdim, guidati dal saccanàco, ascendevano alla reggia, ed erano introdotti nella sala di Nemrod, al cospetto della regina.

Semiramide era seduta sul trono, pallida in volto, ma tranquilla, in atteggiamento regale. Immobili ai suoi fianchi stavano i flabelliferi, con alti ventagli di penne, i melofori coll'armi in pugno e i portatori di scettro, interpreti e ministri de'suoi alti comandi. Faleg e i capi dell'esercito erano in attesa, raccolti ai piedi del trono.

Zerduste non era tra i nuovi venuti. O fosse riguardo per sè, o atto di meditata cortesia verso la regina, egli non avea posto piede là dentro; ma bene erasi aperto cogli altri, ed essi indettati con lui, d'ogni cosa che avessero a dire. Il saccanàco, per giusto riserbo della sua dignità, non voleva dal canto suo esser primo ad ossequiar Semiramide. Però l'ufficio di parlare in nome di tutti era commesso al capo degli anziani, che difatti fu il primo ad inoltrarsi a' piedi del trono.

— Potente signora, — disse Abdenago inchinandosi a mezzo, — vivi in perpetuo!

— E a te ed a chi viene con te, — rispose la regina, — dian lume di savio consiglio i celesti. Io vo' che posi la guerra, e, perdonati i ribelli, allontanati gli estrani, sia riverita la mia autorità dal popolo delle quattro favelle. Ora, che pensate voi dell'offerta? I disegni della mia clemenza son questi. Amo meglio vengano essi incontro a voi, in sembianza di doni amorevoli, anzi che paiano concessioni lungamente patteggiate, e quasi strappate alla resistenza d'un animo acerbo. Madre io mi tengo del popolo, come lo sono di Ninia. La mia fede vi è nota. Schietto ed aperto ditemi dunque l'animo vostro. —

Abdenago si fece innanzi d'un passo, e postasi la manca sul petto e stesa la destra in alto, come per aggiungere solennità al suo discorso, parlò:

— Regina, non ti dispiaccia il mio dire. Pel mio labbro ti parlano gli ordini tutti della città, i rifuggiti in Barsipa, il venerato collegio dei Casdim. Il popolo delle quattro favelle è per cagion tua sventurato. Sempre, dacchè lo raccolse in questa pianura e gli diè legge il fortissimo Nemrod, questo popolo fu governato da re, scesi tutti da una medesima stirpe. Per la prima volta l'ebbe in sua balìa una donna, e quella tu fosti. La tenera età di Ninia, la tua gloria, la tua fortuna, persuasero di lasciarti lo scettro, che soltanto a destre virili era concesso impugnare....

— Io lo tenni per virtù mia, non l'ebbi in grazia a voi! — interruppe la regina.

— E sia; — disse di rimando Abdenago; — noi dunque a forza obbedienti, non già condiscendenti alla tua autorità per nostra elezione. Regnasti sola e felice undici anni; la fortuna arrise alle tue armi, fino a quel giorno che, condotto il tuo esercito sulle rive dell'Indo lontano, il Signor delle sorti volse la sua faccia da te, e tu non campasti che colla fuga da una certissima morte. —

Un amaro sorriso sfiorò le labbra di Semiramide.

— Trasvolate assai presto undici anni di gloria! — diss'ella con piglio sarcastico. — Vi giova altresì dimenticare che questa felicità, questa grandezza, di cui rimpiangete la perdita, voi, prima e vera cagione del vostro medesimo danno, sono opere mie. Chi ha fatto l'impero? Chi ha esaltato i sommi Dei di Babilu al cospetto delle vinte nazioni? Prima che io fossi, io, avventuriera d'Ascalona, siccome taluno di voi oltraggiosamente mi chiama, nessuno degli Accad aveva ancora veduto un tratto di mare. Io quattro ne vidi, e sulle rive trionfate posi i confini della mia, della vostra possanza. Chi ha soggettato al nome dei figli di Cus tutto il paese di Martu, dalle arene di Mesraim fino alle spiaggie di Rifat, con entro città popolose e florenti di traffichi, e Chittim, e Caftor e tutte l'altre isole belle che si specchiano nel mare del sole occidente? Bene le terre dei Medi attrassero il cupido sguardo dei vostri re, da Nemrod a Nino; ma chi venne a capo della resistenza di Bakdi, della città che sovrasta con l'alta bandiera su tutta la contrada del sole oriente, dal Caspio, in cui l'Oxo si versa, infino all'Eritreo, dove l'Indo mette le numerose sue foci? Chi stese il regno alla terra degli aromi e dell'oro, che siede felice in mezzo a tre mari? e le prede di tante guerre, i tributi di tanti popoli soggiogati, chiusi io forse per me, o gittai nelle feste? Non mutai, dov'era bisogno, il corso de' fiumi? Non murai cittadelle? Non apersi vie spaziose, ov'erano dapprima boscaglie, dirupi e libere orme di fiere? Io strinsi d'argini poderosi l'Eufrate ed il Tigri; io riedificai la città, cingendola di saldissime mura e di fosso profondo; io innalzai questa reggia, splendor della terra; io que' templi, grata dimora ai celesti. Quale dei vostri barbari re, sia egli pure Nemrod, il terribile cacciatore di popoli, o Nino, mio sposo, giunse a tanto di gloria? E a me si ardisce dar cagione delle sventure di Babilu? Dinanzi a me si ardisce rimpiangere la mano d'un re? —

Un mormorìo d'approvazione era corso per le file dei cortigiani e dei capi dell'esercito, molti de'quali aveano partecipato ai pericoli e alla gloria di tante nobilissime imprese. Gli stessi cittadini di Babilonia, e parecchi dei grandi rifuggiti in Barsipa, avevano sentito come un'aura della passata grandezza aleggiare sulle loro cervici e curvarle ad atto di riverenza e d'ossequio. Ma Abdenago, nella cui mente aveva stillato le sue sapienti perfidie il principe di Bakdi, non si era dato per vinto:

— E sia ancora; — ripigliò il capo degli anziani, — sia sempre come tu dici, o regina. Tante mirabili cose hai operato, o, per dire più veramente, hanno operato per tua mano gli Dei protettori di Babilu. Ma perchè, a mezzo il corso de' tuoi benefizi, hai tu voluto arrestarti e distruggerne i frutti? Perchè tu, fondatrice dell'impero, facendo contro a te stessa, ti sei consigliata di mandarlo a rovina? Questa recente guerra contro la maledetta Armenia, per qual ragione fu impresa? —

E Abdenago, uscendo in questa dimanda, si piantò arditamente dinanzi al trono, guardando la regina con aria di sfida. Parlavano pel suo labbro i lutti numerosi che quella guerra aveva arrecati a Babilonia, e gli cresceano l'audacia. Fremettero i convenuti nella sala di Nemrod, quali di memore sdegno, quali di corruccio per la temeraria domanda; ma gli uni e gli altri, ben sapendo che là era il nodo di quell'aspra contesa, stettero muti ed intenti ad aspettare la risposta di Semiramide. Essa fu breve.

— Non vi ho mai detto perchè imprendessi le altre; — disse alteramente la regina; — non vi dirò dunque le cagioni di questa. Ben voglio sia ricordato da voi che l'Armenia era soggetta a tributo e che, d'improvviso, scossa la nostra autorità, offeso dai figli d'Aìco la maestà del trono degli Accad, occorreva domarne con pronta guerra l'orgoglio. Un grande impero siccome il nostro non può viver sicuro, con audaci e turbolenti nemici alle spalle.

— Così non dice la fama! — replicò prontamente l'anziano.

— La fama! — esclamò Semiramide. — La fama! — ripetè con ironico accento. — E che si fa dire a questa compiacente ministra dell'invidia, del maltalento e della stoltezza del volgo?

— Che fu un capriccio di donna; — rispose Abdenago, senza fermarsi a raddrizzare la frase. — Condonami, o regina, le ruvide ma schiette parole. Siam qui per farti udire la voce del vero, non piaggerìe di servi ossequenti e paurosi. Questa guerra è costata tesori. Per essa, settanta miriadi d'armati furono raccolte in Assur; tutte le più valide braccia tolte alle case loro e all'operosa pace dei campi. Ma che dico dei tesori profusi, quando è il sangue sparso che grida vendetta? Duecento migliaia di combattenti lasciarono la vita ne' preziosi monti d'Armenia, nelle infami strette di Ajotzor! Tu vincevi, o regina; trionfavi del riluttante Armeno e godevi in cuor tuo; ma tu non eri già nella desolata terra del Sennaar, confusa tra le orbate famiglie di Babilu, per lunghe e terribili ore immobile sulla riva dell'Eufrate, a contemplare i cadaveri tratti nell'onde vorticose del fiume natìo! Il fiore e il nerbo della nostra schiatta miseramente perduto; i diecimila cavalieri di Belo, onore e forza della progenie di Nemrod, mietuti dall'orrida morte; e perchè? Guerra utile era forse cotesta? O necessaria almeno? Che non la facesti tu prima? Che non ne rimovesti i danni con previdente consiglio? Ma inutile era, inutile e dannosa pel popolo di Kiprat Arbat; utile soltanto a' tuoi corrucci, profittevole alle tue regali vendette!...

— E non erano esse le vostre? — interruppe Semiramide. — Lasciamo le perfidie che s'ascondono nelle tue parole, o Abdenago; la regina le ha udite, e ti basti. Di tante morti mi duole; a me prima e più fortemente è doluto che a voi. Ma la sorte delle battaglie è cotesta; nè la vittoria fruttifica, senza che il campo sia innaffiato di sangue. Molti guerrieri, e de' migliori, perirono, in tutte le guerre che hanno fatto grande e poderoso l'impero; molti più ancora in disutili imprese, e non già di donna corrucciata, ma d'uomini forti e prudenti, di re animosi e feroci, che voi oggi a mio scorno esaltate. E nessuno si dolse allora, nessuno impugnò l'armi della ribellione, quando il fortissimo Nemrod, in quelle medesime strette di Ajotzor, famose, o Abdenago, famose finchè duri memoria negli umani intelletti, lasciò la vita, la gloria dei passati trionfi e non una parte de' suoi, ma tutta la schiera de' valorosi Titani. E voi sventurati per me! Voi sollevati contro la mia autorità, per alto rammarico delle vite mietute! Sii più cauto, o Abdenago, nel far tuo pro di un lutto comune. In Ajotzor si combatteva il sesto giorno di Tana, e voi già apertamente ribelli dal terzo, mentre io mi disponevo a levare le tende dal campo di Assur.

— È vero; — balbettò confuso l'anziano. — Ma infine, e non era egli agevole di prevedere quella immensa rovina? Tu stessa hai ricordato il figlio di Misdraim. Sì, l'impresa del forte Titano contro le case di Thogarma fallì; vita e gloria vi perdette ed esercito. E tu, non ammaestrata dall'esempio, hai voluto ritentare la prova, far contro all'espresso voler degli Dei. Vincesti, ma la tua vittoria fu scherzo amarissimo di Nisroc; per la tua vittoria, per la tua contentezza, è Babilonia, è tutta la terra di Sennaar immersa nel lutto. A che contenderemmo di giorni? L'impero è scosso ne' suoi cardini; questo è il danno più grave, e dimanda le cure sollecite dei savi che consigliano i principi. Nè mancano essi a Ninia, al regio adolescente, che il popolo volle e che i sacerdoti consacrarono re sulla gente degli Accad. Figlio di Nino e tuo, non dee parerti un usurpatore del regno.

— Figlio di Nino e di Semiramide, aspetti dunque l'ora del suo destino! — gridò Faleg, che già più non poteva frenarsi. — Male s'argomenta di ottenere obbedienza dal popolo, chi primo si ribella all'autorità della sua genitrice e regina.

— Savio parli; — rispose Abdenago, scosso da quelle ferme parole e più ancora dai segni di assentimento che esse avevano destato tra i capi dell'esercito e tra parecchi de' suoi medesimi compagni. — Ma Ninia dovrà pure un giorno impugnare lo scettro de' suoi maggiori. Egli regna oramai; a che scemargli la maestà del nome, avvilirlo al cospetto delle genti, richiudendolo di bel nuovo nell'ombra gelosa del suo umile stato? Ricordi Babilonia, ricordino i Casdim, ricordi l'esercito (poichè tutti qui raunati non siamo che una famiglia, il popolo delle quattro favelle) essere a noi necessario di premunirci contro un più grave pericolo. Bene avrei desiderato tacerlo, ma infine....

— Parla — gridò Semiramide. — Molto hai già detto, e che altro oramai può farti nodo alla lingua?

— Orbene, sì, parlerò! — soggiunse Abdenago, che astutamente avea meditata la sua reticenza. — Corrono voci strane e paurose tra il popolo. Non sono forse caduti, in un sol giorno di pugna, tutti i nobili rampolli della progenie di Nemrod? Balsam, il capo dei bianchi cavalieri di Belo, Balsam, il terzo nato di Arbel, che fu padre al gran Nino, tuo sposo; Ninip, ultimo del sangue di Bab, che fu il secondo figlio di Nemrod; e Samas Iva, del sangue di Cael, e Misdrac, Ioreb, Dudaimo, balda giovinezza e decoro del vecchio ceppo di Cus, non sono essi tutti, dal primo all'ultimo, rapiti per sempre all'amore e alle speranze degli Accad? Per contro, non hai tu condotto alla reggia l'Armeno, con ogni più sollecita cura campato da morte, prigioniero in apparenza, ma perdonato in cuor tuo? Che dovrà pensare il popolo di Babilonia? che argomentare da ciò? Regina, io nol negherò, chè sarebbe vano e non degno di noi; le tue gesta furono e rimarranno gloria imperitura di Kiprat Arbat. Gioventù, bellezza, ardimento ti arridono, e molto ancora ti sarà dato operare. Ma il popolo, di cui t'è necessaria l'obbedienza e l'affetto, chiede certezza del futuro, vuol essere raffidato da te. Qual cosa vogliano i rifuggiti in Barsipa non so; parlino i loro inviati qui raccolti con noi. In nome del popolo di Babilonia ti parlo io, in nome di questo popolo che ha veduto perire in un giorno la progenie dei re, e che teme non si preparino per avventura le vie del trono ad una stirpe nuova, e quel che peggio sarebbe, di sangue straniero. —

Le vampe del rossore e dell'ira salirono alle guance di Semiramide. Il colpo era tratto alla donna e la feriva nel cuore. Ciononondimeno, l'accusa di Abdenago appariva così stolta, che ella riavutasi tosto, anzichè prorompere in accento di sdegno, sorrise di compassione.

— Dimenticate che Ninia vive? — diss'ella.

— Sì, vive, — ripigliò Abdenago, crollando mestamente il capo, — ma per prodigio dei Numi. Ier l'altro, nella sua coppa d'oro gli fu ministrato un veleno. Zerduste lo trattenne, che egli già stava per accostarlo alle labbra. Il coppiere, costretto a bere invece del re, cadde fulminato a' suoi piedi.

— Ah! e che vorresti tu dire? — gridò Semiramide, che durava fatica ad intenderlo. — Forse che io.... Orribile pensiero! Una madre!... E siete voi cittadini di Babilu, voi che lo avete creduto? Ma andate da colui, dal re vostro, correte, e questo ditegli in nome di sua madre, che ella può disprezzarlo, ma ucciderlo.... ucciderlo! oh, anzi che ciò potesse balenarle alla mente, ella avrebbe lacerato col suo ferro il maledetto fianco che lo ha partorito.

— Infame calunnia scaturita dal negro abisso! — tuonò Faleg a sua volta, pallido dalla rabbia troppo a lungo repressa. — E il vostro Zerduste, l'astuto consigliero d'ogni più vil tradimento, non può egli avervi mentito? Che è mai una nuova menzogna, un nuovo inganno per lui? Che è mai la vita di un umil servo babilonese, per l'uomo straniero che non ha dubitato di mandare a rovina la patria nostra e che s'argomenta oggi di salvarla con l'aiuto dei Medi? D'ogni peggiore artifizio è capace costui! Non lo temo io, lo sdegno dei tristi; soldato sono, e so che dovunque è battaglia; son figlio di questa terra, e l'ho per nemico de' miei fratelli di sangue. Badate, o cittadini; egli inganna voi, come inganna il suo regio discepolo, e tardi vi accorgerete del danno, quando i Medi, ora sudditi vostri, vi staranno padroni sul collo. Badate, o Casdim; egli vi ha ravviluppati nei suoi lacci insidiosi, abbatterà i vostri altari, purificherà le vostre rozze idolatrie, com' egli superbamente le chiama, nel fuoco de' suoi sacrifici. —

Le concitate parole del guerriero turbarono profondamente gli astanti.

— Che dici tu? — gridò il saccanàco. — Potrebbero gli Dei esser caduti in inganno?

— No! — incalzò Faleg sollecito. — Eglino infatti vi parlano pel mio umile labbro e vi consigliano a diffidare di Zerduste. Egli vi tradirà, o venerandi, vi tradirà, come ha tradito la donna che incauta per soverchio di generosità lo ha innalzato, lui principe di una vinta contrada, ai primi onori del regno. La prova? mi direte voi, la prova? e non l'avete voi, nella istessa mostruosità del delitto che egli appone alla regina? Può forse una madre, e una madre che abbia nome Semiramide, compresa della sua grandezza regale, sacra alla immortalità delle opere sue, macchiarsi di parricidio? Lo credano i perversi, nel cui negro animo gli spiriti malvagi vanno soffiando il loro alito immondo, non io, non voi, cittadini di Babilu, memori ancora delle nobili imprese della vostra regina, nè così dissennati da imputare a lei gli errori del caso. E a voi forse parrebbe meno evidente ciò che a me, non straniero a voi, ma fratèl vostro di sangue e non meno di voi sollecito della patria comune, appar manifesto, luminoso, come il raggio di Sam? Io ne attesto gli Dei, Nergal, il corrusco signore delle battaglie, Nebo, il veggente custode del vero, Auv, il regnator de' cieli; e possano le loro destre onnipossenti fulminarmi sul punto, se io vi dico menzogna. La madre che Zerduste accusa, si ritenne dallo assalire incontanente le mura di Barsipa, che non sono già di bronzo, come voi pensate, o ribelli; si ritenne, dico, dallo incenerirvi nel vostro ultimo covo, per tema di arrecar morte allo stolto adolescente, che crede di regnare su voi, perchè ha ferito il cuor di sua madre. Orvia, cittadini di Babilu, e voi ministri dei santissimi Numi, tornate in voi medesimi, non perseverate nella via dell'errore, su cui vi ha trascinato il malveggente di Bakdi. Io non aggiungerò le minaccie, poichè la regina non n'ha profferite. Vi dirò solo che l'esercito farà il debito suo, e, rotti finalmente gl'indugi, non darà tregua, o quartiere.

— No, nulla! nulla! Sarà fuoco e sterminio! — gridarono i capi dell'esercito, facendo eco terribile alle parole di Faleg. — Possente signora, le nostre spade son tue! —

Un gesto di Semiramide ringraziò quei valorosi; un suo accento, uno sguardo, un raggio di contentezzà ineffabile, aveva già ringraziato il buon Faleg delle sue generose parole.

Negli animi dei ribelli erasi infiltrata una grande incertezza. Sentivano di non aver buone ragioni da opporre, e quel nobile ardore incominciava a soggiogarli. Più di tutti già vacillavano ne' primi proposti gli anziani della città, dalle cui risoluzioni pendevano oramai le sorti della grande contesa. Ma il vecchio Abdenago, cui rafforzavano i consigli di Zerduste e la stessa sua condizione di orator dei ribelli faceva ostinato, fu pronto a ravviare i compagni.

— Intendo, — diss'egli, — e non so darvi biasimo di questo nobile ardore. Egli è giusto che, se dal colloquio nostro non deriva alcun frutto, la lotta ripigli più accanita che mai. Ma egli è da por mente altresì, e tu già non ne dubiti, o clemente signora, che la vittoria arriverà a quella tra le due parti che abbia il popolo babilonese per sè. Io vo' concedere, — e così dicendo la voce di Abdenago s'era fatta più umile, carezzevole quasi, — che Babilu, messa al punto di scegliere a quale delle due parti accostarsi, non dimenticherebbe i dolci vincoli dell'antica obbedienza e la grandezza dei tuoi benefizi. Questa città non t'odia, checchè sia avvenuto; ma ella vuol quiete, per medicare le sue acerbe ferite; vuol sicurezza del futuro, quella sicurezza, che un giorno la condusse a scorgere in te, sebbene straniera, la degna continuatrice dei fasti della casa di Nemrod; quella sicurezza che il triste eccidio di Ajotzor e un più recente spettacolo d'ingiustizia, hanno miseramente distrutta. Ella dunque ti tornerà fedele, onorerà i tuoi comandi, sorreggerà il fianco della tua autorità regale, a patto che i suoi timori siano dissipati e l'ombre de' suoi morti non siano offese più oltre dalla incolumità di quell'uomo, che cagionò tanti lutti alla terra di Sennaar. A noi testè il valoroso Faleg minacciò la pena dei nostri trascorsi; nè delle minaccie gli anziani si dolgono; essi che accetteranno umilmente, dal voler degli Dei, premio o castigo, secondo che i celesti arridano, o si mostrino avversi, alle armi di Ninia. Ma tu, o regina, se giusta sei col tuo popolo, se non odii la casa di Nemrod, se onori gli Dei che noi tutti adoriamo, devi con atti aperti e sinceri, mostrarti degna del patrocinio celeste....

— Al fine! al fine! — gridò Semiramide impaziente.

— Ci vengo; — ripigliò Abdenago. — Sia uguale la tua misura per tutti. Cada, per tuo comando, colui che fu cagione del danno. Sconti il malka delle montagne la pena della sua funesta ribellione. Sia dato al patibolo dinanzi alle porte della tua reggia, cosicchè dalle due rive dell' Eufrate il popolo delle quattro favelle lo veda espiare il suo tradimento e le lagrime che ci costa; e lo sdegno del popolo sarà placato allora (ma bada, allora soltanto) da un atto di solenne, quantunque tarda, giustizia.

— E quello degli Dei sarà placato del pari! — soggiunse il saccanàco, levando in atto di giuramento la destra.

— Sì, muoia l'Armeno, e tornerai la regina degli Accad! — incalzarono i grandi del regno. — Giustizia per tutti! Troppo sangue di Babilonia si è sparso; ne porti la pena il primo e il più grande ribelle! —

Il nuovo accorgimento di Abdenago sconcertava i prudenti disegni di Faleg. Nato anch'egli nel Sennaar, imbevuto di tutta la ingenita superbia della schiatta cussita, Faleg non poteva per fermo vedere di buon occhio l'Armeno. Ma in lui era forte la gratitudine e profondo l'ossequio per la regina. Ora la lentezza di lei a punire il nemico, la bieca ostinazione dei ribelli nel volerlo morto, gli dicevano chiaramente che il leggiadro malka delle montagne era già perdonato nel cuore di Semiramide e che ella lo avrebbe conteso con ogni sua possa alle feroci vendette che instigava Zerduste. Tra l'avversione dell'animo suo e il debito della gratitudine, tra le pretensioni dei ribelli e gli indovinati impulsi del cuore di lei, non era dubbia la scelta di Faleg. Ma come opporsi efficacemente alle bieche proposte, che al cospetto degli astanti si ammantavano di tanta giustizia? Gli stessi capi dell'esercito, amici e compagni suoi, che non vedevano così addentro com'egli ne' fini riposti di Abdenago e negli struggimenti arcani d'un cuore di donna, facevano buon viso alla domanda, e il loro spiare ansiosi e muti la risposta di Semiramide, avrebbe chiarito ad occhi meno accorti de' suoi, da qual parte pendessero i loro consigli. Invero poichè tutta la resistenza dei ribelli si restringeva in quel punto, i capi dell'esercito pensavano che ad assai lieve prezzo si comprava la pace e non dubitavano che la regina fosse per accettare un partito, in cui la giustizia e la dignità sua erano salvi del pari.

Avvenne da ciò che Faleg, cercando invano tra sè come venire in aiuto alla regina, si rimanesse alquanto sospeso. E gli altri solleciti a trar profitto dal suo silenzio, incalzando negl'insidiosi parlari. Con quell'atto di giustizia che si chiedeva a Semiramide, era tolto ogni appiglio ad oltraggiosi sospetti, ogni argomento a paure degli uni, a perfidie degli altri. La pena inflitta all'Armeno era l'ostia propiziatoria ai celesti, era il messaggio di pace, il patto della nuova alleanza tra la regina ed il popolo delle quattro favelle. Ninia sarebbe tornato alla prima umiltà; Zerduste, poi, lo si cacciava fuor del reame, colla sua vita comprando l'obbedienza dei Medi sollevati. Qual più largo trionfo per lei, se per ottenerlo non occorreva spargere pur una goccia di sangue? La pace restituita ad un tratto; i guerrieri d'una medesima patria non più costretti a combattersi l'un l'altro, a incrudelire ne' padri e fratelli loro; gli orrori di una guerra civile, gl'incendi, le stragi, i lutti, risparmiati alla città diletta, che era costata tanti anni di amorose fatiche; la gratitudine immensa d'un popolo salvato; nulla fu pretermesso dagli accorti avversarii, in ciò facilmente seguiti, sostenuti, oltrepassati dallo zelo degli amici malcauti, che facevano a gara per dar nella pania dei fallaci consigli.

Semiramide non rispose parola. Aveva impallidito all'audace dimanda; in quella condizione di pace gittata là come la cosa più ragionevole del mondo, tanto più ragionevole allora, che il costume di guerra non facea sacra la vita dei prigionieri, aveva ella ravvisato il colpo maestro del suo implacabil nemico. Ah, egli non era dunque per la esaltazione di Ninia, che si adoperava l'astuto? Quell'ignaro fanciullo non era che uno strumento, un'arma brandita contro di lei, un'arma che si gittava, dopo averla adoperata a ferire! Non era più sete di regno che contrastava il poter suo; era una vendetta che cercava il cuor della donna, una vendetta tanto più sottilmente feroce, in quanto che nessuno di quella moltitudine di nemici e di fautori, poteva averla per tale. Zerduste infatti, per la proposta degli anziani, non giungeva egli a far sacrifizio di sè? Accettava l'umiliazione e l'esiglio; si dava inerme in preda allo sdegno di Semiramide, che bene avrebbe potuto, appena sedata la rivolta e ristabilita la sua autorità, cercarlo dovunque egli fosse e farlo inesorabilmente morire. Chi, ciò pensando, avrebbe sospettato della magnanimità di Zerduste? Quella sua volontaria caduta era il sommo della ipocrisia; quel suo consiglio di finire ogni cosa colla morte del re d'Armenia, era la stretta fatale in cui la regina, o la donna, dovea certamente soccombere. E si sentì perduta, allora, e rimase più atterrita a gran pezza, che non fosse stata prima, all'udire d'ogni altro suo danno.

Ben le restava uno scampo; la guerra disperata, la sorte dell'armi. Ma questa che fallacissima era, non potea farla altresì micidiale nel sangue di Ninia? E poi, a che proseguire la lotta? Ella era tanto desiderosa di regnare, temuta, non amata più dal suo popolo, odiata, non creduta dall'uomo, per cui aveva messa a repentaglio la sua possanza e la fama? V'hanno istanti supremi, in cui le anime più salde sentono il fastidio della lor medesima forza, dovuta usare in troppo vili contese; e allora dalla inerzia, che si offre noncurante ai colpi nemici, spira assai più sublime grandezza, che non dall'ardore crescente, dalla terribilità della pugna.

Così smarrita, la regina volse a Faleg uno sguardo di suprema tristezza. Lo intese il fedele guerriero, che incontanente si fece a salire i gradini del trono e si curvò sul ginocchio, per udire i regali comandi. Ma egli non era già più un comando quello che Faleg doveva udire dal labbro di Semiramide.

— Tu lo vedi, o Faleg; — sussurrò la regina con malinconico accento. — Tutto è perduto oramai.

— Signora! — rispose sommesso il guerriero, e il cenno del capo significò tutto quello che il labbro taceva.

— Or ora, — proseguì la regina, — udranno che Semiramide non accetta le loro condizioni. Potrei forse?..

— T'intendo! — interruppe Faleg, notando il rossore subitaneo che imporporava le guance della regina. — Ma perchè dir loro il tuo proposito fin d'ora? Tempo ti resta a pensare.

— Ho pensato; — soggiunse ella; — perchè tacerei?

— Perchè eglino, i tuoi nemici che stanno aspettando un forse preveduto diniego, rimangano ancora crucciosi nella loro incertezza. Pensa, o regina, al giubilo che sentiranno, alle ire che non si periteranno di rinfiammare prontamente nel popolo, e consentimi di risponder loro per te. —

La regina assentì con un gesto lievissimo, e Faleg allora, vòltosi da' piedi del trono ai congregati, parlò:

— Cittadini di Bablin, Casdim venerati, e voi tutti seguaci delle fortune di Ninia, che mettete condizioni al ritorno nell'antica obbedienza per la regina degli Accad, oramai la nostra possente signora vi ha udito. Altro vi resta da aggiungere?

— No; — risposero i grandi rifuggiti in Barsipa; — muoia l'Armeno, e l'autorità di Semiramide non avrà più fidi sostegni di noi.

— Se gli Dei non sono placati, — soggiunsero i Casdim, — Ninia regnerà in sua vece. Così viva egli in perpetuo!

— E noi, — gridarono gli anziani, — aspetteremo che il signor delle sorti ci mostri a cui dovremo obbedire. Ninia è il re consacrato e i soccorsi di Media non sono lontani.

— Sta bene; — replicò Faleg, con voce impressa di guerresca baldanza; — li vedremo noi primi, i vostri soccorsi di Media.... se la regina vorrà. Andate, frattanto la possente signora degli Accad, cui Belo ha concesso l'impero dello scettro e la vittoria della spada, si raccoglierà nella solitudine de' suoi alti pensieri, mediterà le proposte, chiederà lume d'inspirazione a Nebo, al veggente consigliero dei re. La tregua spira domani; prima che il raggio di Sam si specchi nei sette colori della gran torre di Barsipa, i ministri della reggia vi annunzieranno ciò che la regina avrà risoluto di fare. —

Il parlamento ebbe fine con queste oscure parole di Faleg. Taciturni, dubbiosi, uscirono i congregati dalla sala di Nemrod. Invero, essi erano inquieti a ragione. Il silenzio della regina somigliava troppo a quella cupa tranquillità di natura, che precede lo scoppio della tempesta.

Come furono partiti, anche Semiramide si ritrasse nelle sue stanze.

— Ah, Faleg! — diss'ella al guerriero. — È finita; io non lo ucciderò! Egli è un fellone e un ingrato; ma se io lo odiassi, avrei forse atteso i consigli del volgo ribelle? E adesso, io, regina degli Accad, dovrei piegarmi per avventura ai comandi?

— Certo non lo sperano essi! — rispose Faleg. — Le armi adunque scioglieranno la contesa e meglio per noi se ciò avvenga domani.

— No; nè domani, nè poi! — esclamò Semiramide.

Faleg la guardò trasognato; e v'ebbe un istante che egli temè non aver bene udito, o aver la regina male inteso la sua proposta; l'ultima, a parer suo, che recasse un costrutto.

— Nè cedere, nè combattere! — sclamò egli poscia. — Che dunque faremo?

— Nulla! — rispose la regina, levando in alto la fronte e chiudendo gli occhi in atto di raccoglimento solenne. — Domani sarà avvenuta tal cosa, che sciolga il nodo per sempre.

— Ah! — proruppe il guerriero impallidendo. — E vorresti....

— Non mi dir nulla! Spesso han d'uopo dell'altrui consiglio i regnanti; ma v'hanno giorni, ore supreme, in cui non è dato pigliarne, fuorchè dalle voci arcane dell'anima. Tu se mi ami e rammenti....

— I tuoi benefizii, o regina? Come potrei averli dimenticati, io che ripeto da te ciò che sono, io oscuro figlio del borgo di Susqueanna, io innalzato da te ai primi gradi della milizia del regno? E come suddito e come servo di gratitudine, son tuo; la mia vita ti appartiene, fanne ciò che più ti talenta.

— Grazie, buon Faleg! — ripigliò Semiramide, crollando mestamente il capo. — Dedicare la vita dei nostri servi ed amici ad utili imprese non è più dato oramai; nè alcuna io vorrei sacrificarne, per consolare una stolta vanità colla pompa d'una rumorosa caduta. Tu sei libero, o Faleg; nessun vincolo d'obbedienza ti lega più alla regina; soltanto al fedele servitore, al costante amico, Semiramide chiede oggi un servizio.

— Parla! — diss'egli commosso. — Ogni tuo desiderio sarà legge per me.

— Esci di Babilonia, e sia teco una scorta d'uomini, quanti reputerai bisognevoli, ma scelti tra i più fedeli e i migliori de' tuoi. Si tratta di campare un uomo da morte; — aggiunse ella con imperioso e rapido accento; — la salvezza di quest'uomo è l'ultima volontà della regina degli Accad. Vanne dunque subito a lui.... m'intendi? a lui! Per le segrete scale che conducono al gran sotterraneo, guidalo fuori di Imgur Bel. Se alcuno dei cittadini lo ravvisasse, potrebbe aizzare contro lui la rabbia d'una moltitudine forsennata. Ciò devi ad ogni costo evitare....

— E impedire, fino all'ultima stilla del nostro sangue! — soggiunse Faleg. — Non dubitare! Sacro per te, il re d'Armenia è sacro per ogni tuo servitore.

— Sta bene; — ripigliò Semiramide. — Travestito, o celato in quel modo migliore che a te consiglierà la prudenza, lo condurrai per la via di Gomer, sulla sinistra dell'Eufrate, fino alle contrade di Assur. Meglio sarebbe che tu potessi accompagnarlo fin oltre il paese di Nahiri....

— Ed anco al passo di Lukdi! — interruppe Faleg sollecito, andando incontro ai voti della regina. — Non mi dire di più; la vita sua sarà salva. —

Semiramide si accostò ad uno stipo d'ebano, riccamente scolpito, e ornato di bei fregi d'argento.

— Prendi; — ella disse; — qui son gemme d'altissimo pregio. Sia tutto tuo, quanto potrai recare con te. Eccoti ancora; questo è il mio suggello regale; forse, lunge dalla città che reca l'impronta de' miei benefizi, la sua autorità sarà ancora onorata ed esso potrà in alcun tuo bisogno giovarti. Ed ora, o Faleg, giurami che tutto farai giusta il mio desiderio; giurami che condurrai salvo il prigioniero fuor della terra di Sennaar, nè lascerai di custodirlo fino a tanto egli non sia lontano da ogni pericolo.

— Pe' sommi Dei te lo giuro! Mi colga lo sdegno di Auv; mi faccia Nergal il più codardo e il più dispregevole dei guerrieri di Babilu, gli spiriti d'abisso m'involgano nelle tenebre eterne, se a questo nobile uffìcio io non consacrerò le forze tutte dell'animo, la virtù del braccio e la vita. Ma tu frattanto, o regina?...

— Io? Non temere, — gridò Semiramide, con aria di serena baldanza; — io mi sottrarrò, checchè avvenga, alle insidie dei tristi. Son figlia a Derceto; nol rammenti tu forse? Il giorno che a me non resti più luogo sulla terra, le sacre colombe della materna Dea mi rapiranno a volo pe' cieli. Statti di buon'animo, o Faleg; va, e pensa a ciò che m'hai giurato di fare. —

Il forte animo di Faleg venìa meno per tenerezza e sgomento. Il fedele servitore, condotto a quel punto supremo, non sapea darsi pace; vedeva di non poter più rimanere, e tuttavia non gli bastava il cuore a spiccarsi di là. Semiramide gli sporse la mano; egli cadde in ginocchio, l'afferrò tra le sue, la baciò ripetutamente, la inumidì colle sue lagrime, indi, tutto vergognoso della sua debolezza, coll'anima infranta, senza pure alzar gli occhi a guardare la sua venerata signora, a passi concitati si allontanò dalla stanza.

La regina rimase immobile a lungo, attonita, smemorata, come chi, perduta ogni speranza, o desiderio della terra, più non abbia un concetto in cui riposare la mente. Gli occhi suoi inconsapevoli si erano rivolti al cielo sereno, che si scorgeva per mezzo alle colonne di un ampio loggiato. Il sole volgeva al tramonto, e le torri, le cupole, i terrazzi di Babilonia, si tingevano in colore di fiamma viva ai raggi obliqui dell'astro morente. Offriva un meraviglioso spettacolo, quell'aureola di fuoco, entro a cui s'involgeva Babilonia, come una regina nel suo manto di porpora. Ahimè! quanti pensieri senza fine dolorosi doveva risvegliare nell'animo della gran vedova di Nino, quella gloria della sua città prediletta! Il possente raggio di Sam, innanzi di sparire dietro le arene del lontano deserto, innanzi di nascondersi per sempre allo sguardo di lei, vagheggiava le vaste mura che ella aveva innalzate, salutava i pinnacoli dei suoi templi e delle sue moli superbe, glorificava al cospetto dei cieli, esaltava l'opera sua.

Ed ella intanto si spegneva nella sua solitudine, la dolente regina! Quel maestoso splendore si sarebbe diffuso il giorno vegnente sulle mura dilette; ma ella non le avrebbe più contemplate; e Babilonia, e il popolo degli Accad, e il figlio, ingrati tutti ad un modo, avrebbero dimenticato la gloriosa fondatrice, la regina, la madre!

A poco a poco le alte gradinate dei templi, i terrazzi e le casupole si veniano ascondendo nell'ombra. Un vasto semicerchio di fuoco, simile a vampa d'incendio lontano, radiava nell'orizzonte, faceva uno sfondo rossastro alle negre torri di Barsipa.

— Deh! — esclamò la regina, seguendo cogli occhi quella gloria morente. — Come tu volgi precipitoso al tramonto, astro superbo, che rallegravi il mondo della tua luce! —

E di sè, non dell'astro, pensava ella in quel punto. Umane grandezze, splendidi sogni, sconfinate ambizioni, gloria, potenza, amore.... ah sì, questo d'ogni altra cosa più prezioso a gran pezza! questo era il grande, l'irreparabile eccidio; tutto l'altro era nulla. E forse in quel mentre, il re d'Armenia, lieto della ricuperata libertà, non memore di lei che per l'odio, s'affrettava sulle orme di Faleg. Ingrato! Ah, la sconoscesse il popolo, la tradissero i grandi del suo regno, dimenticassero tutti le sue gesta, i suoi benefizi; che poteva importarle di ciò? Ma egli! l'uomo che era caduto ebbro d'amore ai suoi piedi, che colle infiammate parole, coi giuramenti solenni, aveva strappato dalle sue trepide labbra una confessione, dal suo seno palpitante i santi veli del moribondo pudore! l'uomo che ella aveva amato, pur combattendolo, che aveva sperato vedersi un'altra volta a' piedi, vinto, più ancora che dalle sue armi, dalla certezza della sua innocenza! No, ella non avrebbe creduto mai possibile una ingratitudine sì nera. E per quella sua stolta fede, non già per le arti di Zerduste, non già per la ribellione di Ninia, non già pel traviamento del suo popolo, ella si disponeva alla morte. Ingrato, sì, ingrato e codardo! La gentilezza dell'affetto, la magnanimità, la costanza, la fede, e infine tutto quanto è di bello e di nobile nel fango umano, tutto si rifugiava, e per morire, in un povero cuore di donna.

Eppure!... eppure ella aveva sperato fino all'ultimo istante. Le pareva enorme cosa, inaudita vergogna, immeritato oltraggio de' cieli, essersi imbattuta nell'uomo più sleale e più vituperoso del mondo. Ma ohimè! così era per lei; così avviene pur troppo per tutti; ai vili le più alte venture; ai nobili cuori le più atroci amarezze, i disinganni, le onte più gravi. E in questo pensiero, peggior d'ogni morte, si prostrò, si rinchiuse lo spirito di Semiramide, che là, di rincontro alla luce del sole morente, pareva, non più donna viva, simulacro di pietra.

In quel mentre un passo frettoloso si udì nella camera. Hurki si fece innanzi alla regina.

— Potente signora.... — diss'egli peritoso.

— Che è? — dimandò la regina, destandosi repentinamente da quel suo doloroso torpore.

— Un uomo chiede parlarti.

— Il suo nome? — proruppe ella, a cui il cuore avea dato un sobbalzo.

— Regina, te ne prego, non ti turbi l'annunzio; — soggiunse l'eunuco, che era lungi dallo argomentare la cagione di quell'ansia subitanea; — è il principe di Bakdi che dimanda di essere introdotto alla tua presenza. —

La vista improvvisa d'un serpe cui lo sbadato viandante abbia molestato ne' suoi meridiani riposi, non arrecò mai così fiero turbamento, come quello che sentì la regina, all'udire quel nome e la richiesta inattesa.

— Zerduste! — esclamò, quasi sperando di avere male inteso.

— Sì, egli stesso, o regina. Egli viene sulla fede sacra della tregua, che spira domani. Conduce seco una scorta numerosa; ma solo ed inerme entrerà al tuo cospetto. Gravi cose lo spingono a queste passo, nè egli si allontanerà, fino a tanto non ti degni ascoltarlo. —

Semiramide stette alquanto perplessa, combattuta da sdegno, da ripugnanza e stupore.

— Che vuole costui? — diceva ella tra sè. — Ah, certo, un nuovo tradimento egli medita; un nuovo colpo si prepara a ferire. Riposa sulla fede della tregua, il malvagio! E l'ha tenuta egli forse, la fede giurata alla regina degli Accad? Ha egli risposto lealmente alla sincera fidanza della nostra amicizia? Alta sapienza dei tristi! Credono essi alla virtù che non hanno, fondano i loro perversi disegni, tendono le insidie scellerate, sulla magnanimità delle vittime loro. E mi conoscono bene addentro, costoro! Mi sanno genorosa, gl'infami! Esser diversa da loro, com'è diversa la luce dall'orror delle tenebre, ecco il vantaggio che mi resta sovr'essi, ed ecco altresì l'arcana ragione della loro vittoria. Oh, perchè non sarei io malvagia un istante, un solo istante, com'essi? —

Così pensando, la regina non aveva più posto mente alla presenza e alla aspettazione di Hurki.

— Che debbo io dirgli, mia clemente signora? — si fece egli allora a domandarle.

— Che io ricuso di vederlo; — rispose la regina.

— Ma pensa.... — balbettò egli inchinandosi. — Forse da questo colloquio potrebbe dipendere....

— Che cosa? — tuonò Semiramide. — Che cosa potrebbe egli dire, che a me fosse grato ascoltare da lui?

— Non so; — disse di rimando, e con umilissimo accento, l'eunuco. — Di te mi preme e della tua gloria, o signora. È un nemico che chiede parlarti.... è il maestro e il custode di Ninia.... —

E non ardì proseguire. Ma il nome di Ninia aveva toccato un'intima fibra del cuore materno. Stette ella alquanto sopra di sè; indi, scuotendo il capo, come chi, veduti i pericoli e le molestie a cui va incontro, ha tuttavia pigliata la sua risoluzione, si volse ad Hurki e gli disse:

— Venga il malvagio; lo udrò. —

CAPITOLO XXIII.

Il Tentatore.

Indi a pochi istanti, comparve sulla soglia Zerduste. Pallido in volto più dell'usato, scintillanti gli occhi profondi sotto il grand'arco delle sopracciglia d'ebano, chiuso nella sua tunica nera, frangiata d'oro sui lembi, bello di quella sua marmorea bellezza, cui faceva più austera il rannuvolato sembiante, sembrava egli il destino, venuto colà per dire alla sua vittima: la tua ora è suonata!

S'inchinò, ma contegnoso e superbo. L'atto era d'ossequio, ma ben altro diceva lo sguardo.

A quella vista sentì la regina riardere il sangue per tutte le vene. Era là, le stava dinanzi il suo mortale nemico, l'uomo che forse più non aveva a temer la sua collera, ma che certamente non poteva sperare perdono da lei. Pallida, ansante, fremebonda per l'ira a stento repressa, ella si era seduta sul rilevato suo scanno chiedendo al riposo delle membra quell'apparenza di forza che le era negata dall'interno tumulto.

Egli v'ebbe un momento di pausa tra i due, e in quel muto intervallo si guardarono a lungo, si scrutarono a vicenda; il principe di Bakdi tentando di legger nell'animo di lei, per misurare le sue parole allo sdegno di cui la vedesse compresa; ella cercando d'intendere qual causa lo avesse condotto; ambedue più turbati nell'animo, che non apparisse al sembiante.

La regina fu prima a parlare.

— Sii breve! — diss'ella asciuttamente a Zerduste.

— Non lo potrei; — rispose quell'altro. — Tu m'odii, ed io non voglio essere odiato da te. —

Semiramide lo guardò, tra corrucciata e stupita.

— Non t'odio; — soggiunse ella poscia, con accento che egli non durò fatica ed intendere.

Diffatti, in quella che ricacciava nel profondo del cuore un moto istintivo di rabbia, subitamente ripigliò:

— E disprezzarmi non devi! —

Un sorriso d'amara ironia tese le labbra di Semiramide, e, come freccia sibilante dall'arco, volò la parola a saettare l'impronto nemico.

— Perchè, Zerduste, perchè? Non sei tu forse il più malvagio tra gli uomini? V'ha egli per avventura tra gli spiriti d'abisso un'anima più invereconda e più nera? Parlerò a te, principe di Bakdi, come si parla ad un uomo che tutto agogna e da nulla rifugge, che molto presume di sè e la cara virtù, la santa fede, la gentile alterezza dell'animo, non riconosce e non pregia se non per farne sgabello alle sue scellerate ambizioni. Quanto più alto ti ripromettevi di salire nella stima del mondo, tanto più in basso sei sceso, simile al verme che striscia nell'immondo terreno, e invidia l'aquila levata a volo pe' cieli, che sdegna, onestamente altera, di farne suo pasto. Invero, qual è la mia colpa a' tuoi occhi? Principe di nobil sangue, non regnatore di Media, t'ho io forse rapito il trono, o la speranza di ascendervi? No; fu Nino, l'invasore della tua patria, nè io regnavo, quando, per ardimento mio, ma coll'armi di Babilonia, la tua Bakdi fu presa. L'eccidio del vostro regno poteva essere indugiato, non impedito per fermo; la conquista della Media e del mondo era opera fatale, serbata alla progenie di Cus. Non io, dunque, non io veramente, t'ho offeso; non io ti ho tolto la libertà, le speranze, la patria. Ben io, vedova di Nino, desiderosa di dare al nuovo ed accresciuto impero testimonianza solenne di giustizia e di amore, non tiranna, ma reggitrice e madre di tutte le genti chiamate a parte del glorioso nome degli Accad, ben io t'ho scorto nel tuo umile stato, t'ho fatto grande ben io; ne' miei consigli t'ho accolto; la tua sapienza ho onorato; il figliuol t'ho dato in custodia. Fu errore, ma io sola posso darmene biasimo, non tu farmene colpa. In che t'ho io recato danno? In che ho io tralasciato di giovarti? E non dovrei ora coprirti del mio disprezzo, traditore codardo, che hai abusato della mia fede, aspide velenoso, che non ardivi assalirmi all'aperto e m'hai morso al piede, m'hai ferito nell'ombra? Vedi, d'una cosa sola mi duole, ed è questa: che la potenza del mio disprezzo non agguagli la malvagità delle opere tue. —

Accigliato, fremente, stette ad udirla Zerduste. Le parole di Semiramide irata sibilavano a guisa di flagelli, lo percuotevano in volto; ma vampa di rossore non gli corse alle guance e la contegnosa rigidezza del sembiante marmoreo custodì il segreto degl'interni sussulti. La udì, senza torcere pure un istante lo sguardo da lei, e come s'avvide ch'ella era giunta al termine della sua invettiva, così prese tranquillo a rispondere:

— Una cosa vera hai tu detto nell'ira, o regina, e di questa sola io vo' far conto per ora. No, nè per la patria umiliata, nè per la delusa speranza di regno, poteva odiarti Zerduste. La patria è vana parola per uso del volgo, nato a servir sempre, qualunque sieno confini alla sua stirpe assegnati. Chi regna ha la sua patria nel trono; chi ha vasti disegni, eccelse imprese da compiere, ha la sua patria ovunque. Il fulmine, il raggio di sole, non prediligono questa, o quella parte, del firmamento azzurro. Quello si sprigiona dalla vòlta celeste e guizza per quanto è lunga la via dalle nuvole al suolo; questo dardeggia e risplende dall'orto all'occaso. Che sarebbe stato il regno di Media per la mia ambizione? Ben altro regno io vagheggiai col pensiero; ben altro regno io chiesi alla sorte, nella lunga agonia de' vani desiderii, che m'hanno contristato lo spirito. Nè posso oggi allegrarmi di questa grande vittoria, che ad altri parrà il colmo d'ogni fortuna nel mondo. Avrò Babilonia in poter mio e tutta la terra del Sennaar; non ciò che agognavo, non ciò che mi ha stimolato all'impresa. Godi a tua volta, trionfa di me, o figlia di Derceto, o espugnatrice di Bakdi; io t'ho amato, ho sperato, e ne porto oggi la pena. —

Le labbra di Semiramide si atteggiarono ad un sarcastico riso, che mal dissimulava il profondo fastidio dell'anima.

— Di ciò volevi parlarmi? — diss'ella.

— Ah non temere! — ripigliò prontamente Zerduste. — Io non ti stancherò de' miei gemiti, non ti bisbiglierò melate parole, così dolci ad udirsi tra i salici, alla tacita luce degli astri, allo spirar della brezza notturna in riva all'Eufrate. È sfogo d'immenso dolore, il mio, non preghiera di labbro soave, che dissimuli il tradimento meditato e prepari le tarde vergogne. Dicevi poc'anzi di Bakdi ... Orbene, colà un uomo ti vide la prima volta; e ancora non eri la sposa di Nino. Sulle mura combattute vide egli apparire l'audacissima donna, col ferro in pugno, le nere chiome diffuse in larghe anella, fuori del lucido elmetto, acceso il sembiante, rigate le guancie di nobil sudore, sfavillanti i grandi occhi di guerresca baldanza, bella più assai, più sfolgorante a' suoi occhi, che non dovesse apparirgli più tardi, nello splendor d'una reggia, mollemente vestita di bisso, ornata di gemme, all'ombra de' suoi pensili orti, in mezzo ad uno stuolo d'ancelle e di servi devoti. La contemplò con desiderio infinito, e disse tra sè: Ahura, potentissimo signore del mondo, io darei la mia vita, la mia fama, e ogni altra cosa più cara, purchè fosse mia quella donna! Nemica era, egli armato in difesa delle sue mura; poteva scagliarsi su lei, ucciderla di un colpo, e nol fece....

— Meglio sarebbe stato ferirla allora con l'arma dei prodi, — interruppe Semiramide, — che combatterla poscia, aggirarla colle insidie, trarla a rovina con le arti dei vili. —

Chinò la fronte Zerduste, e proseguì, con accento d'amarezza profonda:

— Così avess'egli preveduti gli affanni che gli dovean essere derivati da lei! Ma allora, dimentico della sua terra, delle speranze perdute, degli ostacoli insuperabili, dei danni futuri, amò la cattività che lo avvicinava a costei. Pochi giorni di poi, ella era sposa di Nino; egli dolente prigioniero in Babilonia. E l'amor suo crebbe tanto più forte, quanto più solitario e nascosto. Vegliava sulle tavole dei Casdim, le raffrontava colle dottrine de' loro savi, meditava di purificare il culto dell'unico Iddio dalle rozze idolatrie della stirpe di Cus, e non si sostentava nell'aspra fatica, non si nutriva egli che di quel suo amor dissennato. Perchè non lasciarlo nell'oscurità della sua prigionia? Perchè dargli inaspettata grandezza e rinfiammare nel cuor suo le audaci speranze? Regina degli Accad, vedi in ciò l'opera tua. Mentre egli ti chiedeva disperato al suo

Dio, e la morte improvvisa di Nino gli pareva una prima grazia a lui concessa dal cielo, perchè hai tu mostrato avvederti di lui? perchè l'hai tu chiamato alla tua presenza, onorato del tuo favore, accolto nei tuoi regali consigli? Fatto vicino a te, conscio della sua forza, sperò, e sperando tentò di piacerti, ardì concepire il più eccelso disegno. Ma tu non lo amasti; il tuo cuore fu muto a lui; non t'avvedesti, o fingevi. E finse egli pure; ricacciò nel profondo la parola che inutile e spregiata dovea morirgli sul labbro; accresciuto di potenza, non consolato d'affetto, si piantò custode inavvertito della tua desiderata bellezza, vigile nemico di quanti s'appressavano a te, di quanti temè potessero un giorno accenderti in seno la maledetta fiamma d'amore. Voleva egli che tutto fosse silenzio e vuoto intorno a te; nessun altro doveva ottenere ciò che a lui era negato. Così vigila il drago i tesori che non sono per esso, e vampe di morte gli sprizzano dalle fauci rabbiose.

— Io lo ravviso nella fedelissima effigie! — notò la regina, con acerbo sarcasmo.

— Ridi ancora per poco; — disse di rimando Zerduste, senza punto scomporsi. — Parecchi scontarono colla morte la colpa di aver desiderato e sperato. Un d'essi, il più audace, a cui gl'inni sgorgavano dalle rosee labbra, troppo più infiammati che non si convenisse alla riverenza del suddito, s'argomentava di giungere fino a te, chiamato ne' silenzi della notte da un messaggiero discreto; già nella cupida mente assaporava le dolcezze ineffabili d'un amoroso colloquio; ma un abisso di repente si schiuse a' suoi piedi e gli ardori dell'incauto si estinguevano insieme colla vita, nei gorghi profondi del fiume. Lo so ben io, tu non amavi costui, tu ignoravi ogni cosa; ma egli amava te, egli era leggiadro, poteva un giorno piacere a' tuoi occhi; così mutevole e pronta negli affetti è la donna! Zerduste vegliava; egli era forte e prudente. I tuoi nemici furono gli amici suoi; fu egli che affratellò, congiunse in un odio solo tante collere sparse, diede un capo, una mente, a migliaia di braccia levate a maledizioni impossenti contro la regnatrice del mondo. Raccolte nel suo valido pugno le fila di una vasta congiura, tutte poteva egli deporle a' tuoi piedi, sgominare i tenebrosi assalti, distruggere nel silenzio i tuoi nemici, se tu gli fossi stata più umana; volgerli contro di te, colpirti a sua posta, se tu avessi durato ne' tuoi superbi dispregi. E tu, frattanto, o regina? Contegnosa ed austera, gli troncavi a mezzo ogni parola che timidamente accennasse alla sua devozione per te. Le cure del regno ti possedevano intiera; non d'altro ti davi pensiero; doveva esser muto all'affetto il cuore della donna, che voleva esser signora e madre d'un popolo. Così dicevi a Zerduste; ma una notte bastò per mutarti, bastò una tenera parola per darti in braccio ad un altro. Ah, per lui dunque la stima, per altri l'amore? Grave fallo, o regina! E sei donna, ed ignori che l'uomo ha da essere tutto o nulla, per la donna ch'egli ama? Non io ti ho tradito; bensì tu stessa ti sei condannata a' miei colpi. Potevo soffrire ed attendere; quella notte ha lacerato il mio cuore.... Eri in mia mano; io mi son vendicato. Il tuo primo amore ti costa un impero. —

In tal guisa parlò il principe di Bakdi, per la prima volta scoprendo i tenebrosi recessi dell'anima. Facea stupore l'udirlo, più stupore eziandio il vedere quel suo calmo sembiante atteggiarsi a tanta novità di passione, di asprezza feroce e di mestizia profonda, di odio implacato e di ardente preghiera ad un tempo. Ed era pauroso a vedersi, come un portento di trasformazione improvvisa; nè più avrebbe arrecato meraviglia e sgomento, se uno di que' colossi alati, che raffiguravano gli spiriti custodi della gente del Sennaar, avesse lampeggiato una torva occhiata dalle pupille di smalto, e snodate le membra poderose dai vincoli della pietra tenace.

Lo udì Semiramide, lo guatò lungamente, e un senso di paura le ricercò le vie segrete del cuore. Ella aveva vissuto tanti anni d'accanto a quel mostro, nè mai s'era avveduta dell'imminente pericolo! Così siam noi spensierati, quando non abbiam ragione di temere. E un giorno viene, che il nemico ci è sopra, egli che spia le occasioni, e a noi più non è dato resistere.

Fu atterrita, non sopraffatta, la fortissima donna, e tosto riprese balìa di sè stessa.

— Nobile affetto invero, — ella disse, — e degno d'esser mostro alle genti, quello che accende tutti i più malvagi istinti della umana natura!

— E amore, possente amore, che non cercato c'investe e si fa in un punto signore di noi; — replicò prontamente quell'altro. — A te lo chiedo, che il sai; si governa esso forse? e spregiato, non divampa più forte? È fiamma; la sua natura è di ardere. Tu l'hai destata in me; non ti lagnare, se ella s'è fatta a tuo danno un incendio.

— T'ho io mai dato lusinga, o speranza? — dimandò la regina, con piglio severo.

— No, e di questo mi duole! — rispose amaramente Zerduste. — Ah, fiero tormento, che tu, tra tanti mali, non hai provato, o Semiram! Sentirsi forte, vedersi grande, sapersi capace di altissime imprese, e tuttavia desiderare invano un sorriso d'amore; per una donna esser nulla, quando, per ogni altra creatura, e in faccia al destino, si è tutto! Cede ogni ostacolo alla tua volontà, o la tua avvedutezza lo rimuove, o la tua pazienza lo strugge; solo una donna ti resiste, e tu, che pieghi a tua posta uomini e cose, ti rodi dentro te colla tua rabbia. Ella non t'ama; ella ti deride; fa peggio ancora, non si cura, nè s'avvede di te. E allora, o Semiram, allora il più nobile affetto si corrompe, come, negletto nella coppa, si corrompe e inasprisce il più generoso liquore. Fu un senso d'invidia profonda e di desiderio deluso, che produsse il male e rese gli spiriti ribelli all'Eterno. Ah, il forte, il costante amatore, l'uomo che tutte le virtù della mente gagliarda avrebbe adoperate a comporti il trono più glorioso e più saldo, si sprezza? E il primo garzone vanitoso che giunge, e ripete con labbro avvezzo una soave parola, lo si accoglie con ansia, lo si ama, si cede a lui come una vil femminetta del volgo? Bada, o Semiram, io sono ambizioso, ma nol fui nell'amarti. Non chiedevo di salir teco sul trono degli Accad; sarei rimasto nella polve ai tuoi piedi, e patria, e speranza di regno, altari e tutto, avrei dimenticato, per non avere altro culto, che l'amore, altro pensiero fuor quello della tua sfolgorante bellezza. Ed oggi ancora, io, fatto più forte dalla vittoria, io signore de' tuoi destini, io re di Babilonia tra breve, imperocchè il tuo Ninia non ha mano così ferma da impugnar virilmente lo scettro, io oggi ti dico ancora: tutto può ripararsi. Amami, credi a questa fiamma divoratrice, consola uno spirito afflitto! Per la mia potenza io te lo giuro, per la mia stessa ambizione che non conosce confini: io, il principe di Bakdi, il leone di Media, sarà il tuo umile schiavo. —

E, tratto dall'impeto della sua furibonda passione, si prostrò l'acerbo Zerduste, si abbandonò contro i gradini del soglio di Semiramide, così che la sua fronte sfiorò il piede di lei. Diede ella un sobbalzo di raccapriccio e si trasse indietro sollecita.

— Va, non mi tentare! — gridò. — Che pensi di me? Di qual fango mi credi tu nata? Non amerà te, non ti ascolterà più oltre, chi ha amato il re degli Armeni.

— Ara! — sclamò Zerduste, con accento sdegnoso. — Ara che ti disprezza e ti fugge!

— Sì; e perchè mi fugge? perchè mi disprezza egli? — tuonò la regina. — Non l'avete voi con arti tenebrose ingannato, o santi della Triade? —

A quelle parole, in cui si mostrava così intieramente scoverto il segreto delle sue macchinazioni, levò la fronte Zerduste e rimase alcuni istanti stupefatto a guardarla.

— Ah! — notò egli poscia, dissimulando in un ghigno l'interno dispetto. — Fiacco credevo, non traditore Sumàti. A che dunque morire, precipitarsi disperato nelle acque salse di Van (imperocchè questo da parecchi giorni m'è noto), se tutto ti aveva egli disvelato l'inganno? —

Così disse, nel colmo della sua meraviglia, Zerduste, parendogli sciocca la loquacità di Sumati, se era deliberato di morire, e più sciocca la morte, dopo essersi disposto a parlare. Ma neppur egli fu savio; quello il rimorso, lui faceva imprudente l'amore. E invero le sue parole ebbero eco lì presso; un avido orecchio le accolse.

Intanto la regina a lui di rimando:

— Chiedilo all'ombra sua, tu che evochi dal negro abisso gli spiriti e fai mentire gli estinti! —

Ma già Zerduste si era riavuto dal suo primo stupore. Ciò ch'egli sapeva del regal prigioniero e della sua ira tenace, gli mostrava come fosse tornata inutile a lei la loquacità dell'Indiano.

— Per altro, a che ti giova? — proseguì egli, senza

por mente al sarcasmo. — Ara è caduto in poter tuo; è tuo prigione; e tu non hai potuto altrimenti mitigare quell'odio, che la Triade gli ha così profondamente stillato nell'anima. Egli ti abborre e ti sfugge; questo io so, senza mestieri di evocare uno spirito imbelle. Hai vinto il re, non soggiogato l'amante; e Bared si è sottratto colla fuga al pericolo dei tormenti, Sumàti colla morte alla vergogna della sua debolezza; nè l'uno, nè l'altro furono al capezzale del risanato garzone, per dirgli che tu eri sempre degna di lui, e che lo aveva ingannato il malvagio Zerduste. Che farai tu? Morrai; me lo dice il tuo sguardo già disviato dalle miserie terrene. Ma bada; non morrai come speri, da regina e da figlia di Dea; morrai dispregiata da lui, non giustificata da coloro che tu volesti nemici. Pensa dunque, o Semiram; vedi per chi tu muori, e perchè. Ti amava egli davvero, un uomo che dubita di te, che ti disprezza, solo perchè un'ombra vana ha parlato? Ah, l'amor mio non sarebbe caduto in questo laccio volgare! L'amo, avrei detto al fantasma; tu amico un giorno, essa la donna mia per tutta la vita! — Ma pensa; ella fu nelle braccia di ben altri anzi che nelle tue.... — L'amo! — Ma bada; ella uccide, impudica e feroce, gli strumenti delle sue voluttà.... — L'amo; che importa? l'amo. Non è egli un gaudio celeste, l'amore? La morte al colmo della beatitudine, non è forse il dono più grato de' cieli?

— Vile amore, che nel disprezzo si nutre! — esclamò la regina.

Ma ancora non aveva ella pronunziate quelle acerbe parole, che un rumore di passi precipitosi si udì e il re d'Armenia balzò dal colonnato nella camera; il re d'Armenia cogli occhi fiammanti di collera, non più potuta reprimere, e la spada lampeggiante nel pugno;

— E questa la tua pura dottrina, o santo vecchio dal fiore d'amômo? — tuonò egli iracondo. — Ma tu morrai, lo giuro a Zervane, che ha numerato i tuoi giorni! —

E si scagliò, così dicendo, sul principe di Bakdi, che stramazzò all'urto possente del giovine atleta. Nel tempo medesimo la spada di Ara cercava il petto della stordita sua vittima. La corazza di ferro che Zerduste portava sotto la tunica nera, sviò il colpo gagliardo, che avrebbe dovuto passarlo fuor fuori.

— Ah, un tradimento! — gridò Zerduste atterrito.

E si divincolava sotto le strette. Ma l'aquila delle montagne lo aveva tra gli artigli; era più poderosa di lui; le raddoppiava le forze il furore. E già stava per cacciargli il ferro nella strozza, allorquando la voce della regina si udì.

— Chi ardisce snudar l'armi al cospetto di Semiramide? — gridò ella con voce di tuono.

Ara, il furente Ara, si alzò intimorito e il braccio gli ricadde inerte sul fianco.

Semiramide lo guardò un tratto pallida, ansante, per commozione profonda; indi si volse a Zerduste.

— La tregua è sacra per tutti; — gli disse. — Va, rettile, vivi! —

Zerduste si alzò fremente da terra; li saettò ambedue d'uno sguardo, si strinse i pugni al petto, per rabbia impossente, e fuggì. Ogni sua speranza era perduta; l'audace suo tentativo, così profondamente maturato, falliva.

CAPITOLO XXIV.

Le colombe di Derceto.

Erano rimasti soli, Semiramide e il re d'Armenia; ella profondamente turbata, ma contegnosa e severa all'aspetto; egli vergognoso e tremante, come chi è spettatore d'un'alta rovina e la sa opera sua. I pensieri che turbinarono in quelle due anime, tutto ciò che significarono i loro sguardi in quel solenne istante di pausa, si può immaginar nella mente non dire.

Un senso di scontentezza, forse più veramente d'indomato rancore, serpeggiava nel petto della regina. Lontano e fuggente, com'ella credeva, Semiramide lo aveva difeso contro i sarcasmi di Zerduste; vicino e certamente pentito, le pareva di odiarlo.

— E tu, che vuoi? — gli disse ella con accento sdegnoso.

— Il tuo perdono; — rispose Ara umilmente. — Ho tutto udito, e tutta misuro la grandezza del mio fallo. Non v'ha pena, per quanto grave ella sia, che io non meriti da te. Sono in odio a me stesso ed ho la morte nel cuore. —

La voce del giovine era supplichevole e imbevuta di lagrime; ma in quella voce lusinghiera a lei parve di udire il sibilo del tentatore. Non era forse quello l'accento soave che già una volta l'aveva soggiogata e tradita? Però stette ella inflessibile.

— Come tu qui? — soggiunse ella poscia. — Ov'è Faleg.

— Poc'anzi, — rispose egli sollecito, — io mi sono spiccato da lui. Avevo udito delle proposte a te fatte, delle condizioni messe dagli anziani di Babilonia al loro ritorno nell'antica obbedienza. Potevo io partire? accettare una vita ed una libertà che a te costassero il regno, fors'anco la sicurezza della persona? Risolsi di portarti il mio capo; io stesso sarei disceso dalla reggia, ma per via discoperta, incontro a' tuoi nemici, ai carnefici miei. Ed eccomi pronto.

— No, gli è inutile! — esclamò la regina. — Non lo consentirebbe la maestà del mio nome; — aggiunse ella gravemente, dopo un istante di pausa, in cui parve risolversi a' temperare l'asprezza delle sue prime parole.

— Ciò che ho risoluto sarà. Tu sei libero; parti, che non abbiano a ritrovarti in Babilonia domani.

— Ma tu, allora? — disse Ara sgomentito. — Ma tu?

— Io.... — ripigliò Semiramide, con labbra atteggiate ad un freddo sorriso. — Io mi sottrarrò alla rabbia dei tristi.

— Fuggire! — gridò il re d'Armenia, tratto in inganno dalle ambigue parole. — Ah sì, n'è tempo, o regina. Quello scampo che generosa mi profferivi, non rimane anche a te? Ma dimmi, innanzi di correr la sorte della fuga; dimmi; o dolce signora, mi hai tu perdonato?

— Sì; — bisbigliò Semiramide, lasciandosi afferrare la mano, che il giovine amante coperse di baci e di lagrime.

Ella era fuor di sè stessa in quel punto. La infinita

mestizia de' suoi casi, il recente colloquio col suo atroce nemico, l'improvviso apparire del re, l'aveano percossa per modo, che ella ne era rimasta un tratto smemorata ed attonita, senza pensieri, senza volontà, senza forza.

Ara incalzò nelle amorose preghiere.

— Vieni adunque, vieni senz'altri indugi, o diletta! Pensa a Zerduste. Lo scellerato che tu hai voluto campar da' miei colpi, ben altre vendette prepara. Vieni, usciamo da questa reggia, da questa città, ove tutto è pericolo per te. Andremo lunge, assai lunge di qua; io ti sosterrò, mia regina: ti difenderò io fino all'ultima stilla di sangue; ti amerò, ti amerò tanto, o Semiram, che tu dimenticherai le mie colpe, le angoscie patite, il trono perduto e quant'altro avesti mai di più caro.

— Fuggire! — esclamò ella, scuotendosi a un tratto da quel suo doloroso torpore. — Fuggire io! E lo pensi tu forse? Non si giunge dov'io son giunta, o malka d'Armenia, per finir così male; non s'imprime un'orma così profonda nella memoria degli uomini, per cancellarla con un esempio di solenne viltà. Altro scampo io m'ho scelto, lo scampo de' forti. Morrò. Checchè ne pensi il malvagio, morrò nobilmente, morrò da regina.

— Tu morire, o Semiram? — proruppe forsennato il garzone. — No, non sarà!... gli è impossibile!...

— È necessario; — soggiunse ella, con malinconico accento. — Vivere con maestà non è più consentito, altra via non rimane.

— Ah, scherno de' cieli! — gridò egli disperato, cacciandosi le mani a furia entro le chiome. — E per me!... per colpa mia!..

— No; — interruppe Semiramide. — Non ti accusare; non dar cagione a te stesso! È il signor delle sorti, è Nisroc, che ha voluto così; son io che gli ho armata la mano a ferirmi. Non ho io forse invocata sul mio capo questa grande sventura? Non ho io chiesto a Militta di concedermi un amor vero e possente, anche a patto dei più acerbi dolori? Ho amato, e furono ore d'immensa allegrezza per me. Tristi giorni seguirono.... Orbene, che importa? Non son io vendicata del tuo disprezzo? Non sei tu umiliato, piangente, a' miei piedi?

— Ah, tu sei generosa e magnanima; — disse Ara con impeto; — e sebbene io veda tuttavia sul tuo volto la nube d'un nemico pensiero, non debbo lagnarmi del mio destino, nè voglio. Concedimi tempo a meritar la tua grazia, o regina! Vivere tu devi, e risorgere. Non mi dire che ciò è impossibile!... Forse tu vedi troppo grave il tuo caso. Altra via non rimane, dicesti; e perchè? Non è sempre aperta la via della pugna? Nè già tutto l'esercito s'è collegato ai ribelli; schiere numerose e fedeli ti restano ancora; tu puoi, tu devi tentare.

— E vincessi pur anco! — esclamò Semiramide, crollando il capo, in atto di supremo fastidio. — Imperocchè, vedi, io l'ho pensato, ciò che tu mi consigli, e non è vero che tutto sia irreparabilmente perduto per me. S'inganna il malvagio, e quel suo traviato fanciullo con lui. Prima che trionfassero i vili, molto sangue potrebbe tingere ancora l'Eufrate, e più d'un cuore, che oggi si gonfia di facili speranze, impicciolirsi ad un tratto e gelarsi per alto spavento. Ma tutto questo a qual pro? Io non mi curo più oltre di malvagi, o d'ingrati. L'anima ha le sue tristezze invincibili, sente talvolta il fascino de' superbi raccoglimenti, la voluttà delle inerzie mortali; e allora, pon mente, 'riesce a tedio la pugna, e più che il vincere, più che il soverchiare di nostra gloria i mortali ossequiosi, o tementi, è dolcezza il cadere, l'estinguersi. Così farò, re d'Armenia; e se ti duole.... — soggiunse ella con un fil di amarezza, — se ti duole, io l'ho caro. Sarà questa la tua punizione, per aver creduto ad altrui, per aver dubitato di me.

— Non m'ero io dunque ingannato! — disse Ara sospirando. — Il tuo cuore non mi ha perdonato del tutto! —

La regina non fece risposta a quel grido di un'anima afflitta.

— Vedi? — soggiunse ella, cedendo all'amaro proposito ond'era tutta compresa. — Il mio disegno è formato. —

E avvicinatasi ad uno stipo che era lì presso, ne tolse una piccola ampolla di vetro e la librò in alto, di rincontro alla fioca luce del vespero, davanti agli occhi di Ara, che stette muto, sbigottito a guardarla.

— Da questo tenue involucro, — proseguì Semiramide, — non traspare che un umile liquore verdastro. Ma la vita, la pace, l'allegrezza, la morte, tutto è qui dentro, come nel cuore umano s'accolgono i germi d'ogni contentezza e d'ogni pena eziandio. Ampolla preziosa! Essa è dono del vecchio Sumàti. —

Ara chinò il capo, fremendo. Imperocchè egli aveva udito dal colloquio di Zerduste colla regina, quanto fosse colpevole l'Indiano.

— Ah, non parlare di lui! — gridò egli, con accento di rabbia.

— Perchè, s'egli è morto pentito? — ripigliò la regina. — A me, dopo tanti immeritati dolori, il vecchio della Triade ha lasciato un conforto. Tutta la mia regia possanza non avrebbe potuto procacciarmi questo maraviglioso liquore, stillato da erbe d'arcana virtù, nei silenzi d'una dotta vigilia. Meraviglioso invero e ben degno della famosa sua patria! Una goccia soltanto, stemperata nell'acqua purissima, rinfranca gli spiriti languenti; poche goccie dànno l'ebbrezza; un sorso intiero, la metà di quest'ampolla, è la morte; morte soave, lenta e sicura. Tu lo vedi, o malka d'Armenia; io non son troppo da compiangere. Va dunque, poichè l'ora è già tarda ed ogni istante è prezioso. Io t'ho amato e non m'incresce di confessartelo; ti ho perdonato ogni cosa; non ho più odio nel cuore. Tu piangi e le tue lagrime mi compensano di molte amarezze; va dunque, e ti ricorda di me nella vita, come io penserò a te nella morte. —

Così parlò Semiramide, cercando di allontanare il dolente. Ora, ella aveva a mala pena finito di parlare, che un atto improvviso di Ara la colpì, e un grido le ruppe dal petto, grido di stupore, di sgomento e di gioia inattesa.

Il re d'Armenia l'aveva ascoltata in silenzio, ora guardando lei, ora l'ampolla, che le stava tra mani. Pallido, ansante, confuso, pendeva dalle sue labbra, non osando dir nulla per tentare di smuoverla dal suo fiero proposito; ma ben si scorgeva al sembiante come fosse trambasciato, al pensiero di perderla. Ciò appunto avea mosso a compassione la regina, persuadendole alcune più amorevoli parole di commiato; ed egli dal canto suo ne aveva preso ardimento ad afferrarle un braccio, accostandosi con atto supplichevole a lei. Ma tosto, senza ch'ella facesse più in tempo a ritrarre la mano, le aveva egli strappata l'ampolla e in un baleno l'aveva accostata alle labbra, trangugiandone un sorso.

— Che hai tu fatto, disgraziato? — gridò ella, tendendo le palme verso di lui.

— Nulla; ho bevuto la parte mia. Ecco, vedi, io non ti ho tolto nulla del tuo. —

E le mostrò l'ampolla, ancora a mezzo ripiena; indi sorridendo, la posò sullo stipo.

— Ah, dissennato! — esclamò la regina, con accento di tenerezza ineffabile. — E tu, giovine, bello al pari d'un Dio, con tante speranze nella vita lontana...

— Senza te sarei morto; — interruppe egli sollecito; — è in te la mia speranza, in te la mia vita. —

E cadde a' suoi piedi tremante d'amore. Ella gli pose le braccia intorno al collo e rimase a lungo muta, ma accesa, palpitante, appoggiata su lui, con tutto il soave suo peso. L'astro notturno, che era spuntato poc'anzi sull'orizzonte, risplendeva tra i cespugli del giardino, e la sua tacita luce, penetrando tra le colonne del loggiato, inondava que' due volti confusi.

Ad un tratto ella si sciolse da lui.

— Smemorata! — gridò. — Ed io?... —

Balzò rapida in piedi, corse, afferrò l'ampolla e avidamente bevve ciò che restava del verdastro liquore.

— Come è dolce! — diss'ella poscia tornando verso l'amato. — Come è dolce, poichè tu l'hai recato alle labbra! —

Il giovine innamorato la strinse tra le sue braccia.

— Eccoti, bella amica mia! — le diceva egli, guardandola con occhi rapiti. — Eccoti bella tra tutte le donne, o tu, cui l'anima mia ama! Tu m'hai involato il cuore, o sposa mia nella morte; tu m'hai involato il cuore col primo de' tuoi sguardi, nè più, da quella notte di celesti ebbrezze, io sono stato signore di me. Tu sei tutta bella, amica mia, nè cosa alcuna è in te che non mi faccia riardere il sangue per febbre acuta d'amore. I tuoi baci sono più dolci del liquor della palma: la fragranza che spira da te, vince tutti gli aromi.

— Ara, o diletto, sostienmi nelle tue braccia! Oh, sei pur bello! E avventurosa tra tutte le donne fu certamente colei che ti diede la vita! Ara, rivolgi gli occhi tuoi, che non mi guardino fiso, imperocchè essi mi fanno smarrir la ragione. Amico dell'anima mia, e come hai tu potuto allontanarti da me? Oh, grazie sian rese agli Dei; non ci separeremo mai più! Morire con te! Gioia che io non avrei più osato sperare! Sostienmi, o diletto! Sia la tua mano sinistra sotto al mio capo e abbracciami la tua destra.

— Amica mia, sposa mia, le tue labbra stillano miele; il tuo collo rende più odore, che non le mandragole e i gigli. Dimentica ed ama; mettimi come un suggello in sul tuo cuore; come un suggello in sul tuo braccio; imperocchè l'amore è possente come la morte che invocata ci attende; la gelosia dura come l'inferno, e le sue fiamme divorano. Io le ho nutrite a lungo del mio sangue, qui dentro; ma l'amor tuo è il più soave dei balsami. —

Così favellarono, confusi in un palpito, l'uno dell'altra beati, immemori d'ogni cosa creata. Gloria, potenza, ambizione, dolori, miserie, splendori e fumi della terra, che siete voi per due anime amanti? Sulla vetta inaccessa d'un monte, la fenice compone de' più odorosi rami il suo rogo e lieta s'appresta a morire. Così eglino, in quel rapimento supremo, nell'alto silenzio d'una notte avventurosa, lunge dal volgo profano, avean tempio e rogo ed oblio. Che era già più Babilonia per essi, col suo popolo ribelle e colle sue ire feroci? Che era l'impero degli Accad, e che tutti gli altri destinati a succedergli, giù per la china dei secoli? Odiati dal mondo, lo ricambiavano colla noncuranza e il disdegno; più forti delle sue collere, si perdeano in un'estasi, che non avèva a conoscer dimani.

— Ara, diletto mio, come breve è la notte! I segni celesti ascendono rapidi la vòlta del firmamento azzurro, come viandanti frettolosi che hanno veduta da lunge la meta.

— Fermati! — esclamò Ara, tendendo al cielo le palme. — Fèrmati, se mai udisti parola d'amore; rattieni, o Sin, il veloce tuo corso e sia questa notte eterna! O se ciò non è consentito alla nostra preghiera e te pure incalzano i fati, accresci almeno la virtù dell'arcano liquore e ne rapisci coll'estremo tuo raggio! —

La brezza precorritrice dell'alba susurrava dolcemente fra gli alberi. I gigli, le mandragole e i gelsomini spandevano odore. Ascose tra i rami, gemeano le colombe il flebile verso amoroso. Era un senso di voluttà infuso per tutta la natura, un inno cantato su in alto alla gloria di Dio. Le ire codarde, le ambizioni, i tradimenti, si agitavano laggiù, nella città sottoposta, il cui frastuono a mala pena si udiva, come rombo di tempesta lontana.

Dolcezza ineffabile, bevuta a lunghi sorsi ed interi; ebbrezza che scalda le fibre e infonde per tutte le membra un amico sopore; qual voce potrebbe ridirle, o penna descriverle? Non si ritraggono a parole i soavi errori, le fantasie, le visioni, con cui, nel silenzio della sua cella, un'anima innamorata inganna le ore notturne e cede senz'avvedersene al sonno, che forse le proseguirà l'incantesimo.

Il raggio tremolante di Istar già impallidiva sull'orizzonte, poco lungi dallo smorto disco di Sin. Il cielo rapidamente sbiancava e con esso il volto dei due felici, che ancora si teneano abbracciati, e cogli occhi smarriti, nuotanti nelle ombre di morte, si ricercavano ancora.

Poco stante, sorgeva glorioso il sole dai balzi lontani di Elam, e uno stuolo di colombe fu visto levarsi dal colmo delle piante, che allegravano di bella verzura i pensili orti di Semiramide. Le candide volatrici si librarono sulla città, valicarono il fiume e disparvero ad occidente dietro le torri di Barsipa.

Il popolo di Babilonia argomentò che Derceto, la gran Dea d'Ascalona, avesse mandate le sue colombe a campare da morte la sventurata sua figlia.

E invero, nessuno più vide Semiram, nè il biondo malka d'Armenia. Gli orti pensili, le stanze della regina, frugate dal popolo ribelle, non recavano traccia di loro.

Forse Hurki avrebbe potuto chiarire l'arcano. Ma il fedele eunuco era scomparso, e Faleg, il fedele soldato, del pari.

Zerduste, ministro di Ninia per brevi giorni, re di Babilonia dopo l'arrivo delle soldatesche di Media, dubitò che i due amanti fossero stati sepolti dalla pietà d'un fedel servitore in qualche segreta dell'immane recinto. Ma la tomba, se così era, custodì gelosamente i suoi ospiti.

FINE.

INDICE.

Cap. I.	Alle porte di Babilu	Pag. 1
» II.	Militta Zarpanit	» 20
» III.	La rosa di Sennaar	» 35
» IV.	L'onniveggente	» 49
» V.	La reggia di Semiramide	» 64
» VI.	Il convito	» 78
» VII.	Le prische istorie	» 89
» VIII.	La voce di sotterra	» 98
» IX.	La porta di bronzo	» 108
» X.	La dottrina dei savi	» 132
» XI.	Il fantasma	» 156
» XII.	La fuga	» 164
» XIII.	Dal campo di Assur	» 174
» XIV.	Il pellegrino	» 185
» XV.	Il canto di Abgàro	» 205
» XVI.	La regina guerriera	» 221
» XVII.	Ajotzor	» 235
» XVIII.	Il talismano	» 257
» XIX.	Gli arcani della Triade	» 272
» XX.	Alla riscossa	» 288
» XXI.	La mano di Nisroc	» 301
» XXII.	Il bivio	» 315
» XXIII.	Il tentatore	» 342
» XXIV.	Le colombe di Derceto	» 354

Lightning Source UK Ltd.
Milton Keynes UK
UKHW022035070119
335139UK00012B/928/P